方其桂 等著

思维导图学
Scratch ③
少儿趣味编程

上

化学工业出版社
·北京·

Scratch如今拥有超过3000万注册用户，支持150多个国家/地区的50多种语言，已经成为全世界孩子最喜欢的编程工具。

本书基于目前新版Scratch 3.6编写而成，分为上、下两册，上册通过案例介绍Scratch编程的基础知识，下册将Scratch与中小学各学科融合，实现更多有趣的创意，培养孩子们的创新思维和实践能力。全书共57个实例，每个实例均以一个完整的作品制作为例展开讲解，让孩子们边玩边学，同时结合思维导图的形式，启发和引导孩子们去思考和创造。

本书采用全彩印刷＋全程图解的方式展现，每节课均配有微课教学视频，还提供所有实例的源程序、素材，扫描二维码即可轻松获取相应的学习资源，大大提高学习效率。

本书特别适合中小学生进行编程启蒙使用，适合完全没有接触过编程的家长和小朋友一起阅读。对从事编程教育的老师来说，本书也是一本非常好的教程。同时本书也可以作为中小学兴趣班以及相关培训机构的教学用书。

图书在版编目（CIP）数据

思维导图学Scratch3少儿趣味编程/方其桂等著
. 一北京：化学工业出版社，2020.6（2021.9重印）
ISBN 978-7-122-36232-2

Ⅰ. ①思… Ⅱ. ①方… Ⅲ. ①程序设计－少儿读物

Ⅳ. ①TP311.1-49

中国版本图书馆CIP数据核字（2020）第028594号

责任编辑：耍利娜	文字编辑：吴开亮	美术编辑：王晓宇
责任校对：张雨彤	装帧设计：水长流文化	

出版发行：化学工业出版社（北京市东城区青年湖南街13号　邮政编码100011）
印　　装：北京建宏印刷有限公司
880mm×1230mm　1/16　印张22¼　字数648千字　2021年9月北京第1版第2次印刷

购书咨询：010-64518888　　　　　　　　售后服务：010-64518899
网　　址：http://www.cip.com.cn
凡购买本书，如有缺损质量问题，本社销售中心负责调换。

定　　价：108.00元　　　　　　　　　　　版权所有　违者必究

编委会

　　这是一本面向6~15岁孩子的非常好玩的编程书。让孩子学编程，不是为了将他们培养成未来的程序员，只是希望在其心中播下一颗编程的种子。

一、为什么要学习编程

　　所谓编程，就是将人类的想法按照一定的编码规则，编辑成计算机可以识别的语言。学会编程就相当于拥有了一笔宝贵的"人生财富"。编程不仅可以提升孩子的自信心，增强成就感，还有助于孩子培养科学探究精神、养成严谨踏实的良好习惯。正如乔布斯所言："我认为每个人都应该学习编程，因为它能够教会你如何思考。"具体来说，学习编程有如下优点：

　　1. 培养孩子专注力

　　爱玩是每个孩子的天性，而学习编程却要求专注，这对大部分较低龄的孩子来说是一项很大的挑战。不过，编程学习可以实现游戏化学习，趣味性十足。通过游戏中的角色代入、关卡设置、通关奖励等手段，可以让孩子自主地沉浸在编程学习情境中，无形当中提升了孩子的学习专注力。

　　2. 培养解决问题的能力

　　少儿编程注重知识与生活的联系，旨在培养孩子的动手能力。编程能够让孩子的想法变成现实，对孩子的创新能力、解决问题能力、动手能力有很大的帮助。通过编程，孩子可以设计出动画、游戏等，在学中玩，又在玩中学，不断循环反复的过程渐渐培养了孩子解决问题的能力。

　　3. 培养抽象逻辑思维能力

　　编程就好比解一道数学难题，需要把复杂的问题化解成一个一个小问题，然后逐一突破，最终彻底解决。在这个过程中，孩子需要考虑到程序的各个方面，通过不断实践调试，修改一个又一个错误，抽象逻辑思维得到了很好的锻炼。

　　4. 培养勇于试错能力

　　在编程的世界里，犯错是常态，可以说编程就是一个不断试错的过程，但它的调试周期较短，试错成本低。这样孩子们在潜移默化中内心变得更加强大，能以更加平和的心态面对挫折和失败。无论哪个成长阶段，这样良好的心理状态始终是社会生存的必备技能。

二、为什么选择Scratch

　　Scratch是给6岁以上小朋友玩的编程工具，通过"搭积木"的方式，把代码拼装起来，创造出各种创意十足、新鲜有趣的程序。不但可以解决数学、音乐、绘画、游戏、动画等方面的问题，还能控制乐高机器人等硬件，实现更高级的玩法。具体来说，Scratch有如下优点：

1. 入门简单

非常适合中小学生初次学习编程语言时使用，尤其对于没有编程基础或编程基础较少的孩子，用来进行编程启蒙最合适不过了。

2. 积木式编程

如果你看过程序员写的代码，可能会比较晕，很多时候大人都看不懂，小朋友怎么可能学会？在Scratch中不需要敲任何代码，而是像搭积木一样，只需要用鼠标把命令积木块拖动组合到一起，就可以实现具体的功能。

3. 分类清晰

担心记不住那么多命令积木块？Scratch里有清晰的分类，一个分类中只有十几个积木，需要哪一类积木，到对应的分类中立马就能找到；而且积木的颜色和分类颜色保持一致，方便查找。

4. 即时运行

不知道一块新的积木是什么作用？点它一下就好。组合好积木，还是点它一下，马上"跑"起来。即时运行，能够更直观更快速地验证代码运行效果。

三、本书结构

本书分为上、下两册，上册通过案例介绍Scratch编程的基础知识，下册将Scratch与中小学各学科融合，创造更多趣味作品。每册均分为8个单元，每单元包含3~4个案例，每个案例以一个完整的作品制作为例展开讲解，内容结构编排如下：

- ◆ 体验空间：从玩一玩开始，体验案例的乐趣，思考案例是如何实现的。
- ◆ 探秘指南：详细讲解作品的规划、构思和编程思路。
- ◆ 探究实践：从准备活动到程序编写，图文结合，详细指导案例的制作。
- ◆ 智慧钥匙：拓展延伸相关知识，丰富知识体系。
- ◆ 挑战空间：通过练习，巩固学习效果。

四、本书使用

本书以目前新版Scratch 3.6为载体，同样适用于Scratch 3.5、Scratch3.0等低版本。为了有较好的学习效果，建议学习本书时遵循以下几点：

- ◆ 兴趣为先：针对案例，结合生活实际，善于发现有趣的问题，乐于去解决问题。
- ◆ 循序渐进：对于初学者，刚开始新知识可能比较多，但不要害怕，更不能急于求成。以小小案例为中心，层层铺垫，再拓展应用，提高编程技巧。
- ◆ 举一反三：由于篇幅有限，本书案例只是某方面的代表，我们可以用书中解决问题的方法，解决类似案例或者题目。

- 交流分享：在学习的过程中，建议和小伙伴一起学习，相互交流经验和技巧，相互鼓励，攻破难题。
- 动手动脑：初学者最忌讳的是"眼高手低"，对于书中所讲的案例，不能只限于纸上谈兵，应该亲自动手，完成案例的制作，体验创造的快乐。
- 善于总结：每次案例的制作都会有收获，在学习之后，别忘了总结制作过程，理清错误根源，为下一次创作提供借鉴。

五、本书特点

本书适合编程初学者，以及对Scratch编程感兴趣的青少年阅读，也适合家长和老师指导孩子们进行程序设计时使用。为充分调动他们的学习积极性，本书在编写时注重体现如下特色：

- 实例丰富：本书案例丰富，内容编排合理，难度适中。每个案例都有详细的分析和制作指导，降低了学习的难度，使读者对所学知识更加容易理解。
- 图文并茂：本书使用图片替换了大部分的文字说明，用图文结合的形式来讲解程序的编写思路和具体操作步骤，学习起来更加轻松高效。
- 资源丰富：考虑到读者自学的需求，本书配备了所有案例的素材和源文件，并录制了相应的微课视频，配套资源不管在数量上还是质量上都有保障。
- 形式贴心：对于读者在学习过程中可能会遇到的疑问，书中以"提示"和"读一读"等栏目进行说明，避免读者在学习的过程中走弯路。

六、本书作者

本书作者团队成员有省级教研人员以及具有多年教学经验的中小学信息技术教师，深谙孩子们的学习心理，已经编写并出版过多本少儿编程相关图书，有着丰富的编写经验。

本书主要由方其桂编写，叶俊、张青、黎沙、刘蓓、童蕾、何源、叶东燕、张小龙、王军、戴静也参与了本书部分章节的编写工作。此外，本书配套学习资源由方其桂整理制作。

虽然编者尽力认真构思验证，反复审核修改，但由于时间和精力有限，书中难免有不足之处。在学习使用的过程中，针对同样的案例，读者也可能会有更好的制作方法。不管是哪方面的问题，都衷心希望广大读者不吝指正，提出宝贵的意见和建议。

著　者

▶ 微信扫码 ◀
领素材 包拓展练习
添加学习助手获取服务

上册目录

编程起步，熟悉环境
——编程准备工作

欢迎来到Scratch的精彩世界！学习用Scratch编程可以训练逻辑思维，培养创造力，激发创新思维。图形化的积木直观、有趣，特别适合7~15岁的青少年。

怎样安装、运行Scratch，Scratch的界面由哪几部分组成，如何执行Scratch程序呢？本单元就一起来研究如何进入Scratch世界，熟悉界面，注册账号，为Scratch编程做好准备工作。

我把小猫请回家

看看这只可爱的小猫，是不是有一种想立即拥有这个可爱"喵星人"的冲动？那么欢迎和我一起进入神奇的Scratch编程世界，把可爱的小猫请回家吧！

♪♪ 体验空间

🖐 注册Scratch账户

进入Scratch网站　打开浏览器，输入网址"https://scratch.mit.edu/"，打开Scratch网站，如图1.1.1所示。
设置网页中文显示　按如图1.1.2所示操作，将网页文字改成"简体中文"。

◆图1.1.1　打开Scratch网站　　　　　　　　　◆图1.1.2　设置网页中文显示

注册Scratch账号　单击网站右上方的"加入Scratch社区"，按图1.1.3所示操作，填写用户名及密码。
填写个人信息　如图1.1.4所示操作，填写个人信息。

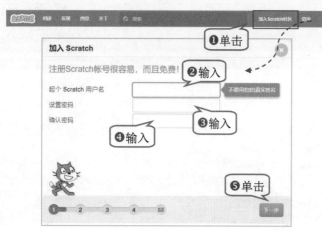

◆图1.1.3　填写用户名与密码　　　　　　　　◆图1.1.4　填写个人信息

　　填写电子信箱　如图1.1.5所示操作，填写监护人电子信箱。

　　完成用户创建　如图1.1.6所示操作，完成用户创建。

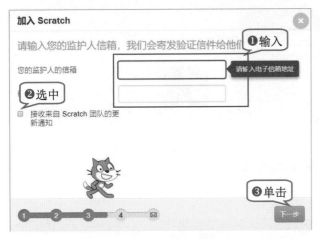

◆图1.1.5　填写电子信箱

◆图1.1.6　完成用户创建

　　完成信箱验证　打开电子信箱中的验证邮件，如图1.1.7所示操作，完成信箱验证，就可以正常使用刚才注册的账户了。

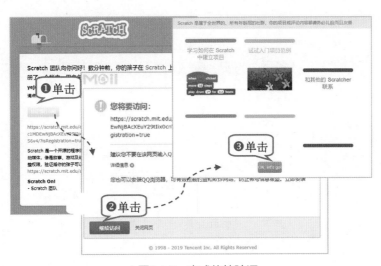

◆图1.1.7　完成信箱验证

下载与使用Scratch

　　下载Scratch软件　按图1.1.8所示操作，下载Scratch软件。

　　安装Scratch Desktop　双击刚才下载的Scratch 3.6安装文件图标，安装Scratch Desktop程序。当桌面出现 图标时，说明Scratch 3.6软件已经安装好了。

　　运行Scratch　双击桌面上的 图标，就可以运行软件了。如果不能正常打开，请按下面步骤安装Adobe AIR。

　　安装Adobe AIR　打开浏览器，输入网址"https://get.adobe.com/cn/air/"，按图1.1.9所示操

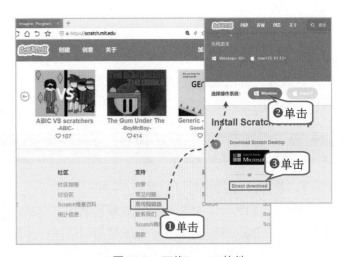

◆图1.1.8　下载Scratch软件

作，下载Adobe AIR。下载完成后双击下载的文件，安装后即可正常使用Scratch了。

◆图1.1.9　下载Adobe AIR

♫ 探秘指南

✋ 设置中文菜单

默认的Scratch 3.6菜单是英文的，小朋友们想要方便使用，应该如何调整呢？如图1.1.10所示，尝试单击左上方的⊕图标，在下拉菜单中选择"简体中文"选项，中文菜单就设置好了。

◆图1.1.10　设置中文菜单

✋ Scratch在线编辑器

除了使用离线编辑器之外，还可以选择在线编辑器。你可以访问Scratch在线编辑器网址"https://scratch.mit.edu/projects/editor/"，直接在浏览器内使用。

在线编辑器的优点是方便快捷，不需要花费较长时间下载和安装；缺点是必须有网络连接，且使用过程中流畅程度受网络速度的影响。

♫ 智慧钥匙

1. 离线教程

如图1.1.11所示，在Scratch离线编辑器中，单击"教程"菜单，Scratch中提供了各种教程程序，如动画、艺术、音乐、游戏、故事，初学者可以选择自己喜欢的教程学习。

◆图1.1.11 离线教程

2. 在线教程

如图1.1.12所示，打开Scratch网站，单击"创意"选项，可以查看在线教程。

◆图1.1.12 在线教程

♫ 展示广角

在本课案例学习中，你掌握了哪些知识点？有什么收获？填一填！给自己评一评，看能收获几颗星！

• • • •

下载、安装Scratch：＿＿＿＿＿＿＿＿＿＿＿＿＿＿＿＿＿＿＿＿＿＿

注册、登录社区：＿＿＿＿＿＿＿＿＿＿＿＿＿＿＿＿＿＿＿＿＿＿＿

学习Scratch教程：＿＿＿＿＿＿＿＿＿＿＿＿＿＿＿＿＿＿＿＿＿＿

自己的评价： ☆ ☆ ☆ ☆ ☆

交个小猫好朋友

微信扫码
看微课视频专项学
添加学习助手获取服务

上节课我们一起把小猫（Scratch）请到了电脑中，这节课大家一起来和小猫交个好朋友——了解Scratch软件的界面与功能吧！

♪♪ 体验空间

试一试

尝试打开Scratch软件，看一看，试一试，玩一玩！玩的过程中，你有哪些发现呢？填一填！

和之前学过的软件比较有哪些异同：_____
我发现的功能：_____

想一想

学习Scratch之前，我们需要先思考一些问题，如图1.2.1所示。你还能提出怎样的问题？填在方框中。

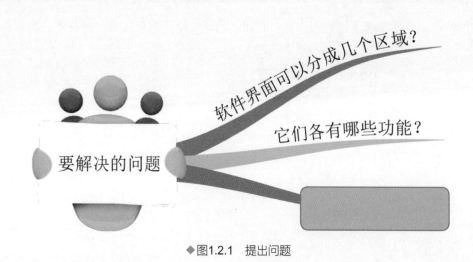

◆图1.2.1 提出问题

♪♪ 探秘指南

Scratch 3.6使用界面可分成多个区域：菜单区、指令区、脚本区、舞台区和角色区，如图1.2.2所示。

菜单区　包含了"文件""编辑"和"教程"等3个菜单。

指令区　这里有3个页面，分别是"代码""造型"和"声音"，默认选择"代码"页。这里列出了所有用于操作当前角色的"指令"，在Scratch中我们一般把这些"指令"称为"积木"。如图1.2.3所示。在Scratch 3.6中，共有9大类100多块"积木"。

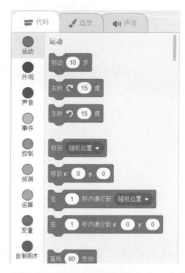

◆图1.2.2　Scratch软件界面　　　　　　　　　　　◆图1.2.3　指令区里的指令（积木）

脚本区　用于搭建"积木"对角色进行编程的区域。Scratch 3.6较2.0版本进行了改进，脚本区的右上角增加了显示当前编程角色。右下角是脚本"积木"的显示比例按钮（放大、缩小与默认）。

舞台区　角色（舞台中执行命令的主角，它将按照编写的程序进行运动）表演的地方。如图1.2.4所示，默认情况下舞台中间有一只小猫的角色，左上角是用于控制程序启动与终止的按钮，右上角是2个界面布局按钮和1个全屏按钮。

角色区　创建角色与舞台背景的区域，可以显示、更改角色的位置、大小、方向、显示状态等信息，如图1.2.5所示。

◆图1.2.4　舞台区的按钮与角色

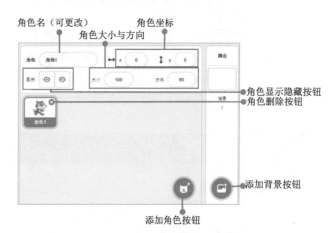

◆图1.2.5　角色区的按钮

♪♪ 探究实践

打开文件　如图1.2.6所示操作，打开"交个小猫好朋友.sb3"。

◆图1.2.6 打开Scratch文件

运行、终止程序 如图1.2.7所示，单击 🏴 按钮运行程序，感受Scratch动画的有趣之处。播放过程中也可单击 ● 按钮，了解程序终止的效果。

感知脚本 如图1.2.8所示，脚本区搭建的"积木"脚本就是本次动画的控制代码。认真观察，思考每块"积木"脚本的作用。

◆图1.2.7 运行与终止程序

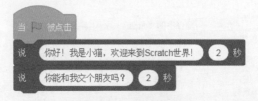

◆图1.2.8 "积木"脚本

♫ 智慧钥匙

1．文件菜单命令

Scratch中最常用的菜单命令就是"文件"菜单，如图1.2.6所示，它包含3个选项。

新作品 新建一个Scratch文件。

从电脑中上传 打开电脑中已有的一个Scratch文件。

保存到电脑 将一个Scratch文件保存到电脑中。

2．Scratch常用图标

在Scratch 3.6中除了菜单命令，还将一些常用的功能设计成图标，以方便操作。

🏴 运行 通常只有单击这个图标后程序才会开始运行。

● 停止 单击这个图标后程序就会强行停止运行。

❌ 全屏　单击这个图标后舞台会放大到全屏状态。

◎ 放大　每单击图标一次，脚本区积木就会放大一次。

◎ 缩小　每单击图标一次，脚本区积木就会缩小一次。

▤ 默认　单击图标后，脚本区积木就会调整至默认大小。

♪♪ 展示广角

在本课案例学习中，你掌握了哪些知识点？有什么收获？填一填！给自己评一评，看能收获几颗星！

了解软件界面组成：_____

尝试操作软件：_____

了解积木功能：_____

自己的评价：☆ ☆ ☆ ☆ ☆

陪着小猫去散步

微信扫码
看微课视频专项学
添加学习助手获取服务

前两节课我们初步了解了Scratch，并且结交了好朋友"小猫"。这节课我们将学习如何与好朋友小猫进行交流互动，让它在舞台上自由散步。

♪♫ 体验空间

试一试

打开程序　运行Scratch软件，按图1.3.1所示操作，打开电脑中的"陪着小猫去散步.sb3"文件。

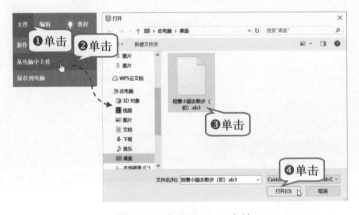

◆图1.3.1　打开Scratch文件

玩一玩

单击舞台区上方的▶图标，玩一玩这个动画，玩的过程中，你有哪些发现呢，填一填！

● ● ● ●

角色：＿＿＿＿＿＿＿　小猫的语言：＿＿＿＿＿＿＿　小猫的运动：＿＿＿＿＿＿＿

想一想

如果是你来制作案例，需要思考如下问题，如图1.3.2所示。你还能提出怎样的问题？请填在方框中。

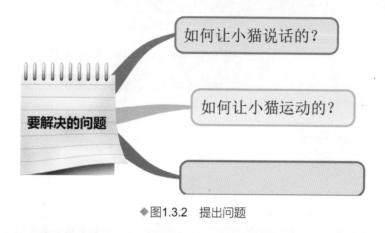

◆图1.3.2 提出问题

🎵 探秘指南

了解编程流程

在Scratch中，想要让角色动起来，就必须给角色写上代码（脚本）。而Scratch软件是可视化编程，每个角色的脚本是不尽相同的，因此我们在编程之前要对每个角色进行规划，研究角色的动作，再编程实现功能，接着调试程序直到达到预期效果，最后保存程序。具体流程如图1.3.3所示。

◆图1.3.3 编程流程

规划作品内容

本案例中选择"室内（room2）"为舞台背景，选择"小猫"。舞台、角色以及相应的动作，如图1.3.4所示。

◆图1.3.4 作品内容

研究角色动作

在Scratch中，想让角色动起来，就需要给角色添加脚本代码，那么脚本代码在哪里呢？它其实就藏在"指令区"。"指令区"里一共有9大类，100多种指令。为了方便掌握，Scratch把这些代码指令全部制作成一个个"积木"，编程时我们只需要选择合适的代码"积木"，把它们在"脚本区"搭建起来就行了。本案例中，小猫的代码"积木"搭建如图1.3.5所示。

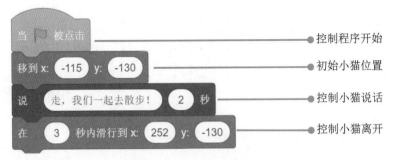

◆图1.3.5　分析角色动作脚本

✋ 添加积木的方法

想要代码"积木"能够正常运行，一定要先添加一个"事件积木"，如本案例中的 积木；想让角色讲话，就需要添加一个"外观积木"，如本案例中的 积木；想让角色运动，就需要添加一个"运动积木"，如本案例中的 积木。

在Scratch中给角色添加脚本，必须要把需要的"积木"从指令区找到，按住鼠标左键不放，将它拖到脚本区。操作方法如图1.3.6所示。

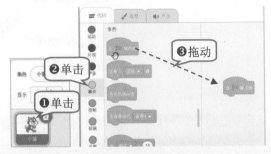

◆图1.3.6　添加积木的方法

♫ 探究实践

复制积木　将鼠标指向脚本区的积木 ，如图1.3.7所示，复制积木。

移动积木　按图1.3.8所示操作，将复制的积木插入到指定位置。

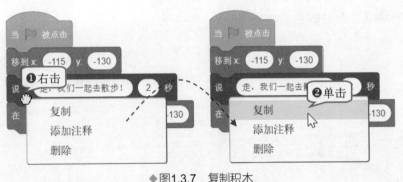

◆图1.3.7　复制积木

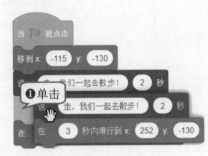

◆图1.3.8　移动积木

修改积木内容　单击指定积木中白色内容区域，修改内容，效果如图1.3.9所示。

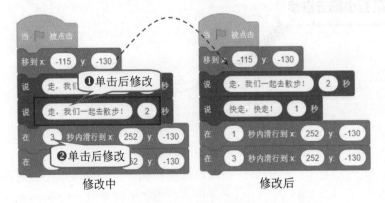

修改中　　　　　　　　　　修改后

◆图1.3.9　修改积木内容

删除积木　如图1.3.10所示，在指定的积木上右击，删除多余的积木。

测试程序　单击舞台区上方的 ▶ 图标，测试程序，直到满意为止。

保存文件　以"陪着小猫去散步（终）.sb3"为名保存文件。

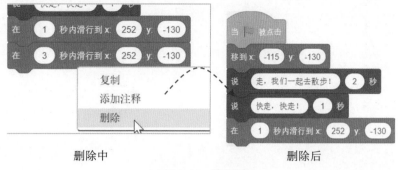

删除中　　　　　　　　　删除后

◆图1.3.10　删除积木

♪♪ 智慧钥匙

1. 积木的搭建

在Scratch中，如何判断一个积木是否可以与其他积木相配合搭建出有效的代码呢？只需要观看这个积木的外观上是否有凸起或凹下去的地方，如图1.3.11所示。

2. 选择积木的规则

Scratch中进行拖拽、复制、删除积木等操作之前，都需要先选中需要的积木。Scratch中选择积木的规则就是"向下扩选"，也就是从鼠标指向的积木开始向下，所有积木都将被选择。

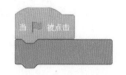 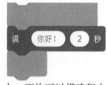

只能在下方搭建积木　　　上、下均可以搭建积木

◆图1.3.11　搭建积木

♪♪ 挑战空间

1. 改进程序：试着改进程序，让小猫说出其他内容，并且离开的速度变慢。
2. 脑洞大开：尝试添加其他积木，让小猫做出与本案例不一样的动作。

♪♪ 展示广角

在本课案例学习中，你掌握了哪些知识点？有什么收获？填一填！给自己评一评，看能收获几颗星！

• • • •

打开、保存文件：＿＿＿＿＿＿＿＿＿＿＿＿＿＿＿＿＿＿＿＿＿＿＿＿＿＿

添加、删除积木：＿＿＿＿＿＿＿＿＿＿＿＿＿＿＿＿＿＿＿＿＿＿＿＿＿＿

选择、修改积木：＿＿＿＿＿＿＿＿＿＿＿＿＿＿＿＿＿＿＿＿＿＿＿＿＿＿

自己的评价：☆ ☆ ☆ ☆ ☆

第 2 单元

了解对象，知己知彼
——角色与背景

运用Scratch制作动画，是离不开角色与舞台背景的。我们可以根据程序设计的需要，选择合适的背景，并将角色请到舞台上，制作出有趣的动画和游戏。

角色是编程的对象，它是舞台中执行命令的主角。Scratch的背景又称为舞台，它是角色活动的场景。本单元我们将一起探究合理选择角色及背景的方法，以及创设出完美的效果。

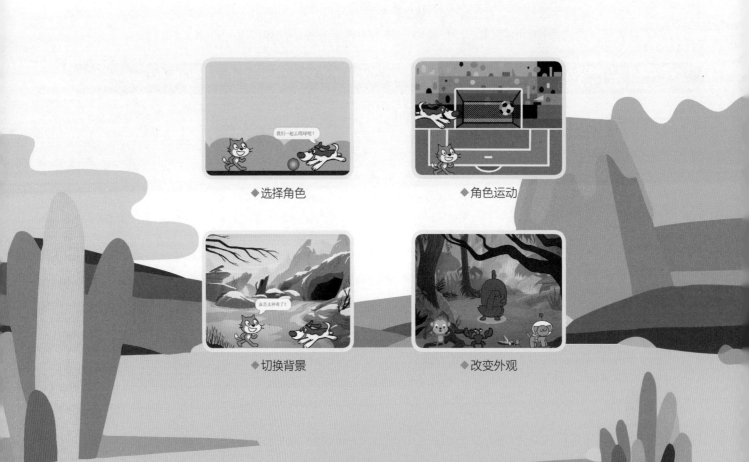

◆选择角色　　　　　　　　　　◆角色运动

◆切换背景　　　　　　　　　　◆改变外观

朋友关心真温暖

微信扫码
看微课视频专项学
添加学习助手获取服务

小猫独自生活在森林里，它感觉很孤单，于是好朋友小狗带着足球来找它，并邀请它一起去玩球，来自好朋友的关心总是那么的温暖。下面让我们一起努力来实现这个动画效果吧！

♪♪ 体验空间

🖐 试一试

请运行案例"朋友关心真温暖.sb3"，玩一玩！玩的过程中，你有哪些发现呢？填一填！

● ● ● ●

舞台：_____ 角色：_____ 情节：_____

🖐 想一想

制作案例时，需要思考的问题如图2.1.1所示。你还能提出怎样的问题？填在方框中。

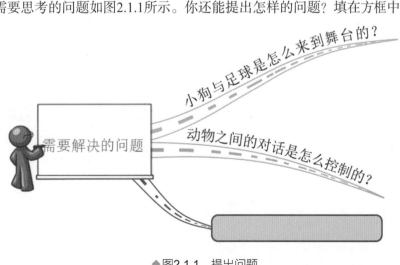

◆图2.1.1　提出问题

015

♪♪ 探秘指南

✋ 规划作品内容

制作案例，需要插入"剧场"舞台背景，选择"小猫""小狗"并绘制"足球"作为角色。搭舞台、选角色的方法，以及相应的动作，如图2.1.2所示。

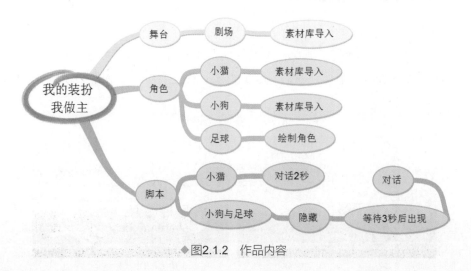

◆图2.1.2　作品内容

✋ 研究角色动作

本例中，"小猫"角色在单击 ▶ 图标时先对话2秒，而"小狗"与"足球"角色先隐藏，等待3秒之后再显示出来对话。相应的动作积木如图2.1.3所示。

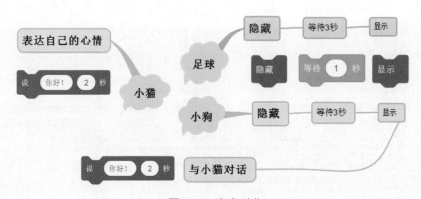

◆图2.1.3　角色动作

✋ 梳理设计思路

本案例中关键问题有两点：一是在舞台上添加角色并进行再创作；二是如何让"小狗"与"足球"在合适的时间出现在舞台上，并与"小猫"进行对话。

- 问题一：添加角色，可以通过单击 ● 按钮，从素材库中选择"小狗"角色，再绘制足球。
- 问题二：角色"小狗"与"足球"在点击 ▶ 之后3秒才出现在舞台上与"小猫"进行对话。所以要先用"隐藏"积木把角色隐藏，再用"等待……秒"积木等待3秒后，用"显示"积木显示出角色，最后用"说……秒"积木与"小猫"进行对话。

✋ 了解积木功能

如图2.1.4所示，案例中运用了控制类积木"等待……秒"，外观积木中的"说……秒""显示"和"隐藏"，还有事件积木中的"当绿旗被点击"。这3类积木是Scratch编程中较为常用的积木。

| 等待指定时间 | 让角色说话 N 秒 | 显示与隐藏角色 | 当绿旗点击后开始 |

◆图2.1.4　积木功能

♫ 探究实践

🔍 准备背景和角色

案例的背景图片可以从背景库中导入；角色可以从角色素材库导入，并进行编辑。

添加背景　运行Scratch软件，按图2.1.5所示操作，单击"选择背景"按钮🔍，从背景库中导入"Blue Sky"背景图作为案例的舞台背景。

修改角色名称与位置　按图2.1.6所示操作，将角色名称改成"小猫"，并调整小猫的位置坐标。

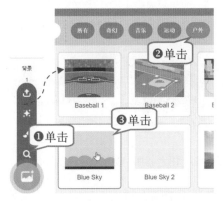

◆图2.1.5　添加背景

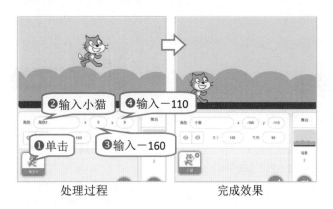

◆图2.1.6　修改角色名称与位置

添加小狗　单击"选择角色"按钮🔍，按图2.1.7所示操作，添加新角色。将新角色名改为"小狗"，并调整其角色位置（X：130，Y：－150）。

编辑角色　按图2.1.8所示操作，在"造型"选项卡中对角色进行水平翻转。

◆图2.1.7　添加小狗

◆图2.1.8　编辑角色

绘制圆形　按图2.1.9所示操作，绘制一个圆形。

制作足球　按图2.1.10所示操作，将之前绘制的圆形制作成足球。

调整大小位置　如图2.1.11所示，修改角色名为"球"，大小为"20"，修改角色位置X为49、Y为－136。

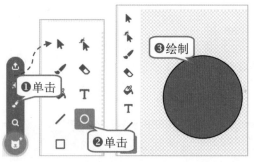

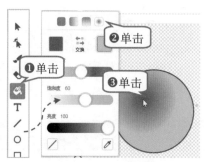

◆图2.1.9　绘制圆形　　　　　　　◆图2.1.10　制作足球　　　　　◆图2.1.11　角色效果

编写角色脚本

准备好角色和舞台后，就可以分析、编写角色脚本，实现动画效果。本案例中，我们需要对所有角色都编写脚本。

设置开始响应　单击选择"小猫"角色，拖动"事件"模块中的 积木到脚本区，如图2.1.12所示。

添加对话　按图2.1.13所示操作，拖动"外观"模块中的 你好! 2 秒 积木到脚本区，修改对话内容。

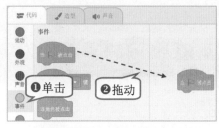

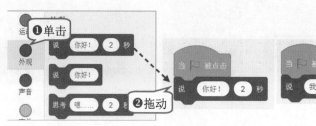

◆图2.1.12　设置开始响应　　　　　　　　　◆图2.1.13　添加对话

隐藏足球　选择"球"角色，拖动"事件"模块中的 积木到脚本区，再按图2.1.14所示操作，拖动指定积木到脚本区，隐藏"足球"。

完善脚本　编写脚本，完成其他条件设置，脚本如图2.1.15所示。

复制脚本　如图2.1.16所示，拖动角色"球"的全部脚本，将它放置在右下角"小狗"的图标上，完成脚本复制。

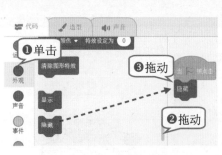

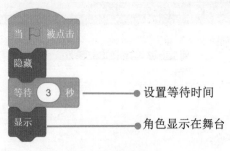

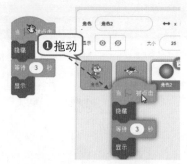

◆图2.1.14　隐藏足球　　　　◆图2.1.15　完善脚本　　　　◆图2.1.16　复制脚本

完成脚本　拖动"外观"模块中的  积木到脚本区，并修改对话，效果如图2.1.17所示。

保存文件　运行、测试程序，以"朋友关心真温暖.sb3"为名保存文件。

◆图2.1.17　完成脚本

♪♪ 智慧钥匙

1. 角色创建方式

在Scratch 3.6中，角色一共有5种创建方式。

🔍选择角色　从Scratch内置角色库中选择一个指定造型作为角色。

🖌绘制角色　用绘图工具绘制新的角色。

✴随机角色　从Scratch内置角色库中随机选择一个造型作为角色。

⬆上传角色　使用保存在电脑或设备中的图片作为角色。

📷拍摄角色　使用摄像头实时拍摄图片作为角色。

2. 新增角色编辑功能

如图2.1.18所示，在Scratch 3.6中，对角色的编辑处理较2.0版本有很大改进，增加了"组合""拆散""往前放""往后放"等矢量图编辑功能。

◆图2.1.18　新增角色编辑功能

♪♪ 挑战空间

1. 完善程序：试着完善对话，使动画更具情节。
2. 脑洞大开：运用学习到的添加角色方法，设计出更有趣的例子。

第2课

射门游戏真精彩

小狗带着小猫一起来到森林球场，并教授它如何射门，小猫学得很认真，很快就能射得又好又准。我们一起来体验下这个动画效果吧！

♫ 体验空间

🤚 试一试

请运行案例"射门游戏真精彩.sb3"，玩一玩！玩的过程中，你有哪些发现呢？填一填！

• • • •

角色：_____　小猫的运动：_____　足球的运动：_____

🤚 想一想

制作案例时，需要思考的问题如图2.2.1所示。你还能提出怎样的问题？填在方框中。

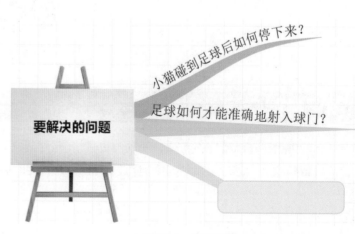

要解决的问题

小猫碰到足球后如何停下来？

足球如何才能准确地射入球门？

◆图2.2.1　提出问题

🎵 探秘指南

✋ 规划作品内容

制作案例，需要搭建"足球"舞台背景，选择"小猫""小狗""足球"作为角色。搭舞台、选角色的方法以及相应的动作，如图2.2.2所示。

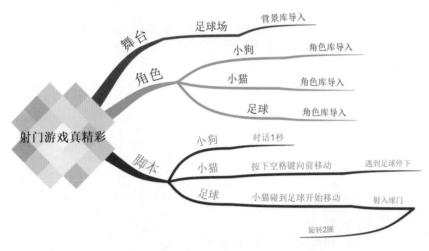

◆图2.2.2 作品内容

✋ 研究角色动作

案例中，"小狗"角色在单击▶图标时会先问"小猫"："你准备好了吗？"这时我们按下空格键，"小猫"就会跑向足球，当"小猫"碰到"足球"时，"足球"射向球门。当"足球"射入球门后，再根据惯性在球门中旋转2圈。3个角色相应的动作积木如图2.2.3所示。

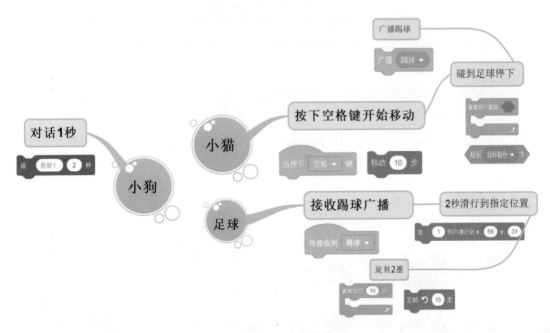

◆图2.2.3 角色动作

✋ 梳理编程思路

本案例中关键问题有两个：一是设置"小猫"与"足球"相接触时，"小猫"停下，"足球"射向球门；二是"足球"如何准确地射入球门，并在球门中旋转2周。

● 问题一：案例是要让"小猫"碰到"足球"就停止移动，同时"足球"开始移动。需用到"重复执行直到……""广播"与"当接收到……"3类积木。解决的方法是：设置"小猫"一直重复移动，直到接触到"足球"并广播"踢球"消息；再设置"足球"，当接收到"踢球"广播后，立即开始移动。

● 问题二：Scratch中移动积木有多种，但想要精确移到指定点并且有射门的感觉，最好用的积木就是"在……秒内滑行到x：y："积木；而让足球旋转2圈，只需要用到"重复执行……次"与"旋转……度"两块积木即可。

了解积木功能

案例中运用了运动类积木中的"移动……步""在……秒内滑行到x：y："旋转……度"等3类，其他的还有"广播""当接收到……"和"重复执行直到……""当按下……键"等积木，如图2.2.4所示。

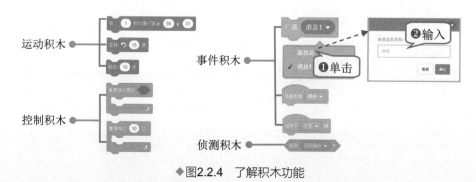

◆图2.2.4　了解积木功能

♪♪ 探究实践

准备背景和角色

案例的背景图片从背景库中导入；角色从角色素材库导入，并放置在合适的位置。

添加背景　运行Scratch软件，按图2.2.5所示操作，单击"选择背景"按钮🔍，从背景库中导入"Soccer"背景图作为案例的舞台背景。

添加小狗　不删除默认角色"小猫"，单击"选择角色"按钮🔍，按图2.2.6所示操作，添加新角色。

添加足球　按图2.2.7所示操作，添加角色"足球"。

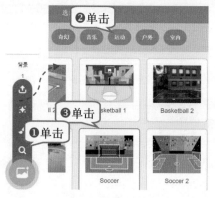

◆图2.2.5　添加背景

◆图2.2.6　添加小狗

◆图2.2.7　添加足球

调整角色位置 调整角色到合适位置，舞台效果如图2.2.8所示。

◆图2.2.8 舞台角色效果

🔍 编写角色脚本

案例中角色"小猫"与"足球"的脚本比较重要而且相互关联，因此我们要先编写"小猫"的脚本，再编写"足球"的。

编写小狗的脚本 单击选择"小狗"角色，拖动积木，完成效果如图2.2.9所示。

编写小猫的响应脚本 选中角色"小猫"，拖动"事件"模块中的 积木到脚本区，如图2.2.10所示。

◆图2.2.9 角色"小狗"的脚本

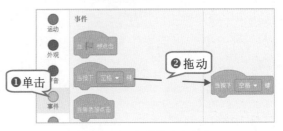

◆图2.2.10 小猫的响应脚本

设置重复判断 在响应积木下方添加事件积木下的 与侦测积木下的， 并编辑积木，如图2.2.11所示。

添加运动积木 添加外观积木下的 与运动积木下的 ，脚本代码如图2.2.12所示。

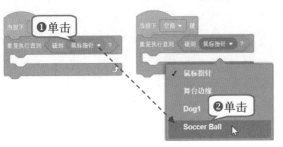

◆图2.2.11 设置重复判断

◆图2.2.12 添加运动积木

添加广播积木 添加事件积木下的 ，并编辑积木，步骤如图2.2.13所示。

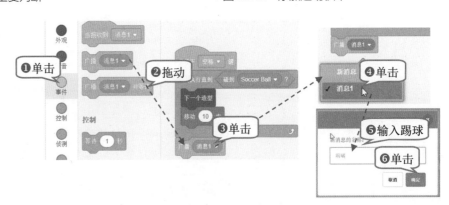

◆图2.2.13 添加设置广播积木

设置足球移动　选择角色"足球"，添加事件积木下的 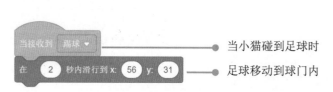 和运动积木下的 并修改。最终代码如图2.2.14所示。

　　设置旋转动作　添加剩余积木，完成足球旋转动作，代码效果如图2.2.15所示。

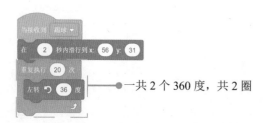

当小猫碰到足球时

足球移动到球门内

◆图2.2.14　设备足球移动

一共2个360度，共2圈

◆图2.2.15　设置旋转动作

　　保存文件　运行、测试程序，以"射门游戏真精彩.sb3"为名保存文件。

♪♪ 智慧钥匙

1. 碰到鼠标（或角色）的运动

　　在Scratch中，可以使用  积木来判断角色是否接触鼠标、屏幕边缘或另一个角色，以此来作为下一个程序执行的条件。如图2.2.16所示，在侦测积木模块中选择，拖动到脚本区，单击下拉列表（列表会根据角色多少自行变化）可以选择"鼠标指针""舞台边缘"或是某一个角色。

◆图2.2.16　"碰到……"积木

2. 广播功能

　　Scratch中的广播功能主要用于角色与角色间互相传递消息。这里的"广播"和现实世界中"广播"的意思与作用很相似。举个例子，现实生活中的广播播报"马上要下雨了"，不同的人"接收"到这个消息会去做不同的事。比如有人会去取伞，有人去收衣服，也有人会无动于衷，因为他在家里看电视，下雨与他无关。在Scratch中，我们可以通过广播功能让不同的角色在同一种条件下去做各种不同的事。

♪♪ 挑战空间

1. 完善程序：试着改进程序，将射门键改成其他你喜欢的按键，如"X"键。
2. 脑洞大开：编写程序，当按下"空格键"，大炮射出炮弹，打中空中的飞机。

时空穿梭真神奇

▶ 微信扫码 ◀
看微课视频 专项学
添加学习助手获取服务

　　小狗与小猫踢完球后，还觉得意犹未尽，它们决定一起去进行一场神奇的时空旅行。于是小狗就开始施展魔法，带着小猫去了一个又一个不同时空。下面我们一起尝试完成这神奇之旅的动画制作吧！

真是太神奇了！

♪♫ 体验空间

✋ 试一试

请运行案例"时空穿梭真神奇.sb3"，玩一玩！玩的过程中，你有哪些发现呢？填一填！

● ● ● ● ●

角色：_____　　　背景数量：_____　　　变换规律：_____

✋ 想一想

制作案例时，需要思考的问题，如图2.3.1所示。你还能提出怎样的问题？填在方框中。

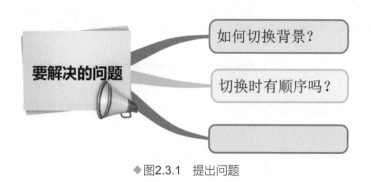

要解决的问题

如何切换背景？

切换时有顺序吗？

◆图2.3.1　提出问题

♪ 探秘指南

✋ 规划作品内容

本案例我们需要创建"小猫""小狗"两个角色，以及一个可以变换背景的舞台，如图2.3.2所示。

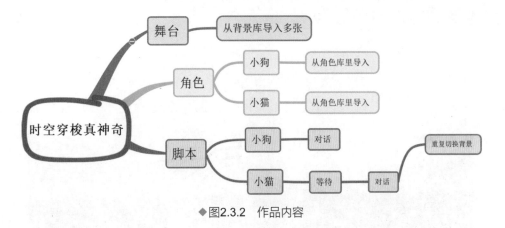

◆图2.3.2 作品内容

✋ 研究角色动作

案例中，"小猫"在运行程序后与"小狗"对话之后，重复变换背景10次，并且在每次变换背景之后，都会惊奇地发出感叹："真是太神奇了！"。其角色相应的动作积木如图2.3.3所示。

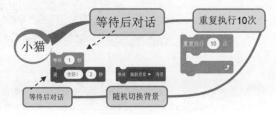

◆图2.3.3 相应的积木

✋ 梳理编程思路

本案例中关键问题只有一个，就是如何重复变换背景。解决的方法是：运用"重复执行……次"积木与"换成……背景"积木相互配合完成。

✋ 了解积木功能

本案例中使用的"换成……背景"积木功能如图2.3.4所示。

切换背景积木中列表的内容有3个固定项，分别为"下一个背景""上一个背景"与"随机背景"，其他项是根据添加背景的多少决定的。我们可以通过列表切换到指定背景，也可以通过"下一个背景"或"上一个背景"按顺序切换，或可以像本案例一样选择"随机切换"。

◆图2.3.4 切换背景积木

♪ 探究实践

🔍 准备背景和角色

案例中添加了8张背景，读者也可以根据自己喜爱，添加不同数量及样式的背景，不必强求一定与案例中添加一样的背景。

添加背景 运行Scratch软件，先删除原来白色背景，再如图2.3.5所示，添加8张不同类型的背景。

添加角色 添加"小猫"与"小狗"角色，并摆放在适当位置，如图2.3.6所示。

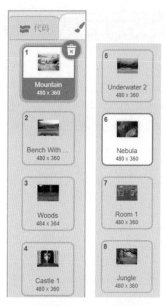

◆图2.3.5 添加背景

◆图2.3.6 角色效果

编写角色脚本

案例中重点是角色"小猫"的脚本，在脚本完成后，可以尝试修改案例中的时间参数，看看能否创造出更恰当的效果。

添加小狗对话脚本 选中角色"小狗"，添加脚本，最终效果如图2.3.7所示。
添加小猫对话脚本 选中角色"小猫"，添加脚本，最终效果如图2.3.8所示。

◆图2.3.7 小狗对话脚本

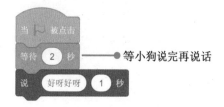

◆图2.3.8 小猫对话脚本

重复切换背景 拖动控制积木中的[ ]和外观积木中的[换成角色▼ 背景]，放置在脚本区，如图2.3.9所示。
完善其他脚本 如图2.3.10所示，添加其他角色的脚本，完成脚本设置。思考：为什么2次等待时间设计成不一样呢？

◆图2.3.9 重复切换背景

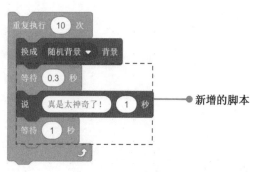

◆图2.3.10 完善脚本

保存文件　运行、测试程序，以"时空穿梭真神奇.sb3"为名保存文件。

♫ 智慧钥匙

1. 背景创建方式

在Scratch 3.6中，背景有5种创建方式。

选择背景　从Scratch内置背景库中选择一个指定造型作为背景。

绘制背景　用绘图工具绘制新的背景。

随机背景　从Scratch内置背景库中随机选择一个造型作为背景。

上传背景　使用保存在电脑或设备中的图片作为背景。

拍摄背景　使用摄像头实时拍摄图片作为背景。

2. 背景的大小

在Scratch 3.6中，舞台背景的宽为480、高为360，预览窗口从左到右（X坐标）为 – 240~240，从上到下（Y坐标）为 – 180~180。

♫ 挑战空间

1. 完善程序：试着改进程序，变换背景时不再是随机的，而是按顺序的。

2. 脑洞大开：试着编写程序，大鲨鱼从海底的一个场景游到另一个场景。（注意切换背景后，鲨鱼出现的位置如何设置才合理。）

微信扫码

看微课视频专项学
添加学习助手获取服务

第4课
森林舞会真动感

上节课小狗带着小猫一起进行了一场神奇的时空旅行，当穿梭到森林的深处，正好见到大红鸭带着它的4个小伙伴在一起载歌载舞，小狗与小猫被这场动感的舞会深深地吸引了。下面我们一起来学习如何制作这一动画效果吧！

♫♫ 体验空间

🖐 试一试

请运行案例"森林舞会真动感.sb3"，玩一玩！玩的过程中，你有哪些发现呢？填一填！

• • • •

角色：_____ 动作外观：_____ 播放音乐：_____

🖐 想一想

制作案例时，需要思考的问题如图2.4.1所示。你还能提出怎样的问题？填在方框中。

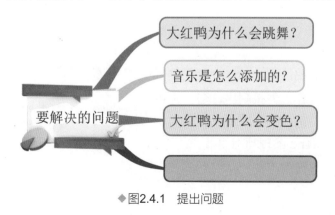

大红鸭为什么会跳舞？

音乐是怎么添加的？

要解决的问题

大红鸭为什么会变色？

◆图2.4.1 提出问题

♬ 探秘指南

规划作品内容

制作案例，需要选择"大红鸭"与4只不同小动物作为角色。添加角色的方法，以及相应的动作，如图2.4.2所示。

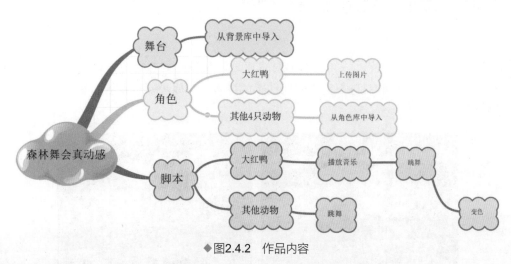

◆图2.4.2　作品内容

研究角色动作

案例中，当音乐响起，大红鸭在跳舞的同时身体还会不断地变换颜色，其动作分析如图2.4.3所示。

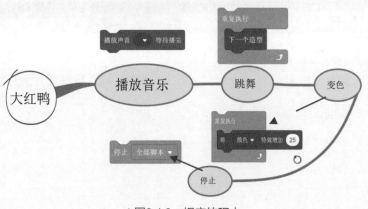

◆图2.4.3　相应的积木

梳理编程思路

本案例中关键问题有三点：一是音乐的播放；二是"大红鸭"如何才能跳舞；三是"大红鸭"的身体如何才能变色。

● 问题一：在Scratch 3.6中，可以给角色选择合适的音乐，如图2.4.4所示。

● 问题二：事先把"大红鸭"跳舞动作分解成多个连续动作，一张图片只放一个动作，并按顺序命名。再将这些图片加入"大红鸭"角色的造型中，使用"重复"积木与"下一个造型"积木相互配合，实现动画效果。

● 问题三：使用"将颜色特效增加……"积木可以实现角色颜色改变的效果。

◆图2.4.4　添加音乐

了解积木功能

案例中运用了外观、声音和控制3类积木，如图2.4.5所示。

| 控制角色运动 | 控制角色变色 | 播放音乐 | 音乐放完动画也停 |

◆图2.4.5 相关的积木

- "重复执行"积木与"下一个造型"积木相结合，可以实现角色运动效果；而"特效增加"积木与"重复执行"积木相结合，则可以实现角色特效的循环。
- "播放声音"积木必须先选择好音乐，才能正常使用。
- "停止脚本"积木可以强行终止指定脚本或全部脚本。

♪♪ 探究实践

🔍 准备背景和角色

案例中要添加的"大红鸭"角色，包含图片过多，在导入时尽可能地使用快捷键简化操作。

添加背景 运行Scratch软件，添加"户外"背景下的图片"Jungle"作为背景。

添加大红鸭 删除原有角色"小猫"，添加"大红鸭图片"文件中第1张图片作为角色的第1个造型，如图2.4.6所示。

添加剩余造型 选中造型，按图2.4.7所示，添加"大红鸭图片"文件夹中除去第1张图之外的所有图片，作为剩余造型。

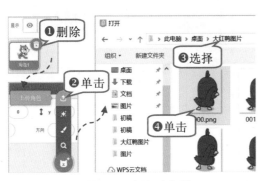

◆图2.4.6 添加大红鸭

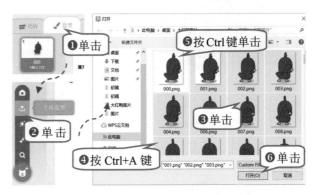

◆图2.4.7 添加剩余造型

添加小猴 添加角色，选择"动物"类别下的"Monkey"完成添加。

调整大小位置 设置"小猴"的大小为60，并将其摆放在合适位置，最终效果如图2.4.8所示。

◆图2.4.8 调整大小位置

添加其他动物　依次添加其他3只小动物，并调整大小位置，效果如图2.4.9所示。

◆图2.4.9　角色效果

编写角色脚本

大红鸭的脚本分两部分：一部分播放音乐；另一部分控制跳舞动作和改变身体颜色。

设置开始响应　单击选择"大红鸭"角色，拖动"事件"模块中的 ![积木] 积木到脚本区。

添加广播　添加"事件"模块下的"广播"积木，并把"新消息"修改为"跳舞"，如图2.4.10所示。

添加音乐　单击"声音"选项卡，如图2.4.11所示，单击左下方 ![图标] 图标，选择"可循环"下的"Dance Energetic"。

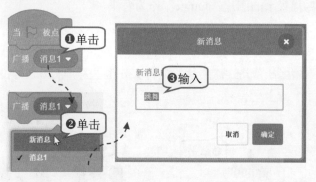

◆图2.4.10　添加广播

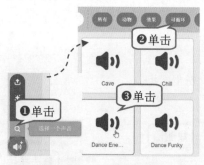

◆图2.4.11　添加音乐

添加其他积木　拖动"声音"模块下的 ![播放声音 Dance Energetic 等待播完] 积木和"控制"模块下的 ![停止 全部脚本] 积木，放置在脚本区，实现当声音播放完毕动画结束。脚本如图2.4.12所示。

添加跳舞特效　拖动相应积木，放置在脚本区，如图2.4.13所示。

添加小猴脚本　选中角色"小猴"，如图2.4.14所示，添加伴舞脚本。

◆图2.4.12　添加其他积木

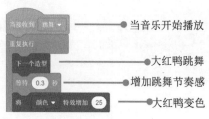

◆图2.4.13　添加跳舞与特效

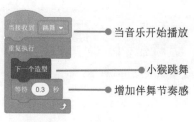

◆图2.4.14　添加小猴脚本

复制脚本　把"小猴"的积木脚本复制给其他3只小动物。

保存文件　运行、测试程序，以"森林舞会真动感.sb3"为名保存文件。

♪♪ 智慧钥匙

1. 声音的处理

Scratch 3.6较2.0版本在声音处理上有细微的改变：在按钮位置上，3.6版本的按钮位置更加醒目；"编辑"声音功能简化为"修剪"功能；声音效果删除了"淡入""淡出""无声"，增加了"快一点""慢一点""回声"和"机械化"4个效果，如图2.4.15所示。

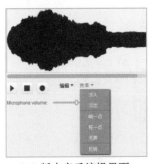
2.0 版本音乐编辑界面

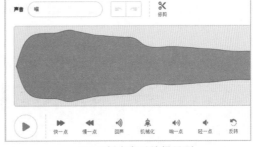
3.6 版本音乐编辑界面

◆图2.4.15　界面对比

2. 声音创建方式

在Scratch 3.6中，声音有4种创建方式。

🔍 选择声音　从Scratch内置声音库中选择一个指定造型作为声音。声音库中提供了动物、循环、音符等9种类型350多个声音，较2.0版本增加很多。

🎤 录制声音　录制声音首先要连接麦克风，调试麦克风，再开始录音。其录制界面较2.0版本有变化，具体如图2.4.16所示。

✦ 随机声音　从Scratch内置声音库中随机选择一个声音。

⬆ 上传声音　只可以上传本地的MP3、WAV格式的声音文件。

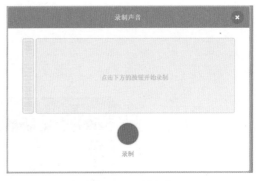

◆图2.4.16　录制声音界面

♪♪ 挑战空间

1. 试着改进程序，给"大红鸭"的4个小伙伴增加更加动感的效果。
2. 试着编写程序，花丛中，几只大小不一的蝴蝶随着动听的音乐翩翩起舞。

第3单元

输入代码，自己做主
——积木与脚本

使用Scratch制作动画，需要让动画中的角色和背景根据故事的情境动起来，要用到Scratch中的积木模块。Scratch中的积木模块有十几种，不同的模块用不同的颜色区分，我们可以根据程序设计的需要，选择合适的积木组合起来，制作出有趣的动画和游戏。本单元一起探究用积木模块解决问题的方法。

◆外观积木　　　　　　　　　◆运动积木

◆事件积木　　　　　　　　　◆控制积木

精彩魔法变猫咪

微信扫码
看微课视频 专项学
添加学习助手获取服务

　　大马戏团来表演了，压轴演出的是享誉国际的大魔法师林格，他特意邀请了小猫作为表演嘉宾，对小猫进行变身。大家都期待着魔法来临的时刻吧？让我们编写代码，实现这样的动画效果吧！

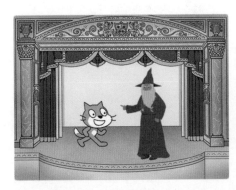

♫♫ 体验空间

✋ 试一试

　　请运行案例"精彩魔法变猫咪.sb3"，玩一玩！玩的过程中，你有哪些发现呢？填一填！

· · · ·

舞台：＿＿＿＿＿＿　角色：＿＿＿＿＿＿　情节：＿＿＿＿＿＿

✋ 想一想

　　制作案例时，需要思考的问题，如图3.1.1所示。你还能提出怎样的问题？填在方框中。

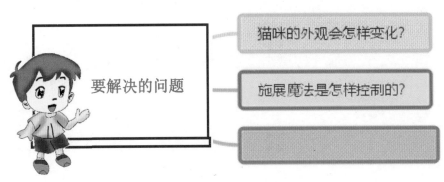

要解决的问题

猫咪的外观会怎样变化？

施展魔法是怎样控制的？

◆图3.1.1　提出问题

♪♪ 探秘指南

规划作品内容

制作案例，需要插入"剧场"舞台背景，选择"小猫""魔法师"作为角色。搭舞台、选角色的方法，以及相应的动作，如图3.1.2所示。

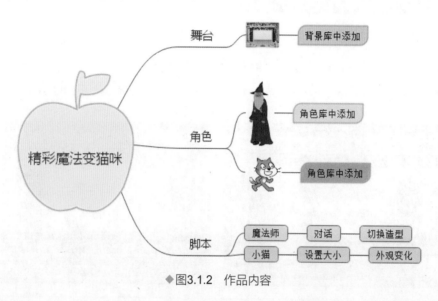

◆图3.1.2 作品内容

研究角色动作

本例中，"魔法师"角色在单击▶图标时先对话2秒，再切换到相应的造型。相应的动作积木如图3.1.3所示。

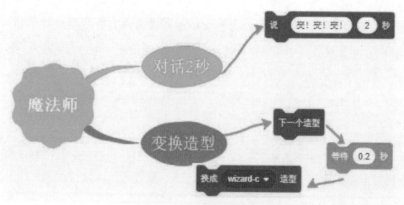

◆图3.1.3 魔法师角色积木

案例中，"小猫"角色在单击▶图标时设定好大小为100%，再等待"小猫"的外观发生变换，再将"小猫"变大。相应的动作积木如图3.1.4所示。

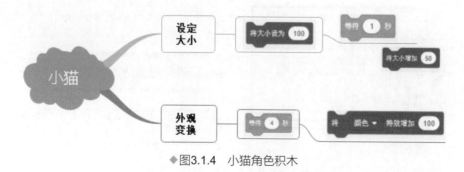

◆图3.1.4 小猫角色积木

梳理编程思路

案例关键点是通过"魔法师"的造型变换和对话创设一种魔幻的情境，"小猫"在外观上有7种变化，分别是大小增加50%、颜色增加100、50%虚像、50%鱼眼、50%漩涡、50%像素化、50%马赛克。通过在这7种特效中间加入控制积木，让每种变化间隔为1秒，呈现出变魔术的效果。在这个故事中，选择相应的外观、事件、控制积木，获得了很好的效果。

了解积木功能

案例中运用了控制类积木中的"等待……秒"，外观积木中的"说……秒""将大小增加……"和"将……特效增加……"，还有事件积木中的"当绿旗被点击"。这3类积木是Scratch编程中较为常用的，通过选择不同的积木模块，可以创建更丰富的故事和动画。

♪♪ 探究实践

🔍 准备背景和角色

案例的背景图片可以从背景库中导入；"魔法师"可以从角色素材库导入，并进行编辑。

导入背景　运行Scratch软件，按图3.1.5所示操作，单击"选择背景"按钮🔍，从背景库中导入"Theater"背景图，作为案例的舞台背景。

添加魔法师　不删除默认角色"小猫"，单击"选择角色"按钮🔍，按图3.1.6所示操作，添加新角色。

◆图3.1.5　导入背景

◆图3.1.6　添加魔法师

编辑角色　按图3.1.7所示操作，输入参数调整角色大小，在"造型"选项卡中对角色进行水平翻转。

调整角色大小和位置　调整"小猫""魔法师"角色到合适位置，舞台效果如图3.1.8所示。

◆图3.1.7　编辑角色

◆图3.1.8　舞台效果

Q **编写角色脚本**

准备好角色和舞台，然后就可以根据分析编写角色脚本，实现动画效果。本案例中，分别对小猫和魔法师角色编写脚本。

设置开始响应　单击选择"魔法师"角色，拖动"事件"模块中的 积木到脚本区，如图3.1.9所示。

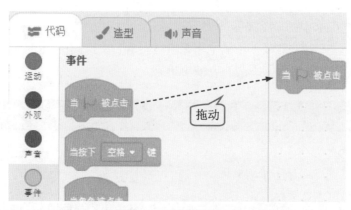

◆图3.1.9　设置开始响应

添加对话　按图3.1.10所示操作，拖动"外观"模块中的 积木到脚本区，修改对话内容。

◆图3.1.10　添加对话

完成脚本设置　编写脚本，完成其他条件设置，脚本如图3.1.11所示。
设置初始化　选择"小猫"角色，设置角色初始化大小，脚本如图3.1.12所示。

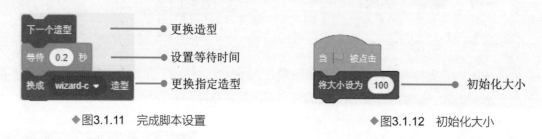

◆图3.1.11　完成脚本设置　　　　　　　　　　◆图3.1.12　初始化大小

调整大小　选择"小猫"角色，将角色增大50%，脚本如图3.1.13所示。
设置外观　添加等待时间积木，如图3.1.14所示，拖动"外观"模块中的 积木到脚本区。

◆图3.1.13　调整大小　　　　　　　　　　◆图3.1.14　设置外观

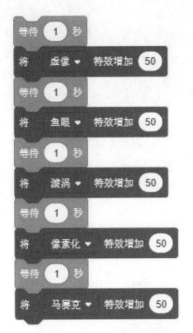

◆图3.1.15　设置外观

完成脚本　重复上一环节的操作，编写如图3.1.15所示的脚本。

保存文件　调试作品，选择"文件"→"保存电脑"命令，保存作品。

♪♪ 智慧钥匙

1. 控制类积木

控制类积木（如图3.1.16所示）是非常重要的一类积木，它们用来控制脚本运行的逻辑流程。正是因为控制积木的存在，才使得程序变得强大而灵活。

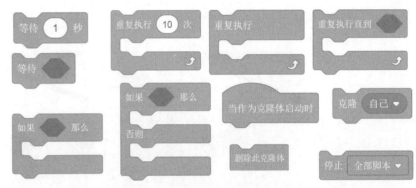

◆图3.1.16　控制类积木

2. 外观类积木

通过使用外观类积木（如图3.1.17所示），可以控制程序中角色和舞台背景的外观效果，并且以对话框的形式进行文字信息互动。外观功能块可以通过一些特殊效果来影响角色的外观，还可以在程序执行时显示或隐藏角色，修改角色的大小，甚至可以改变角色的造型和舞台的背景。

增加角色大小　　增加颜色特效　　出现文字对话框

◆图3.1.17　外观类积木

3. 积木模块

积木默认有九类，包括运动、外观、声音、事件、控制、侦测、运算、变量、自制积木，如图3.1.18所示。

也可以按图3.1.19所示操作，添加其他6类，分别是音乐、画笔、视频侦测、文字朗读、翻译、Makey模块。

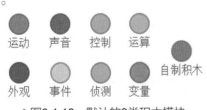

◆图3.1.18　默认的9类积木模块

◆图3.1.19　拓展的6类积木模块

♪♪ 挑战空间

1. 完善程序：试着添加小鸟角色，变换不同的外观，使魔法的效果更奇幻。

2. 脑洞大开：运用外观积木模块和控制积木模块，设计出更有趣的例子。

小猫捕鼠大作战

微信扫码
看微课视频专项学
添加学习助手获取服务

天气晴朗，一望无垠的大草原万物复苏，小树和小草在慢慢生长，一派生机勃勃的景象。可恶的老鼠到处破坏，不断啃食小草和小树的根，小猫决心为大家除害，到处追逐老鼠并消灭它们。想知道老鼠是怎么四处躲避的，小猫又是怎样紧追不放的吗？让我们一起来看看结果吧！

♫♫ 体验空间

✋ 试一试

请运行案例"小猫捕鼠大作战.sb3"，玩一玩！玩的过程中，你有哪些发现呢？填一填！

● ● ● ●

角色：_____　　运动方式：_____　　遇到边缘：_____

✋ 想一想

制作案例时，需要思考的问题，如图3.2.1所示。你还能提出怎样的问题？填在方框中。

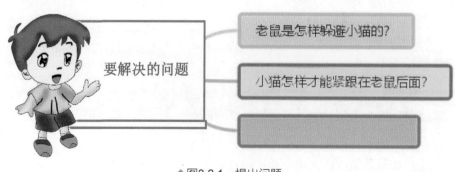

要解决的问题

老鼠是怎样躲避小猫的？

小猫怎样才能紧跟在老鼠后面？

◆图3.2.1　提出问题

♪♪ 探秘指南

🖐 规划作品内容

制作案例，需要搭建"草原"舞台背景，选择"小猫""老鼠"作为角色。搭舞台、选角色的方法，以及相应的动作，如图3.2.2所示。

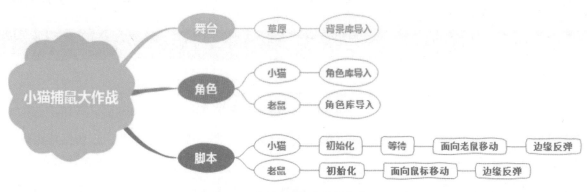

◆图3.2.2 "小猫捕鼠大作战"作品内容

🖐 研究角色动作

案例中，"老鼠"角色跟着鼠标移动，不断地四处逃跑，遇到边界就水平翻转方向；"小猫"角色紧跟"老鼠"不断追逐，遇到边缘也会自动翻转。2个角色相应的动作积木如图3.2.3所示。

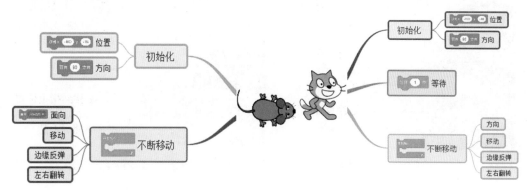

◆图3.2.3 "小猫捕鼠大作战"作品积木

🖐 梳理编程思路

本案例中关键问题有两点：一是设置面向鼠标指针；二是遇到边缘就反弹，并进行左右翻转的脚本。

● 问题一：Scratch中，运动积木中关于"面向……"的积木有2块，案例中是让"小猫"面向"老鼠"，不断移动。解决的方法是选择"面向……"积木，单击选择"面向老鼠"选项即可，如图3.2.4所示。

可选择鼠标指针或其他角色

◆图3.2.4"面向……"积木

● 问题二：舞台的宽和高都是有限的，当角色已经运动到边缘时，后续应该怎样运动？可使用的积木只有2块，一块是确定"碰到边缘就反弹"，另一块则是设置反弹时的旋转方式。本案例中"小猫"不使用"碰到边缘"积木碰到边界后会卡住，停在边界处不动，解决的办法就是增加"碰到边缘就反弹"积木，并选择左右翻转模式。

了解积木功能

案例中运用了运动积木中的"移动""面向"和"碰到边缘"三类，其他的还有"坐标"和"旋转"等积木，想获得更好的效果，需要结合控制积木模块中的"重复执行"积木，如图3.2.5所示。

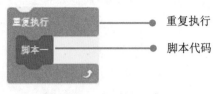

◆图3.2.5 "重复执行"积木

♪♪ 探究实践

🔍 设置鼠标跟随

案例是半成品，"老鼠"角色不断移动，添加对"老鼠"位置、方向的初始化，设置鼠标跟随，遇到边缘就反弹，让"老鼠"四处躲避。

打开程序　运行Scratch软件，打开"小猫捕鼠大作战（初）.sb3"文件。

查看已有脚本　选中角色"老鼠"，单击"脚本"标签，查看老鼠脚本，如图3.2.6所示。

调整位置、方向　在开始积木下方，添加运动积木中的"移动到x：y："，并使角色面向90度（右边）方向，如图3.2.7所示。

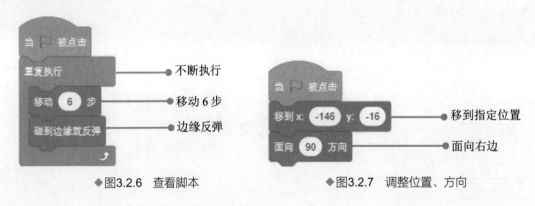

◆图3.2.6 查看脚本　　　　◆图3.2.7 调整位置、方向

设置鼠标跟随　拖动运动积木中的"面向鼠标指针"积木，插入到"移动6步"积木上方，如图3.2.8所示。

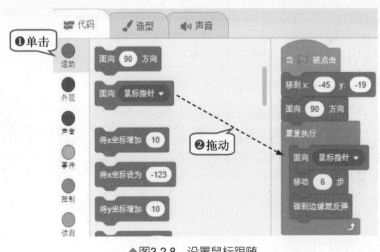

◆图3.2.8 设置鼠标跟随

完善脚本　拖动相应积木，使老鼠遇到边缘就反弹，脚本代码如图3.2.9所示。

保存文件　运行、测试程序，以"小猫捕鼠大作战.sb3"为名保存文件。

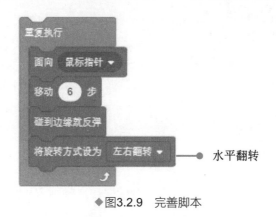

◆图3.2.9　完善脚本

🔍 编写小猫脚本

角色是系统默认的，编写脚本就可以实现动画效果。案例需对"小猫"设置脚本，小猫跟随老鼠追逐，抓住老鼠。

修改角色名称　按图3.2.10所示，将角色名称修改为"小猫"。

◆图3.2.10　修改角色名称

初始化位置和方向　选择"小猫"角色，按图3.2.11所示添加积木，对小猫的位置和方向进行初始化。

设置等待时间　拖动控制积木中的"等待……秒"，将等待时间设置为1秒。

设置面向老鼠　拖动运动积木中的"面向鼠标指针"，按图3.2.12所示操作，将跟随方式改为"面向老鼠"。

完善脚本　如图3.2.13所示，添加其他脚本，完成小猫不断追逐老鼠的效果。

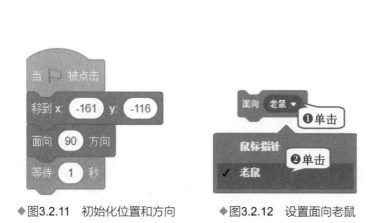

◆图3.2.11　初始化位置和方向　　　◆图3.2.12　设置面向老鼠　　　◆图3.2.13　完善脚本

保存文件　调试作品，选择"文件"→"保存电脑"命令，保存作品。

♪♪ 智慧钥匙

1. 面向鼠标（或角色）的运动

在Scratch中，可以让角色跟随鼠标移动或跟随另一个角色移动。如图3.2.14所示，在运动积木模块中选择 ，拖动到脚本区，单击下拉列表可以选择面向鼠标指针或是面向某一个角色跟随移动。

◆图3.2.14　面向鼠标移动

2. 角色的坐标

Scratch舞台宽是480步长，高是360步长，可以通过"坐标"来定义角色、鼠标等任何事物的位置。

如图3.2.15所示，Scratch舞台边界的坐标系的水平方向是X轴，竖直方向是Y轴，鼠标在舞台区域移动，可以观察到运动积木模块有两块积木"X坐标"和"Y坐标"，分别是用来获取当前角色的X、Y坐标值，这X、Y坐标就是鼠标当前在舞台的坐标值。

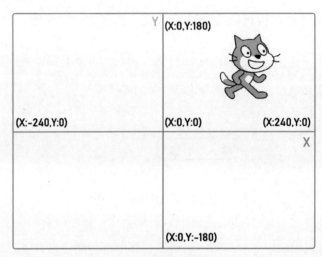

◆图3.2.15　坐标

♪♪ 挑战空间

1. 试着编写程序，让小猫一边追逐老鼠一边变换造型，让小猫在奔跑时呈现动态的效果。
2. 试着编写程序，让海龟追逐鱼儿，水中嬉戏。

聆听乐声知名称

　　幕布拉开，舞台上出现了3种乐器，一种乐器先发出动听的声音，按一下空格键另一种乐器发出优雅的声音，还有一种乐器我们怎么欣赏呢？点击乐器看看会发生什么？除了欣赏美妙的音乐，还可以了解乐器的名称，还等什么呢！

♪♪ 体验空间

✋ 试一试

请运行案例"聆听乐声知名称.sb3"，玩一玩！玩的过程中，你有哪些发现呢？填一填！

● ● ● ●

角色：_____　运动方式：_____　音阶高低：_____

✋ 想一想

制作案例时，需要思考的问题，如图3.3.1所示。你还能提出怎样的问题？填在方框中。

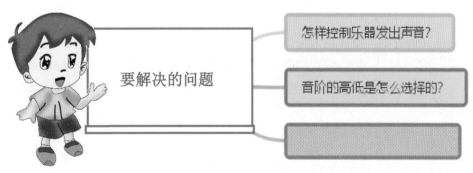

　　要解决的问题

怎样控制乐器发出声音？

音阶的高低是怎么选择的？

◆图3.3.1　提出问题

♪♫ **探秘指南**

✋ **规划作品内容**

　　制作案例，需要搭建"剧场"舞台背景，选择"电子琴""萨克斯风""鼓"作为角色。3个角色分别运用不同的响应方式运行程序，会发出不同的声音，并介绍乐器的名称，如图3.3.2所示。

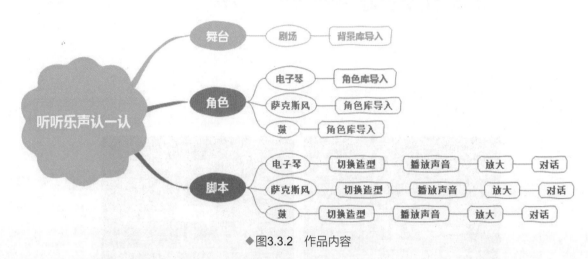

◆图3.3.2　作品内容

✋ **研究角色动作**

　　案例中，分别用鼠标点击绿旗、按空格键、鼠标点击角色响应方式控制"电子琴""萨克斯风""鼓"角色发出"哆、来、咪"，演奏完乐器会放大显示，遇到边缘也会自动翻转。"萨克斯风"角色相应的动作积木如图3.3.3所示，其他2个角色也类似。

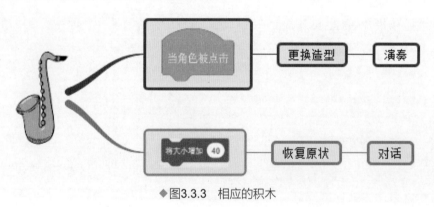

◆图3.3.3　相应的积木

✋ **梳理编程思路**

　　本案例中关键问题有两点：一是3个角色采用了3种不同的运行程序的事件积木；二是播放不同音阶的乐器声音。

　　● 问题一：Scratch语言中，事件积木模块一般作为启动程序的基础，属于相对比较简单的模块。案例中是点击▶图标让"鼓"运行，按空格键让"电子琴"运行，点击舞台上的"萨克斯风"让程序运行。

　　● 问题二：要按照音阶高低来选择演奏的声音。首先要拖动声音模块里的 播放声音 High Tom ▼ 等待播完 积木，再单击选项中的不同音阶即可。

✋ **了解积木功能**

　　本案例要使用事件积木和运行程序相关的积木，有3种，如图3.3.4所示。

- 当▶被点击：可作为程序运行的启动点。
- 当按下空格键：检测用户是否按下了键盘上的键，除了键盘上的功能键外，其他的键都可以设置。
- 当角色被点击：检测用户是否点击了角色，如果点击了则继续运行程序。

◆图3.3.4　事件积木

♪♪ 探究实践

🔍 演奏音乐

首先设置当"萨克斯风"角色被点击时演奏音乐，演奏了"哆、来、咪"三个音符后，乐器放大显示，介绍乐器名称。

打开程序　运行Scratch软件，打开"聆听乐声知名称（初）.sb3"文件。
点击变换造型　选中"萨克斯风"角色，单击"脚本"标签，添加脚本，如图3.3.5所示，拖动事件模块中的"当角色被点击"积木，在下方添加"下一个造型"。
选择音阶　拖动事件模块中的"播放声音……等待播完"积木，如图3.3.6所示，选择合适的音阶。
演奏音乐　按如图3.3.7所示继续添加外观积木和声音积木，完成演奏。

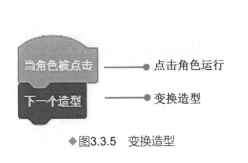

◆图3.3.5　变换造型

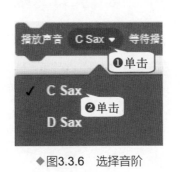

◆图3.3.6　选择音阶

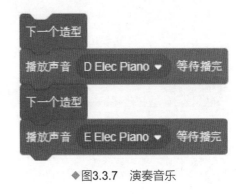

◆图3.3.7　演奏音乐

🔍 介绍乐器名称

演奏完音乐，放大显示乐器后，出现对话框，介绍乐器的名称。

放大角色　选中"萨克斯风"角色，将角色外观设置为"将大小增加40"，如图3.3.8所示。
恢复角色大小　拖动外观积木中的"将大小设为100"，将角色外观恢复原有大小，如图3.3.9所示。

◆图3.3.8　放大角色　　　　　　　◆图3.3.9　恢复角色大小

介绍乐器名称　拖动外观积木中的，按图3.3.10所示操作，输入乐器名称。

完善其他脚本　如图3.3.11所示，添加其他角色的脚本，完成另外2种乐器的演奏和名称介绍。

鼓的脚本　　　　　　　　电子琴的脚本

◆图3.3.10　介绍乐器名称　　　◆图3.3.11　完善脚本

保存文件　调试作品，选择"文件"→"保存电脑"命令，保存作品。

♫♪ 智慧钥匙

事件积木主要通过触发程序运行，这类积木会检测鼠标点击、键盘按下等操作，当这些事件发生后，积木下面的程序开始运行。事件积木一定是某段程序的第一块积木，是程序的起始点。事件积木共有8个，如图3.3.12所示。

♫♪ 挑战空间

1. 试着编写程序，在程序运行后显示提示"请分别按下数字键1、2、3，听听3种乐器会发出什么样的声音？"程序运行后按下数字键，乐器奏乐并显示乐器的名称。

2. 试着编写程序，当按下↑键时，小猫向上走；按下↓键时，小猫向下走；按下←键时，小猫向左走；按下→键时，小猫向右走。

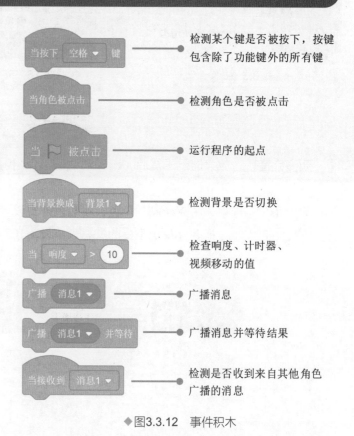

检测某个键是否被按下，按键包含除了功能键外的所有键

检测角色是否被点击

运行程序的起点

检测背景是否切换

检查响度、计时器、视频移动的值

广播消息

广播消息并等待结果

检测是否收到来自其他角色广播的消息

◆图3.3.12　事件积木

一闪一闪亮晶晶

微信扫码

▶ 看微课视频专项学
添加学习助手获取服务

夜晚，亮晶晶的星星，像萤火虫似的一闪一闪，密密麻麻地撒满了辽阔无垠的夜空。几颗大而亮的星星，高高地悬挂在那漆黑的夜空，像是一朵朵闪亮的小花依次绽放。让我们一边聆听动听的歌曲《Twinkle Twinkle Little Star》，一边欣赏美丽的夜景。

♫♪ 体验空间

🖐 试一试

请运行案例"一闪一闪亮晶晶.sb3"，玩一玩！玩的过程中，你有哪些发现呢？填一填！

● ● ● ●

角色：＿＿＿＿＿＿＿＿＿＿　出现方式：＿＿＿＿＿＿＿＿＿＿　播放音乐：＿＿＿＿＿＿＿＿＿＿

🖐 想一想

制作案例时，需要思考的问题，如图3.4.1所示。你还能提出怎样的问题？填在方框中。

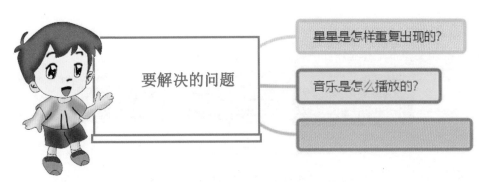

要解决的问题

星星是怎样重复出现的？

音乐是怎么播放的？

◆图3.4.1　提出问题

♪ 探秘指南

规划作品内容

制作案例，需要搭建"星空"舞台背景，选择"星星"作为角色。搭舞台、选角色的方法，以及相应的动作，如图3.4.2所示。

◆图3.4.2 作品内容

研究角色动作

案例中，《Twinkle Twinkle Little Star》音乐响起，夜空中，星星此起彼伏不断地出现，并且会变换造型闪烁。"星星"角色相应的动作积木如图3.4.3所示。

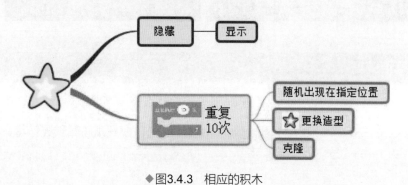

◆图3.4.3 相应的积木

梳理编程思路

本案例中关键问题有两点：一是克隆角色；二是克隆的子角色要随机出现在星空的上半部分。

● 问题一：Scratch语言中，控制积木中关于克隆的积木有3个，案例中要让"星星"不断出现相同的个体，所以要选择"克隆自己"积木。

● 问题二：舞台的宽和高都是有限的，想让星星出现在背景的上半部分，水平方向可以让X坐标在 −240~240之间移动，垂直方向只能让Y坐标在20~120之间移动，并且让角色出现的位置所在的X坐标和Y坐标随机出现，这样克隆体出现的效果会更自然。

了解积木功能

案例中运用了控制类积木中和克隆相关的积木，如图3.4.4所示3种。

◆图3.4.4 和克隆相关的积木

● 当作为克隆体启动时：可以为克隆体添加脚本，控制克隆体的运动。

● 克隆（自己）：将角色生成好几个相同的子角色，所有的子角色属性相同，外观相同，没有丝毫的差异。

● 删除此克隆体：在用完克隆代码后可使用这个积木及时删除克隆体。

♪ 探究实践

Q 播放音乐

首先要导入背景，在背景中导入歌曲。当程序运行时，音乐响起，歌曲播完就停止。

打开程序　运行Scratch软件，打开"一闪一闪亮晶晶（初）.sb3"文件。

添加音乐播放　选中背景"星空"，单击"脚本"标签添加脚本，如图3.4.5所示，拖动声音积木中的"播放声音……"。

上传背景音乐　单击"声音"选项卡，如图3.4.6所示，单击左下方🔊，上传电脑中的"star"音乐文件。

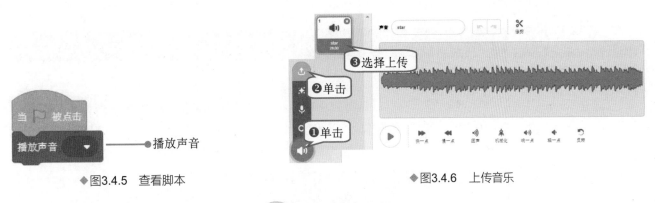

◆图3.4.5　查看脚本　　　　　　　　　　　◆图3.4.6　上传音乐

Q 编写小猫脚本

将"星星"角色设置为先隐藏再出现，就可以实现闪烁的动画效果。设定区域让星星随机出现，对"星星"角色进行克隆，创设出漫天星光的情境。

隐藏角色　选择角色"星星"，将角色设置为隐藏，如图3.4.7所示。

显示角色　拖动控制积木中的"等待……秒"，将等待时间设置为1秒，按图3.4.8所示添加"显示"积木。

◆图3.4.7　隐藏角色　　　　　　◆图3.4.8　显示角色

设置星星出现区域　拖动控制积木中的"移到X：Y："，设置星星出现的坐标值，如图3.4.9所示。

◆图3.4.9　设置星星出现区域

完善脚本　如图3.4.10所示，添加其他脚本，完成星星重复10次出现在随机位置的效果。

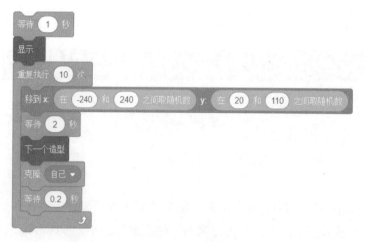

◆图3.4.10　完善脚本

保存文件　调试作品，选择"文件"→"保存电脑"命令，保存作品。

🎵 智慧钥匙

1. 克隆

克隆是Scratch中的一项重要功能，它可以在过程中创建某个角色的克隆体，克隆体与原始角色相同，相同地继承原始角色的造型、声音、属性和脚本，但它们独立运行、互不影响。

需要注意的是，克隆体的增多会占用大量内存，程序运行需要消耗计算资源（内存、CPU等），为了防止程序运行卡顿或崩溃，Scratch规定每个程序中克隆体不要超过300个。

2. 录制声音

在Scratch中，选择"声音"选项卡，可以添加内置的音效和音乐，也可以录制自己的声音。同时每个声音文件都可以添加一些特效，以及加快、减慢、音量增大/减小、机械、反转、裁剪等。也可以通过声音积木模块调整控制音高和音量。

🎵 挑战空间

1. 试着编写程序，让星星一边克隆出现一边消除（提示：可以将重复执行的启动设为"当作为克隆体启动时"，在重复执行的脚本里添加"删除本克隆体"）。

2. 试着编写程序，让樱花逐渐绽放。

第 4 单元

一步一步，按部就班
——顺序程序结构

做什么事都要一步一步、踏踏实实完成。比如，角色的移动与旋转，需要一点一点移动，一度一度旋转；动画的产生，需要角色的造型一幅一幅地切换；而消息的传递，也是需要发送消息后再接收等。

使用Scratch编写程序，需要一个积木一个积木、按部就班执行。本单元一起探究用顺序结构解决问题的方法。

◆角色的旋转

◆角色造型切换

◆消息广播与接收

◆声音编辑与播放

第1课

小小风车悠悠转

微信扫码
看微课视频专项学
添加学习助手获取服务

夏天的田野里一片碧绿，风微微吹着，远处的风车也懒洋洋地悠悠转着，而向日葵却精神着呢，它们面对太阳，仰起了脸，露出甜美的笑容。一起编写脚本，实现这样的动画效果吧！

♫ 体验空间

🖐 试一试

请运行本例"小小风车悠悠转.sb3"，玩一玩！玩的过程中，你有哪些发现呢？填一填！

● ● ● ●

舞台：_____ 角色：_____ 动作效果：_____

🖐 想一想

制作本例时，需要思考很多问题，如图4.1.1所示。你还能提出怎样的问题？填在方框中。

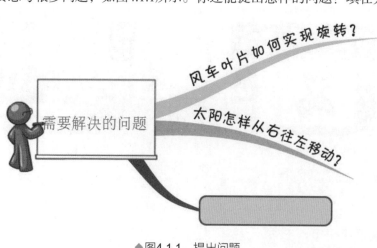

需要解决的问题

风车叶片如何实现旋转？

太阳怎样从右往左移动？

◆图4.1.1 提出问题

探秘指南

规划作品内容

制作本例，需要"田野"图片作为舞台背景，导入"太阳""风车叶片"作为角色。搭舞台、选角色的方法，以及相应的动作，如图4.1.2所示。

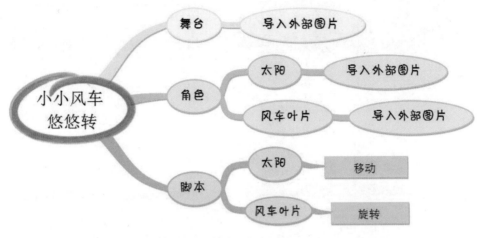

◆图4.1.2 作品内容

构思作品框架

单击 ▶ 图标，运行本例时，出现"田野"图片作为舞台背景，角色"太阳"从右往左慢慢移动，"风车"叶片随风旋转，背景与角色相应的动作积木如图4.1.3所示。

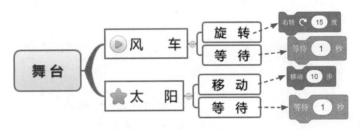

◆图4.1.3 作品框架

了解积木功能

本例中使用了运动类积木"移动……""右转……"，以及控制类积木"等待……"等，积木如图4.1.4所示。

试一试 根据如图4.1.5所示的脚本，判断太阳的运动方向，并试着修改脚本，使太阳能够向左或向右移动。

◆图4.1.4 本案例中主要用到的积木

◆图4.1.5 角色"太阳"脚本

比一比 看一看如图4.1.6所示的三段角色"风车"的脚本，觉得哪个旋转的效果好一些，再试一试看自己想得对不对，并思考为什么？

想一想 案例中角色"太阳"是沿直线移动，如果想太阳沿弧线运动，请为太阳设置移动效果，并考虑相应的脚本设计，写在图4.1.7的框中。

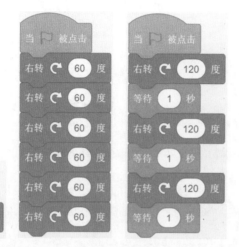

◆图4.1.6 角色"风车"脚本

◆图4.1.7 脚本设计

梳理编程思路

本例中关键是使用"移动……""右转……"积木，让太阳与风车按照一定的线路运动。像这样一步一步，按顺序执行积木的方式，称为顺序结构。其中解决问题的思路如图4.1.8所示。

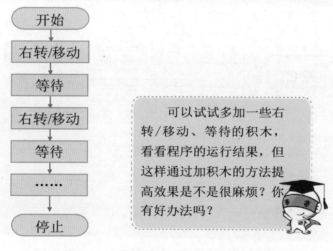

可以试试多加一些右转/移动、等待的积木，看看程序的运行结果，但这样通过加积木的方法提高效果是不是很麻烦？你有好办法吗？

◆图4.1.8 "移动"与"右转"程序流程图

探究实践

准备背景和角色

案例中用到的背景图片与"风车叶片""向日葵"等角色的图片从外部导入；"太阳"图片从角色素材库导入。

导入背景 单击"上传背景"按钮，从素材文件中导入"田野"背景图，并删除原来的空白背景。

添加"风车叶片" 删除默认角色"小猫"，单击"选择角色"按钮，按图4.1.9所示操作，添加新角色，并修改角色名称为"风车叶片"。

添加向日葵 同样方法，单击"选择角色"按钮，添加角色"向日葵"。

调整角色大小和位置 调整"风车叶片""向日葵"2个角色大小和位置到合适为止，舞台效果如图4.1.10所示。

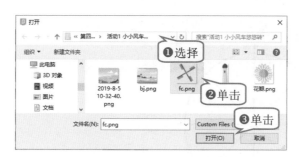

◆图4.1.9 添加"风车叶片"

◆图4.1.10 舞台效果

准备好角色和舞台，然后根据分析编写角色脚本，实现太阳水平移动、风车叶片旋转的动画效果。

设置"太阳"初始位置 单击角色"太阳"，编写脚本，设置角色初始状态，脚本如图4.1.11所示。

编写"太阳"移动脚本 选中角色"太阳"，添加脚本如图4.1.12所示。

编写"风车叶片"脚本 选中角色"风车叶片"，添加脚本如图4.1.13所示。

◆图4.1.11 设置"太阳"的初始位置

试一试：多加些移动与等待的积木，再将"-10"步全部改为"10"步，看看"太阳"移动的效果。

◆图4.1.12 编写"太阳"移动脚本

试一试：将右转与等待多复制几次，看看效果，再修改右转的角度与等待的时间，看看效果。

◆图4.1.13 编写"风车叶片"脚本

保存文件 调试作品，选择"文件"→"保存到电脑"命令，保存作品。

♪♪ 智慧钥匙

1. 角色的方向

在Scratch中，将上下左右4个方向定义为4种角度，向上为0度（或为360度），向下为180度，向右为90度，向左为－90度（或为270度），其他角度如图4.1.14所示。

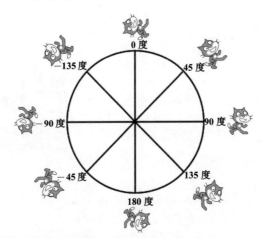

◆图4.1.14　角色的方向

2. 顺序结构

顺序结构的程序，从"第一行"指令开始，由上而下按顺序执行，直到最后一行指令结束。顺序结构流程控制如图4.1.15所示。

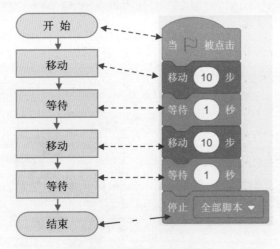

◆图4.1.15　顺序结构流程图

3. 调整角色方向

在Scratch中，可用多种方法调整角色的面向角度。下面以调整角色面向30度为例，介绍调整角色方向的三种方法。

使用脚本调整角度　选中舞台上的角色，为角色编写如图4.1.16所示脚本，可以将原先面向90度的角色面向60度。

在角色区调整角度　选中角色后在角色区，按图4.1.17所示操作，也可以将原先面向90度的角色调整到面向60度。

◆图4.1.16　使用脚本调整角度

在造型区调整角度　选中角色，单击造型标签，按图4.1.18所示操作，可以实现调整角色的面向角度，但这种方法精确度不高，调整起来比较困难。

◆图4.1.17 在角色区调整角度

◆图4.1.18 在造型区调整角色的角度

♪♪ 挑战空间

1. 阅读程序：如果要让角色"太阳"能够实现沿弧线运动，应该选择下列脚本中的哪一段（图4.1.19）？

2. 修改程序：图4.1.20所示是为风车编写的顺时针旋转的程序，如果要变成逆时针旋转，应该如何修改？

3. 脑洞大开：为角色"向日葵"添加如图4.1.21所示脚本，运行后看看效果，再想想这种效果可以用在什么地方？

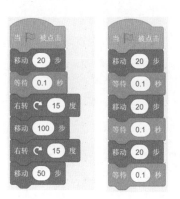

◆图4.1.19 脚本

◆图4.1.20 脚本

◆图4.1.21 脚本

酷炫街舞快乐秀

微信扫码

看微课视频 专项学
添加学习助手获取服务

森林里举办联欢会，小动物们都拿出自己的看家本领，节目丰富多彩，其中最酷的是小狐狸们跳的街舞了，让我们一起来欣赏吧！

♪♪ 体验空间

🖐 试一试

请运行本例"酷炫街舞快乐秀.sb3"，玩一玩！玩的过程中，你有哪些发现呢？填一填！

• • • •

舞台：_____ 背景：_____ 舞蹈动作：_____

🖐 想一想

制作本例时，需要思考很多问题，如图4.2.1所示。你还能提出怎样的问题？填在方框中。

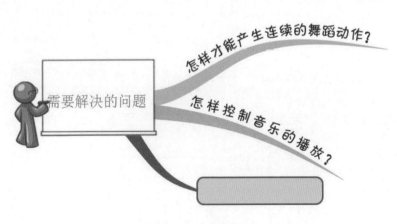

◆图4.2.1 提出问题

♪♪ 探秘指南

🖐 规划作品内容

制作本例，需要搭建"联欢会"舞台背景，选择"小狐狸"作为角色。搭舞台、选角色的方法，以及相应的动作，如图4.2.2所示。

◆图4.2.2 作品内容

🖐 构思作品框架

单击▶图标，运行本例时，音乐声响起，角色"小狐狸"根据音乐切换造型。3个角色的脚本一致，在舞台上的位置与大小略有不同，相应的动作积木如图4.2.3所示。

◆图4.2.3 作品框架

🖐 了解积木功能

本例中使用了外观类积木"换成……造型"，以及声音类积木"播放声音……"等，积木如图4.2.4所示。

查一查 选中角色小猫，按图4.2.5所示操作，可以看到小猫有2个造型，分别是"造型1"与"造型2"。添加角色库中的其他角色，查一查它们的造型。

比一比 分别为小猫添加如图4.2.6所示脚本，试试积木"换成……造型"，说说在使用积木"换成……造型"要注意什么。

◆图4.2.4 本案例中的主要积木

◆图4.2.5 查看造型

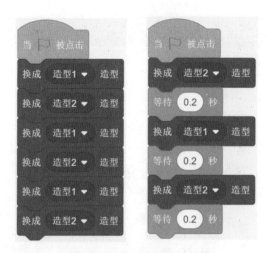

◆图4.2.6 比一比程序的效果

试一试 选择角色"小猫",按图4.2.7所示操作,单击"声音"标签,可以听到小猫有默认的声音"喵",为小猫添加脚本后,单击绿旗可以播放声音。

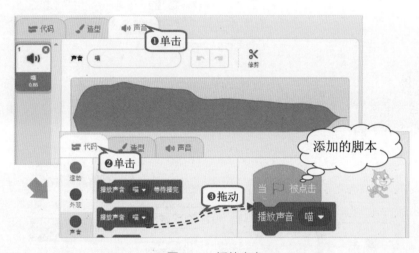

◆图4.2.7 播放声音

想一想 在Scratch 3.6中,有背景库与角色库,有没有声音库呢? 请找一找再回答。

梳理编程思路

本例的关键是2个问题:一是如何控制声音文件的播放;二是如何实现街舞连贯的动作,解决好这2个问题,基本能做出声画同步。

● 声音文件播放:在Scratch 3.6中,声音文件的来源提供了4种方式,分别是从库中选择声音、录制、随机得到库中声音及上传声音文件。这里使用库中提供的声音文件,声音的播放采用"单击绿旗"的方式。

● 连贯动作实现:首现要准备造型,造型越多,动作越流畅,如图4.2.8所示。再通过"换成……造型"积木与"等待……"积木配合,一步一步变换造型,达到满意效果。

◆图4.2.8 连贯动作的实现

♪♪ 探究实践

准备背景和角色

案例的背景图片可以从背景素材库导入；角色"小狐狸"有很多造型，先导入一幅图片，其他的在"造型"中导入。

导入背景　单击"选择背景"按钮，从背景库件中导入背景图"Theater"。

添加音乐　按图4.2.9所示操作，添加声音库中的声音"Drive Around"。

导入角色小狐狸　单击"上传角色"按钮，选择素材文件中的"1.PNG"图片，并将角色的名称改为"狐狸1"。

添加小狐狸造型　选择"狐狸1"角色，选择"造型"，单击"上传造型"按钮，添加新造型"2.png"，用同样的方法上传其他造型，效果如图4.2.10所示。

复制角色　按图4.2.11所示操作，复制得到角色"狐狸2""狐狸3"。

调整角色大小和位置　分别调整角色的位置和大小，效果如图4.2.12所示。

◆图4.2.9　添加音乐

◆图4.2.10　添加造型

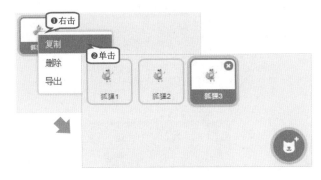

◆图4.2.11　复制角色

◆图4.2.12　调整角色的大小和位置

编写角色脚本

准备好角色和舞台，就可以编写脚本，实现动画效果。案例需要为角色"小狐狸"编写脚本，并复制得到另两只"狐狸"角色。

编写背景脚本　选择背景，为背景添加脚本，使单击绿旗时，播放音乐，参考脚本如图4.2.13所示。

编写角色"狐狸1"脚本　选择角色"狐狸1"，编写脚本能实现角色造型的切换，参考脚本如图4.2.14所示。

◆图4.2.13　为背景编写脚本

◆图4.2.14　编写角色"狐狸1"脚本

试一试：素材文件中提供了50多幅"小狐狸"的图片，复制"换成……造型"与"等待……"，并修改参数，看看效果。

复制角色脚本　按图4.2.15所示操作，将角色"狐狸1"的脚本分别复制到角色"狐狸2""狐狸3"中。

保存文件　调试作品，选择"文件"→"保存到电脑"命令，保存作品。

♪♫ 挑战空间

1. 阅读程序：打开"风景画.sb3"文件，选中背景，看看如图4.2.16所示的脚本，说说有什么功能，再运行程序验证自己猜想的结果是否正确。

2. 修改程序：选中案例中的角色"小狐狸"，删除原先的脚本，添加如图4.2.17所示脚本，运行看看结果。

3. 编写程序：设计如图4.2.18所示效果，编写相应的脚本，实现多人在舞台上跳舞的效果。

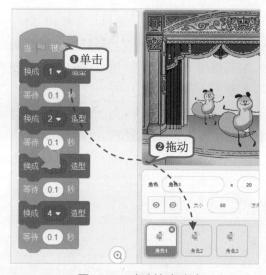

◆图4.2.15　复制角色脚本

◆图4.2.16　脚本

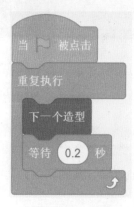

◆图4.2.17　脚本

◆图4.2.18　设计效果

第3课

抽中玩具运气好

小狗汪汪的商店开展抽奖活动，当单击"开始"按钮时，方框内的物品开始滚动起来，再单击"停止"按钮时，框内显示的玩具就是抽中的奖品！

♫ 体验空间

试一试

请运行本例"抽中玩具运气好.sb3"，玩一玩！玩的过程中，你有哪些发现呢，填一填！

• • • •

角色：＿＿＿＿＿＿　　背景：＿＿＿＿＿＿　　抽中了吗：＿＿＿＿＿＿

想一想

制作本例时，需要思考的问题，如图4.3.1所示。你还能提出怎样的问题？填在方框中。

◆图4.3.1　提出问题

065

♪♪ 探秘指南

🖐 规划作品内容

制作本例，需要搭建"抽奖"舞台背景，选择"奖品"作为角色。搭舞台、选角色的方法，以及相应的动作，如图4.3.2所示。

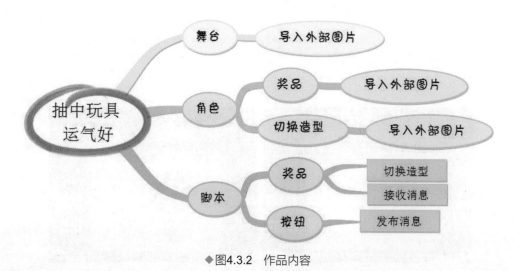

◆图4.3.2 作品内容

🖐 构思作品框架

本例中，用按钮控制角色"奖品"造型的切换，当单击"开始"按钮时，造型开始切换，当单击"停止"按钮时，角色"奖品"造型停止切换。角色相应的动作积木如图4.3.3所示。

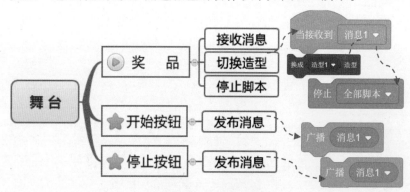

◆图4.3.3 作品框架

🖐 了解积木功能

本例中使用了事件类积木"广播……"与"当接到……"，该积木能够实现消息的传递，积木如图4.3.4所示。

看一看 前面编写的程序，很多都是单击绿旗时开始执行，仔细观察程序"抽中玩具运气好.sb3"程序，奖品滚动是如何开始的，并记录下奖品的出场顺序，查看是否是有序的。

◆图4.3.4 "广播……"与"当接收到……"积木

单击：＿＿＿＿＿＿＿＿＿＿＿＿＿＿＿＿＿＿＿＿＿，角色"奖品"的造型开始切换；

单击：＿＿＿＿＿＿＿＿＿＿＿＿＿＿＿＿＿＿＿＿＿，角色"奖品"的造型停止切换；

奖品的出场顺序是：＿＿＿＿＿＿＿＿＿＿＿＿＿＿＿＿＿＿＿＿

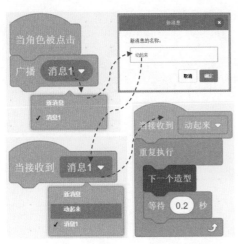

◆图4.3.5 发布消息与接收消息的方法

试一试 按图4.3.5所示流程操作，制作当单击角色"小猫"时，"小猫"动起来的效果。试过后仔细思考一遍发送消息的方法。

梳理编程思路

本例关键是通过什么动作发布消息，怎样发布与接收消息。可以使用按钮，当单击"开始"按钮时，开始滚动；当单击"停止"按钮时结束滚动。具体流程如图4.3.6所示。

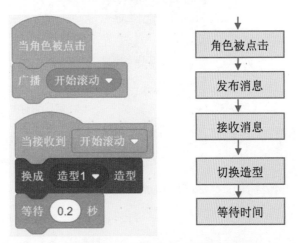

◆图4.3.6 发布信息与接收信息的流程

♪♪ 探究实践

准备背景和角色

案例中的"抽奖背景"背景和角色"奖品"及各种造型，从外部素材库导入，并进行大小、位置的调整。

导入背景 从素材文件夹中导入图片"抽奖背景.png"作为背景。
添加按钮 从素材文件夹中导入"开始.png"与"停止.png"图片。
添加角色 从素材文件夹中导入"1.png"，并将如图4.3.7所示的图片设置成奖品的各造型。

1.jpg　　　2.jpg　　　3.jpg　　　4.jpg　　　5.jpg

◆图4.3.7 奖品造型

编写角色脚本

案例需对角色"奖品"及按钮"开始""停止"设置脚本，实现单击"开始"按钮时"奖品"滚动，单击"停止"时，奖品停止滚动。

编写"开始"按钮脚本　选择"开始"，编写脚本，参考脚本如图4.3.8所示。

编写角色"奖品"脚本　选择角色"奖品"，添加如图4.3.9所示脚本，使得接收到"开始滚动"消息时，角色"奖品"在各造型间切换。

编写"结束"按钮脚本　选择"结束"，编写脚本，参考脚本如图4.3.10所示。

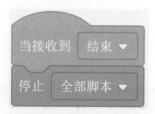

◆图4.3.8　编写"开始"按钮脚本　　　　◆图4.3.9　编写角色"奖品"脚本　　　　◆图4.3.10　编写"结束"按钮脚本

保存文件　调试作品，选择"文件"→"保存到电脑"命令，保存作品。

♫♪ 挑战空间

1. 运行程序：仔细阅读图4.3.11所示的脚本，预测一下效果，再将脚本放到角色"奖品"中并运行，验证效果。

2. 修改程序：将案例中的脚本修改成图4.3.12效果并运行，比较2个程序的运行结果，想一想什么样的效果更好。

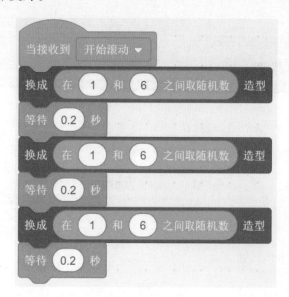

◆图4.3.11　脚本

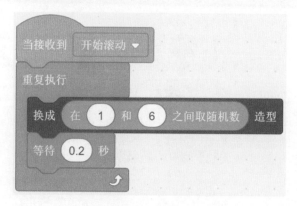

◆图4.3.12　脚本

3. 编写程序：我们经常看到电视上随机抽取电话号码，你能编写程序实现吗？

第4课
老鼠母子讲笑话

　　房间里老鼠妈妈与老鼠孩子正在找吃的，突然一只小猫出现了"喵！"鼠妈妈连忙说："孩子快跑，小猫来了！"小老鼠一看是小猫，慢慢地说："不用担心，我有办法！'汪！汪！'"小猫还以为狗来了，连忙跑出房间，鼠妈妈笑着说："学门外语多重要呀！"笑话听完了，你能编写脚本讲笑话吗？

♫♪ 体验空间

🖑 试一试

请运行本例"老鼠母子讲笑话.sb3"，玩一玩！玩的过程中，你有哪些发现呢？填一填！

● ● ● ● ●

角色：_____ 背景：_____ 效果：_____

🖑 想一想

制作本例时，需要思考的问题，如图4.4.1所示。你还能提出怎样的问题？填在方框中。

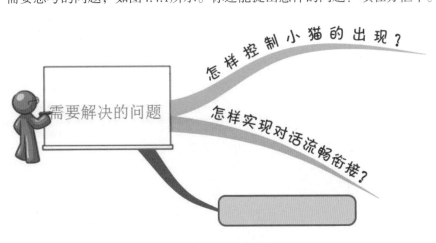

怎样控制小猫的出现？

需要解决的问题

怎样实现对话流畅衔接？

◆图4.4.1　提出问题

♪♪ 探秘指南

规划作品内容

制作本例，需要搭建"房间"舞台背景，选择"小猫""老鼠"作为角色。搭舞台、选角色的方法，以及相应的动作，如图4.4.2所示。

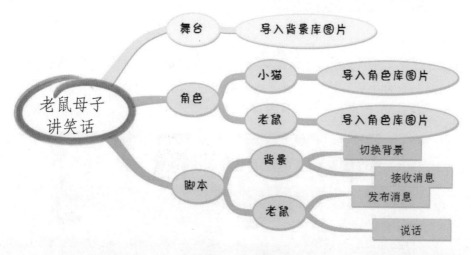

◆图4.4.2 作品内容

构思作品框架

本例中，通过发布消息与接收消息来控制角色"小猫""鼠妈妈""小老鼠"3个角色的活动，相应的动作积木如图4.4.3所示。

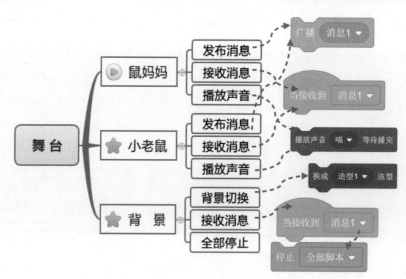

◆图4.4.3 作品框架

了解积木功能

本例中使用了声音类积木"播放声音……等待播完"（图4.4.4），该积木使用非常简单，与前面的"播放声音……"积木相比，使用本积木主要是因为本例中必须等一个角色说完，另一个角色才开始说话，这样才能使角色对话衔接更自然。

◆图4.4.4 "播放声音……等待播完"积木

看一看 选中角色"小猫"，单击声音标签，按图4.4.5所示操作，查看声音库中的声音文件。

◆图4.4.5 查看声音库

练一练 添加角色"Frog"，删除角色原来的声音，并在声音库中选择"Croak"，并编写如图4.4.6所示脚本，运行程序查看效果。

试一试 选中角色"小猫"，单击"声音"标签，删除原来的声音，按图4.4.7所示的流程操作，试一试录制声音。

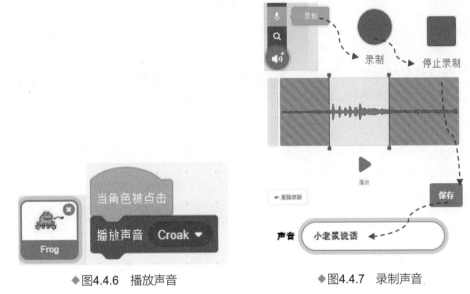

◆图4.4.6 播放声音　　　　　　◆图4.4.7 录制声音

梳理编程思路

本例关键问题有2个：一是声音文件不是现成的，需要录制，声音可以边录制边制作，也可以一次录制完毕后，编写脚本时，在各角色的声音标签下对声音进行编辑；二是难度较大的鼠妈妈与小老鼠对话的处理。

案例中的声音 本案例中涉及的声音比较多，各对象的声音内容与获取声音的方案如表4.4.1所示。

表4.4.1 案例中的对象与声音获取方案

对象	声音内容	获取方案
背景	喵！	录制
鼠妈妈	孩子快跑，小猫来了！ 学门外语多重要呀！	录制

对象	声音内容	获取方案
小老鼠	不用担心，我有办法！"汪！汪！"	录制
背景	哈哈哈	声音库

声音的出场顺序　要制作好案例，首先要知道各对象声音的出场顺序，"鼠妈妈"与"小老鼠"说话顺序如图4.4.8所示。这中间还需要注意，怎么才能知道说完了呢？可以通过发布消息的方式，如"小猫"叫了后发布消息，"鼠妈妈"接收到这个消息就开始说话。

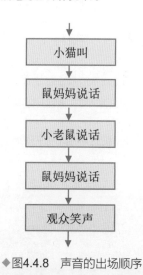

◆图4.4.8　声音的出场顺序

♫♪ 探究实践

准备背景和角色

案例的"房间"背景和"小猫""鼠妈妈""小老鼠"角色都是从素材库导入，并进行大小、位置的调整。

导入背景　单击"选择背景"按钮，导入背景图"Bedroom 3"，并修改名称为"背景1"。

添加背景造型　选中背景，单击"背景"标签，复制一个新背景，命名为"背景2"，并在背景2上添加文字"完"，效果如图4.4.9所示。

添加角色　单击"选择角色"按钮，从角色素材库中导入3个角色，分别修改角色名为"小猫""鼠妈妈"与"小老鼠"。

调整角色大小与位置　分别修改角色的大小与位置，角色和舞台效果如图4.4.10所示。

◆图4.4.9　制作新背景

◆图4.4.10　舞台角色效果

录制声音　分别选中背景、角色"鼠妈妈""小老鼠"，录制以下声音。如表4.4.2所示。

表4.4.2　案例中的角色与声音

对象	声音内容	名称
背景	喵！	小猫
鼠妈妈	孩子快跑，小猫来了！	鼠妈妈第一句
鼠妈妈	学门外语多重要呀！	鼠妈妈第二句
小老鼠	不用担心，我有办法！"汪！汪！"	小老鼠说话
背景	哈哈哈	笑声

编写角色脚本

案例中的3个角色"小猫""鼠妈妈""小老鼠"都需要编写脚本，它们说话时间的控制是通过接收消息完成的。

编写背景脚本　选中背景，编写如图4.4.11所示的脚本。
编写角色"小猫"脚本　选中角色"小猫"，编写如图4.4.12所示的脚本。
编写角色"鼠妈妈"脚本　选中角色"鼠妈妈"，编写如图4.4.13所示的脚本。

◆图4.4.11　背景的脚本　　　◆图4.4.12　角色"小猫"的脚本　　　◆图4.4.13　角色"鼠妈妈"的脚本

编写角色"小老鼠"脚本 选中角色"小老鼠",编写如图4.4.14所示的脚本。

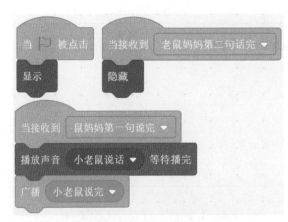

◆图4.4.14 角色"小老鼠"的脚本

保存文件 调试作品,选择"文件"→"保存到电脑"命令,保存作品。

♫♫ 挑战空间

1. 阅读程序:打开文件"小老鼠说笑话.sb3",选中角色"小猫",查看如图4.4.15所示脚本,说说脚本的功能,运行程序,验证自己的猜想。

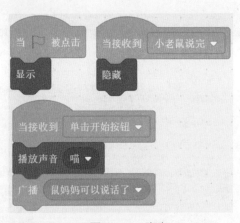

◆图4.4.15 脚本

2. 修改程序:修改本案例,在背景前再添加一个背景,并添加一个"开始"按钮(图4.4.16),使得单击按钮时开始播放笑话。

3. 编写程序:模仿本案例,使用提供的素材,编写程序"小蝌蚪找妈妈",效果如图4.4.17所示。

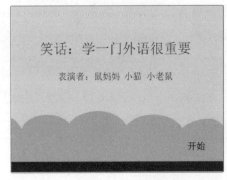

◆图4.4.16 背景

◆图4.4.17 效果

第 5 单元

审时度势，见机行事
——选择程序结构

生活中，我们会面对各种选择问题。比如，需要根据出行路程远近，选择合适的交通方式；需要根据天气情况，选择是否带雨具；需要根据路标，选择行走的方向，等等。

在制作动画时，同样会遇到类似问题。动画中的角色要根据特定的条件，选择执行相应的动作。这种程序结构称为选择结构。本单元一起探究用选择结构解决问题的方法。

◆单分支选择

◆双分支选择

◆嵌套分支

◆条件设置

我的装扮我做主

假期里，小伙伴们或海边嬉戏，或阅读书籍，或在课外班听课，或悠闲散步……多么丰富多彩的生活，一定要把自己装扮得酷酷的。看，只要根据场景图在询问框中输入"想"（左图），就可以配戴上酷酷的眼镜哦（右图）！一起编写脚本，实现这样的动画效果吧！

♫♫ 体验空间

试一试

请运行本例"我的装扮我做主.sb3"，玩一玩！玩的过程中，你有哪些发现呢，填一填！

舞台： _____ 角色： _____ 情节： _____

想一想

制作本例时，需要思考的问题，如图5.1.1所示。你还能提出怎样的问题？填在方框中。

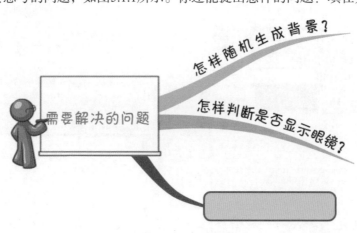

怎样随机生成背景？

需要解决的问题

怎样判断是否显示眼镜？

◆图5.1.1 提出问题

🎵 探秘指南

👆 规划作品内容

制作本例，需要随机生成"海滩""草地""教室""图书馆"等舞台背景，选择"眼镜""男孩"作为角色。搭舞台、选角色的方法，以及相应的动作，如图5.1.2所示。

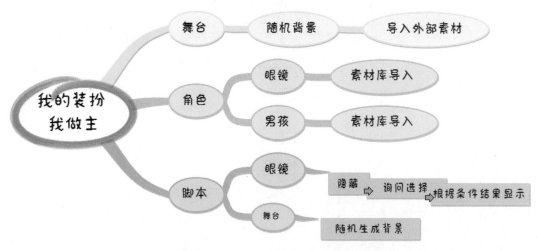

◆图5.1.2　"我的装扮我作主"作品内容

👆 构思作品框架

本例开始，单击 ▶ 图标时，随机生成不同的舞台背景，角色"眼镜"隐藏。询问是否配戴眼镜，当玩家输入"想"时，条件成立，"眼镜"显示，相应的动作积木如图5.1.3所示。

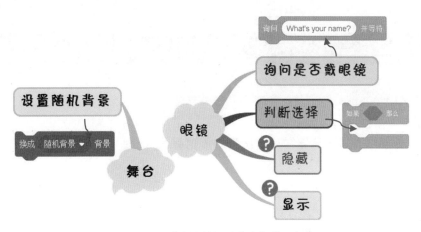

◆图5.1.3　"我的装扮我作主"作品框架

👆 梳理编程思路

本例中关键是通过"询问……并等待"积木提示玩家选择是否配戴眼镜，然后根据"回答"值，选择执行相应积木指令。如果回答的值为"想"，则显示"眼镜"。

像这样根据条件，选择执行不同语句的算法结构，称为选择结构。本例中运用的是单分支选择结构。其中解决问题的思路，如图5.1.4所示。

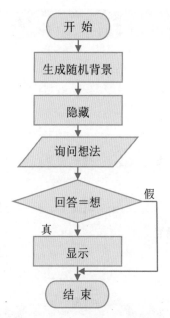

◆图5.1.4 选择眼镜程序流程图

了解积木功能

本例中使用了控制类积木"如果……那么……"，该积木是Scratch编程中的单分支选择结构语句。当条件式成立时，执行其中间的积木指令，如图5.1.5所示。

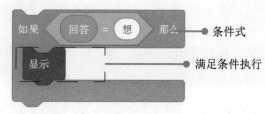

◆图5.1.5 "如果……那么……"积木

♪♪ 探究实践

Q 准备背景和角色

制作案例时，从外部导入多张背景图片；从角色素材库导入"眼镜""男孩"角色，并调整其大小和位置。

导入背景 单击"上传背景"按钮，依次从素材文件中导入"海滩""草地""教室""图书馆"等4张背景图，并删除空白背景，舞台背景效果如图5.1.6所示。

添加眼镜 删除默认小猫，单击"选择角色"按钮，按图5.1.7所示操作，添加新角色，修改角色名为"眼镜"。

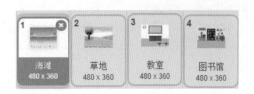

◆图5.1.6 导入背景

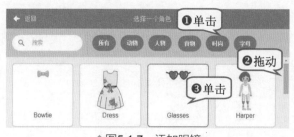

◆图5.1.7 添加眼镜

添加男孩 同样方法，单击"选择角色"按钮 ，添加"Harper"
角色。

调整角色大小和位置 调整"Harper""眼镜"角色大小和位置到
合适，修改角色名为"男孩"，舞台效果如图5.1.8所示。

◆图5.1.8 舞台效果

🔍 编写角色脚本

准备好角色和舞台，然后根据分析编写角色脚本，实现动画效果。案例需要为舞台编写脚本，随机生
成背景；再为眼镜添加条件判断，相机显示。

生成随机背景 选择背景，编写脚本，生成随机背景，参考脚本如图5.1.9所示。

设置初始状态 选择"眼镜"，编写脚本，设置角色初始状态，脚本如图5.1.10所示。

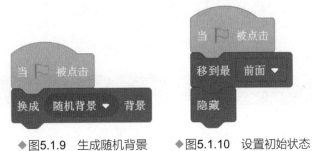

◆图5.1.9 生成随机背景　　◆图5.1.10 设置初始状态

询问想法 添加"询问……并等待"积木，用于玩家输入"想"或"不想"，脚本如图5.1.11所示。

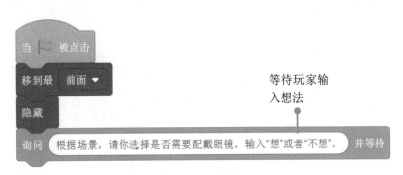

◆图5.1.11 询问想法

设置条件语句 添加条件语句，实现显示效果，脚本如图5.1.12所示。

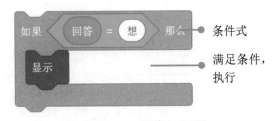

◆图5.1.12 设置条件语句

保存文件 调试作品，选择"文件"→"保存到电脑"命令，保存作品。

♫ 智慧钥匙

1. 单分支选择

"如果……那么……"积木，是单分支条件语句，可以设置条件判断，以便对符合条件的语句进行操作。运行程序时，根据条件，决定下一步怎么做。如果条件为真，就执行"如果……那么……"内的脚本块；如果为假就退出，如图5.1.13所示。

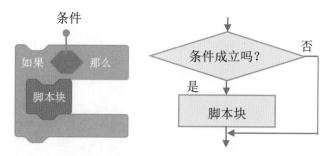

◆图5.1.13 "如果……那么……"积木

2. 关系运算

Scratch中常用的关系运算包括"大于""等于""小于"等，如图5.1.14所示。运算的值只有2个，要么是True，要么是False。关系运算多运用于条件判断语句，如本例中的"如果……那么……"积木中的条件式。

◆图5.1.14 关系运算

♫ 挑战空间

1. 试一试：在Scratch中，可以运用关系运算符来比较字母类型数据的大小。想一想，写出图5.1.15中关系式的值，并上机验证。

2. 完善程序：试着添加"太阳帽"角色，询问是否戴太阳帽，将小男孩装扮得更酷。

3. 脑洞大开：为"眼镜"添加造型，再运用"如果……那么……"条件语句设计选择"眼镜"的效果。提示：用1、2、3数字标记眼镜的不同造型，参考脚本如图5.1.16所示。

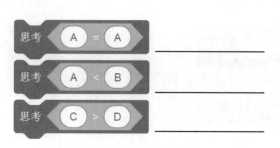

◆图5.1.15 字母比大小

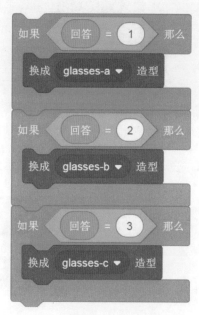

◆图5.1.16 脚本

聪明小猫破密码

　　小猫来到神秘城堡的实验室，它发现房间地上摆放着百宝箱，想试着开启百宝箱。小猫打探到百宝箱的密码是一个两位数，同时是7和9的倍数。你能帮小猫破译密码，打开百宝箱吗？一起来试试吧！

♫ 体验空间

🖐 试一试

请运行本例"聪明小猫破密码.sb3"，玩一玩！玩的过程中，你有哪些发现呢？填一填！

• • • •

角色：_____　　密码正确时：_____　　密码错误时：_____

🖐 想一想

制作本例时，需要思考的问题，如图5.2.1所示。你还能提出怎样的问题？填在方框中。

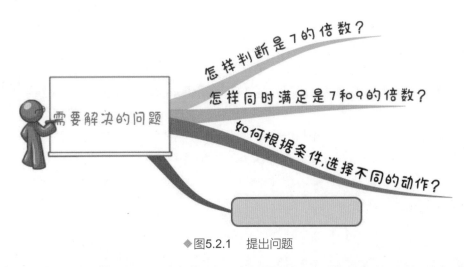

需要解决的问题

怎样判断是7的倍数？

怎样同时满足是7和9的倍数？

如何根据条件，选择不同的动作？

◆图5.2.1　提出问题

♪♪ 探秘指南

🤚 规划作品内容

制作本例，需要搭建"城堡密室"舞台背景，选择"小猫""百宝箱"作为角色。搭舞台、选角色的方法，以及相应的动作，如图5.2.2所示。

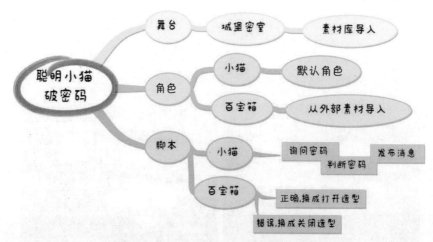

◆图5.2.2 "聪明小猫破密码"作品内容

🤚 构思作品框架

本例中，"小猫"角色判断密码是否正确，如果密码正确，广播正确消息；反之，广播错误消息。百宝箱根据收到的消息切换造型。2个角色相应的动作积木如图5.2.3所示。

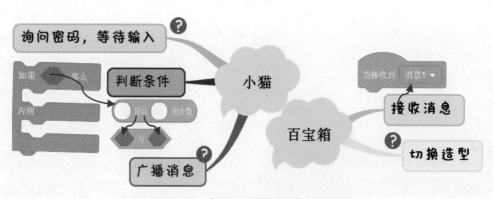

◆图5.2.3 "聪明小猫破密码"作品框架

🤚 梳理编程思路

本例的两个关键问题：一是设置多条件判断；二是根据条件值，选择执行不同的脚本。

● 问题一：Scratch语言中，"与"和"或"是2块逻辑运算积木，运用它们可以进行多个条件判断。本例中密码要同时满足"是7的倍数"和"是9的倍数"2个条件才能执行条件语句。解决的方法是，用"与"连接2个条件，如图5.2.4所示。如果连接的2个条件都为真，则条件值为真。

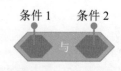

◆图5.2.4 "与"积木

● 问题二：本例中，条件语句分两种情况，密码为真，宝箱打开；反之，宝箱关闭。类似这样的问题称为双分支选择。解决方法是使用双分支条件判断积木"如果……那么……否则……"。当条件成立，广播消息"密码正确"；条件不成立，广播消息"密码错误"。当宝箱接收到"密码正确""密码错误"消息，切换相应的造型。小猫判断密码的流程如图5.2.5所示。

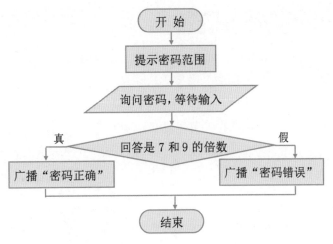

◆图5.2.5 小猫判断密码流程

了解积木功能

本例中使用了控制类积木"如果……那么……否则……"，该积木是Scratch编程中的双分支选择结构语句。如果条件为真，则执行"如果……那么……"内的脚本，如果条件为假，则执行"否则……"内的脚本，如图5.2.6所示。

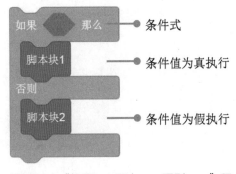

◆图5.2.6 "如果……那么……否则……"积木

♫ 探究实践

准备背景和角色

案例的背景图片可以从背景素材库导入；百宝箱角色可以从外部素材库导入并进行编辑。

导入背景 单击"选择背景"按钮 ，从背景素材文件中导入"Witch house"背景图。

添加百宝箱 单击"上传角色"按钮 ，选择素材文件中的"百宝箱.PNG"图片。

添加造型 选择"百宝箱"角色，选择"造型"，单击"上传造型"按钮 添加新造型"百宝箱1"。

修改造型名 修改"百宝箱"角色的2个造型名称，效果如图5.2.7所示。

调整小猫大小和位置 修改角色信息的参数值，调整"小猫"的大小和位置，如图5.2.8所示。

调整百宝箱大小和位置 同样方法，调整"百宝箱"位置和大小，效果如图5.2.9所示。

◆图5.2.7 造型名称

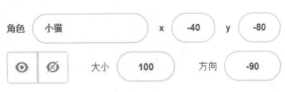

◆图5.2.8 小猫角色信息

◆图5.2.9 百宝箱的位置和大小

编写角色脚本

准备好角色和舞台，就可以编写脚本，实现动画效果。案例需对"小猫""百宝箱"设置脚本，由"小猫"判断密码，"百宝箱"选择切换相应的造型。

询问密码　选择"小猫"，添加"询问……并等待"积木，用于输入密码数，参考脚本如图5.2.10所示。

添加条件语句　在"询问……并等待"积木下方，添加双分支条件语句，如图5.2.11所示。

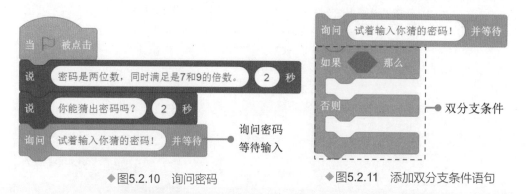

◆图5.2.10　询问密码　　　　　　　◆图5.2.11　添加双分支条件语句

设置条件式　设置条件式以判断密码是否同时满足是7和9的倍数，如图5.2.12所示。

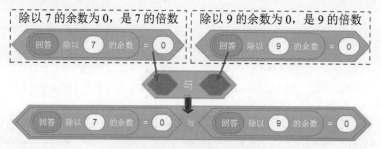

◆图5.2.12　设置条件式

设置分支脚本　添加分支脚本，设置两种情况的脚本，如图5.2.13所示。

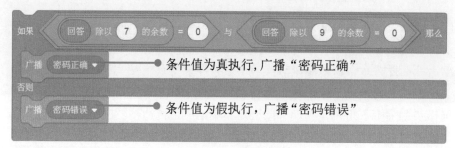

◆图5.2.13　设置分支脚本

设置百宝箱初始状态　选择"百宝箱"角色，设置"百宝箱"初始状态，脚本如图5.2.14所示。

切换百宝箱造型　编写脚本，设置不同情况切换相应的造型，脚本如图5.2.15所示。

◆图5.2.14　设置百宝箱初始状态　　　◆图5.2.15　切换百宝箱造型

保存文件　调试作品，选择"文件"→"保存到电脑"命令，保存作品。

♫ 智慧钥匙

1. 双分支条件语句

"如果……那么……否则……"积木，是双分支条件语句，可以设置条件判断，然后根据判断的情况选择执行相应条件的语句，如图5.2.16所示。

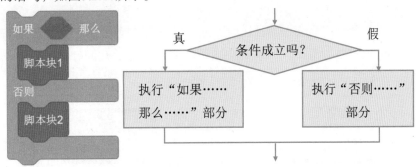

◆图5.2.16　双分支条件语句

2. 逻辑运算

Scratch中常用的逻辑运算包括"与""或""不成立"等，如表5.2.1所示。

表5.2.1　Scratch中常用的逻辑运算

积木	示 例	运算结果	说明
		False	只有两边都为True，结果才为True
		True	只有两边都为False，结果才为False
		True	取反，即not True为False，not False为True

♫ 挑战空间

1. 填一填：下面表5.2.2中表达式，用怎样的关系和逻辑运算式来实现？

表5.2.2　逻辑关系实现

表达式	实现方法
x≥5	
x≤10	
5≤x≤10	

2. 完善程序：为"小猫"添加脚本，设计"小猫"打开密码箱发出"喵喵"叫声的效果。

3. 脑洞大开：试着编写程序，请小猫来判断输入的数是否是偶数。

书法社团挑学员

微信扫码
看微课视频专项学
添加学习助手获取服务

学校的书法社团开课，学员报名火爆。社团计划对学生进行测评分班，评分达到85分在高级班，达到75分在中级班，其他学员则分在初级班。聪明的小猫帮助老师设计了查询分班的程序，只要输入分数，学员就知道进入哪个班。你也能设计出这样的程序吗？一起试一试吧！

♪♪ 体验空间

👋 **试一试**

请运行本例"书法社团挑学员.sb3"，玩一玩！玩的过程中，你有哪些发现呢？填一填！

• • • •

评分≥85：_____　　评分≥75：_____　　评分<75：_____

👋 **想一想**

制作本例时，需要思考的问题，如图5.3.1所示。你还能提出怎样的问题？填在方框中。

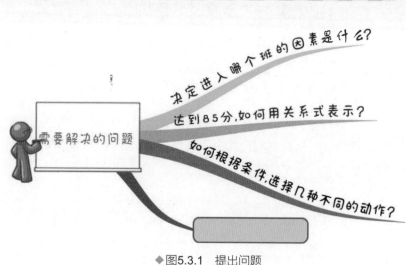

◆图5.3.1　提出问题

🎵 探秘指南

✋ 规划作品内容

制作本例，需要搭建"书法教室"舞台背景，选择"老师"作为角色。搭舞台、选角色的方法，以及相应的动作，如图5.3.2所示。

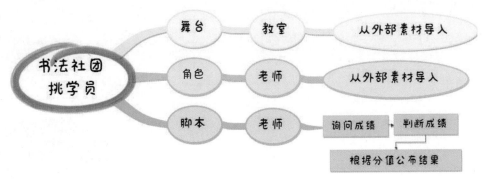

◆图5.3.2　作品内容

✋ 构思作品框架

本例中，"老师"角色判断成绩范围，并根据成绩范围输出相应的班。角色相应的动作积木如图5.3.3所示。

✋ 梳理编程思路

本例关键是根据得分的取值范围输出不同班，即成绩≥85分进高级班，≥75分进中级班，小于75分进初级班。

● 方法一：通过多个单分支语句，分条件依次进行判断，符合条件，则执行相应的语句，算法流程如图5.3.4所示。这种方法用多个单分支语句，即使满足第1个条件，也会遍历整个程序对其他条件进行判断，相对烦琐。

◆图5.3.3　作品框架

● 方法二：运用条件语句嵌套，在条件语句中嵌套条件语句，当满足其中一个条件后，就直接退出条件语句，这样可以优化程序，如图5.3.5所示。本例采用第二种方法。

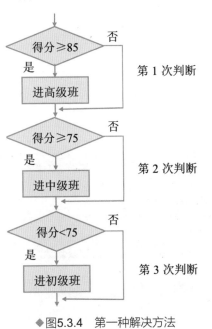

◆图5.3.4　第一种解决方法

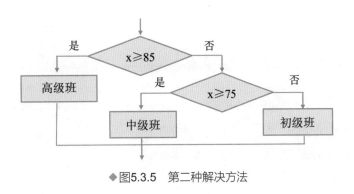

◆图5.3.5　第二种解决方法

探究实践

准备背景和角色

案例的"书法教室"背景和"老师"角色都可以从外部素材库导入，并进行大小位置的调整。

导入背景　单击"上传背景"按钮，从素材文件夹中导入"书法教室"背景图。

添加角色　单击"上传角色"按钮，从素材文件夹中导入"老师"图片。

调整角色　调整"老师"角色的位置和大小，效果如图5.3.6所示。

◆图5.3.6　老师的位置和大小

编写角色脚本

案例需对"老师"角色设置脚本，根据输入得分值的取值范围条件进行分班，输出相应班。

询问成绩　选择老师，添加"询问……并等待"积木，用于输入成绩，参考脚本如图5.3.7所示。

◆图5.3.7　询问成绩

添加条件语句　在"询问……并等待"积木下方，添加双分支条件语句"如果……那么……否则……"积木。

设置条件式　设置条件式，判断得分是否≥85分，如图5.3.8所示。

设置条件分支　设置条件式成立情况分支，脚本如图5.3.9所示。

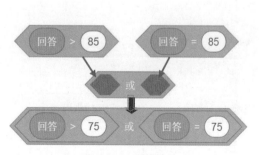

◆图5.3.8　设置条件式

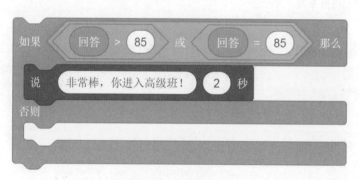

◆图5.3.9　设置条件分支

添加嵌套分支　添加嵌套分支，设置第2个条件，脚本如图5.3.10所示。

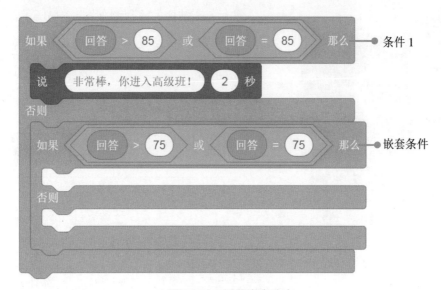

◆图5.3.10　设置嵌套分支

设置分支语句　编写脚本，设置不同情况，输出相应文字，脚本如图5.3.11所示。

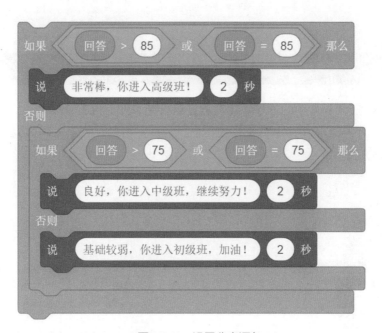

◆图5.3.11　设置分支语句

保存文件　调试作品，选择"文件"→"保存到电脑"命令，保存作品。

♫♫ 智慧钥匙

1. 嵌套分支结构

如果要测试更多的条件，可以把"如果……那么……""如果……那么……否则……"语句相互嵌套，从而形成超过两条路径的多分支结构。嵌套分支除了本例的格式外，还包含其他多种典型的格式，如图5.3.12所示。

2. 嵌套分支执行流程

嵌套分支结构的流程图如图5.3.13所示。

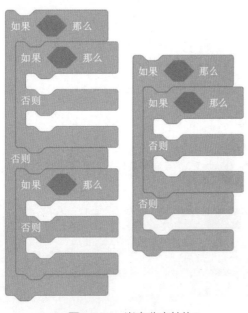

◆图5.3.12 嵌套分支结构

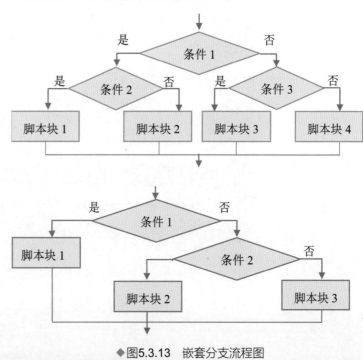

◆图5.3.13 嵌套分支流程图

♪♪ 挑战空间

1. 填一填：观察如图5.3.14所示的程序，填写程序运行结果并上机验证。

2. 完善程序，将程序补充完整：小猫又找到一个新的百宝箱，百宝箱密码为5和3的公倍数。试着将如图5.3.15所示的程序补充完整。

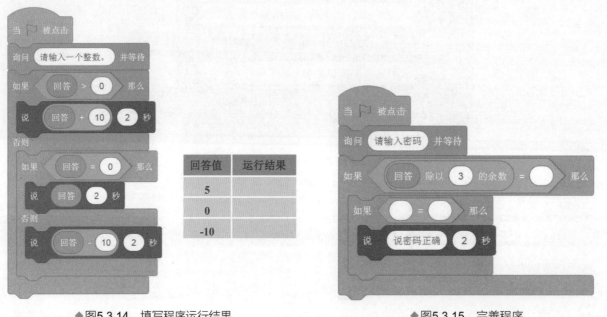

回答值	运行结果
5	
0	
-10	

◆图5.3.14 填写程序运行结果　　　　　◆图5.3.15 完善程序

3. 脑洞大开：出租车计费3公里（包括3公里）以内起步价6元，超过3公里以外路程按1.8元/公里收费，下车前计算出打车的费用。你能编写程序帮司机叔叔来计算收费吗？

第4课

五彩小球蹦蹦跳

瞧，草坪上，大手掌欢乐追逐着彩球。用键盘可以控制大手掌移动、跳跃，跳跃时若触碰到彩球，彩球也会随之跳跃，有趣吗？一起编写脚本，完成动画效果吧！

♫ 体验空间

试一试

请运行本例"五彩小球蹦蹦跳.sb3"，玩一玩！玩的过程中，你有哪些发现呢？填一填！

● ● ● ●

按光标键：＿＿＿＿＿＿＿　　　按空格键：＿＿＿＿＿＿＿　　　触摸到彩球：＿＿＿＿＿＿＿

想一想

制作本例时，需要思考的问题如图5.4.1所示。你还能提出怎样的问题？填在方框中。

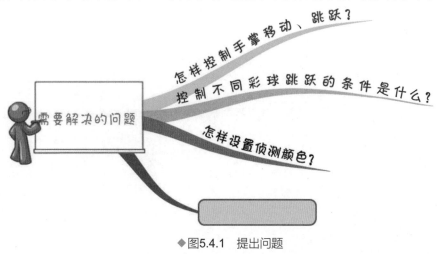

◆图5.4.1　提出问题

091

♪♪ 探秘指南

🖐 规划作品内容

制作本例，需要搭建"草地"舞台背景，选择"手掌""彩球"作为角色。搭舞台、选角色的方法，以及相应的动作，如图5.4.2所示。

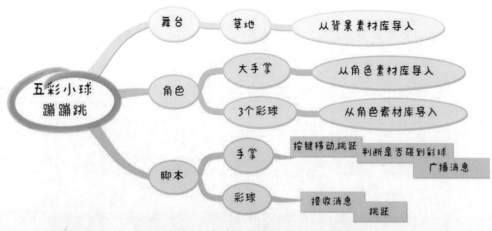

◆图5.4.2 "五彩小球蹦蹦跳"作品内容

🖐 构思作品框架

本例中，通过按键来控制"手掌"角色左右移动，向上跳跃。跳跃时触碰到彩球，广播消息，控制相应颜色的彩球向上跳跃。2个角色相应的动作积木如图5.4.3所示。

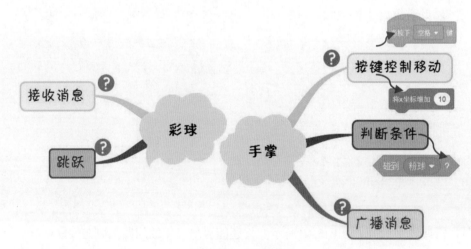

◆图5.4.3 作品框架

🖐 梳理编程思路

本例关键问题一是控制手掌的移动和跳跃，二是选择控制不同的彩球跳跃。

● 问题一：手掌移动方向是通过按键控制的，所以采用事件类"当按下……键"积木，控制手掌向左、向右和向上移动，如图5.4.4。

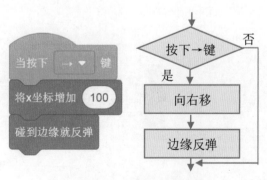

◆图5.4.4 按键小球向右移

● 问题二：判断哪个彩球跳跃，需要分支语句。条件为碰到彩球，相应的彩球跳跃。可以运用侦测类积木"碰到……"来设置条件，如图5.4.5所示。

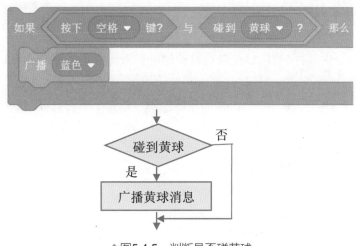

◆图5.4.5　判断是否碰黄球

了解积木功能

本例中运用了侦测类积木"碰到……"，该积木一般用于条件语句中的条件式。根据条件式的值，选择执行相应指令。"碰到……"积木可侦测鼠标指针及不同角色，如图5.4.6所示。

◆图5.4.6　"碰到……"积木

探究实践

准备背景和角色

案例的"草地"背景和"手掌""小球"角色都是从素材库导入，并进行大小和位置的调整。

导入背景　单击"选择背景"按钮，从素材文件夹中导入"草地"背景图。

添加角色　单击"选择角色"按钮，依次从角色素材库中导入角色"goalie""Ball"，分别修改角色名为："手掌"和"黄球"。

编辑其他角色　复制2个"黄球"，分别修改角色造型和名称，角色和舞台效果如图5.4.7所示。

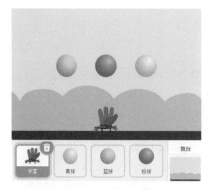

◆图5.4.7　舞台角色效果

编写角色脚本

案例中的"手掌"和"彩球"都需要编写脚本。"手掌"的动作主要包括按键控制移动、侦测条件设置；3个彩球脚本相似，接收消息时向上移动。

设置角色初始位置　分别选择4个角色，设置其初始的位置，参考脚本如图5.4.8所示。观察4个角色坐标值有什么规律。

控制手掌左右移动　选择"手掌"角色，添加按键控制，控制手掌左右移动，脚本如图5.4.9所示。

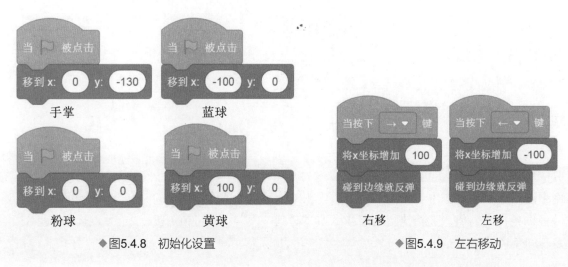

◆图5.4.8　初始化设置　　　　　　　　　　　　　　　　◆图5.4.9　左右移动

控制手掌向上移动　同样方法添加按键控制，控制手掌向上移动，脚本如图5.4.10所示。

侦测粉球条件　添加"如果……那么……"积木，设置侦测是否碰到粉球的分支语句，参考脚本如图5.4.11所示。

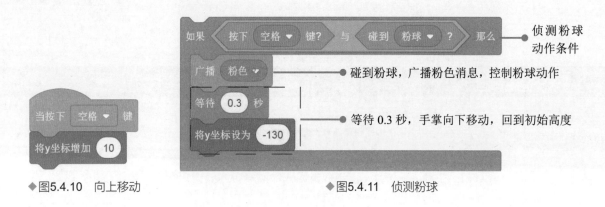

◆图5.4.10　向上移动　　　　　　　　　◆图5.4.11　侦测粉球

侦测其他彩球　同样方法添加侦测黄球和蓝球的分支语句，参考脚本如图5.4.12所示。

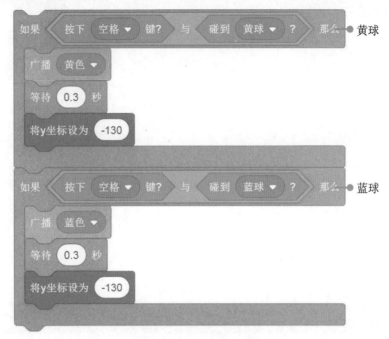

◆图5.4.12　侦测其他彩球

设置粉球响应　选择粉球，设置粉球的响应动作，参考脚本如图5.4.13所示。

设置其他彩球响应　复制并修改粉球脚本，设置其他彩球的响应动作，脚本如图5.4.14所示。

◆图5.4.13　设置粉球响应　　　◆图5.4.14　设置其他彩球响应

保存文件　调试作品，选择"文件"→"保存到电脑"命令，保存作品。

♫♪ 智慧钥匙

1. 侦测类条件设置

侦测类积木中包含一些六边形形状的积木，包括"碰到……""碰到颜色……""按下鼠标""按下……键"等，这些六边形积木可以直接作为选择语句中的条件式，如图5.4.15所示。

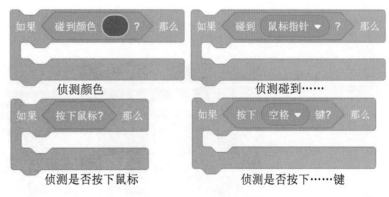

◆图5.4.15　侦测类条件设置

2. 运算类条件设置

运算类中的六边形形状积木包括关系运算、逻辑运算，也可以直接作为条件式，如图5.4.16所示。

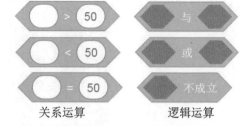

◆图5.4.16 运算类条件设置

3. 综合类条件设置

灵活运用侦测类和运算类积木，设置综合条件式，会让动画更有趣。比如，将侦测类积木侦测的值，如角色坐标、回答、计时器等，赋值给关系运算式，便可以生成综合条件式，如图5.4.17所示。

◆图5.4.17 综合类条件设置

♪♫ 挑战空间

1. 选一选：观察如图5.4.18所示的脚本，选出正确的含义。

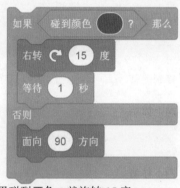

A. 如果碰到■色，就旋转15度
B. 如果碰到■色，就面向90方向
C. 如果没碰到■色，就旋转15度
D. 如果碰到■色，就旋转15度，并等待1秒

◆图5.4.18 选一选

2. 修改程序：本例中，侦测"手掌"是否碰到"彩球"，运用的是"碰到……"积木。请试着修改条件式（侦测不同的颜色），实现动画效果。

3. 脑洞大开：试着编写程序，制作"甲虫找家"游戏动画效果，按键控制"甲虫"移动，如图5.4.19所示。

◆图5.4.19 "甲虫找家"游戏效果

周而复始，去而复来
——循环程序结构

在学习与生活中，我们经常会重复做某些事或重复某些动作。比如，将一个花瓣重复画几次，形成一朵花；小朋友一直玩某个游戏，不愿意停下来；在限定的时间内，看谁跑得最远；猜商品的价格，猜中了就停下来。

在使用Scratch编程时，会根据情况，反复执行某个脚本，这种程序结构称为循环结构。本单元一起探究用循环结构解决问题的方法。

◆计数循环   ◆无限循环

◆直到型循环   ◆中止循环

第1课

重复画出六瓣花

▶ 微信扫码 ◀
看微课视频专项学
添加学习助手获取服务

在Scratch中可以使用画笔绘制各种图案，规则的或不规则的。本节课我们就一起编写脚本，绘制六瓣花吧！

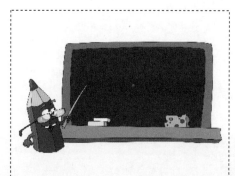 

♪♪ 体验空间

👋 试一试

请运行本例"重复画出六瓣花.sb3"，玩一玩！玩的过程中，你有哪些发现呢？填一填！

• • • •

舞台：_____ 角色：_____ 绘画：_____

👋 想一想

制作本例时，需要思考的问题，如图6.1.1所示。你还能提出怎样的问题？填在方框中。

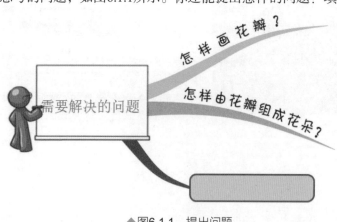

怎样画花瓣？

怎样由花瓣组成花朵？

需要解决的问题

◆图6.1.1　提出问题

♪♪ 探秘指南

👋 规划作品内容

制作本例，需要有一个"笔头"，还要有一块画画用的"黑板"。搭舞台、选角色的方法，以及相应的动作，如图6.1.2所示。

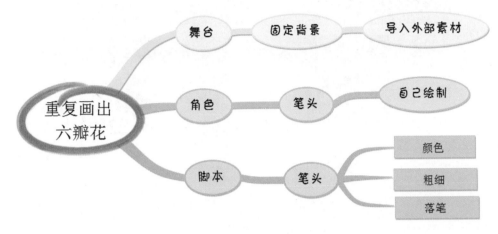

◆图6.1.2 作品内容

🖐 构思作品框架

单击 ▶ 图标，运行本例时，清除"黑板"上的图案，再用"笔头"画一片花瓣，并使用循环语句重复几次，得到一朵六瓣花，相应的动作积木如图6.1.3所示。

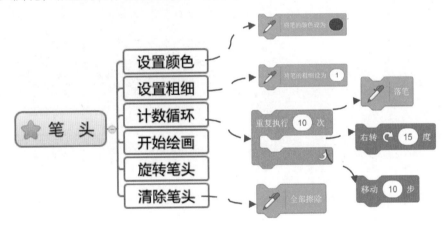

◆图6.1.3 作品框架

👋 了解积木功能

本例中使用了控制类积木"重复执行……次"，该积木是Scratch编程中的循环结构，当条件式成立时，执行其中间的积木指令。另外，还用到了画笔类积木"落笔"，用来画图像，积木如图6.1.4所示。

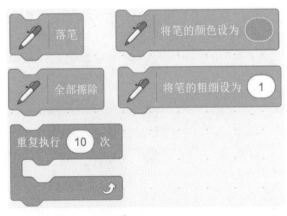

◆图6.1.4 画笔类积木与"重复执行……次"积木

找一找　画画需要找到画笔，按图6.1.5所示操作，可以找到画笔类积木。

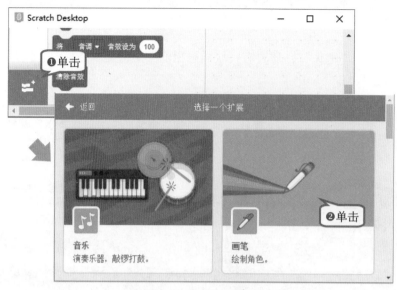

◆图6.1.5　显示画笔类积木

试一试　单击角色"小猫"，为角色编写如图6.1.6所示的脚本，运行程序看看效果，删除其中任何一块积木，再运行程序查看效果。

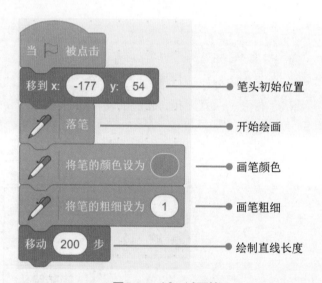

◆图6.1.6　试一试画笔

练一练　按图6.1.7所示操作，练一练将舞台上画的图案擦干净。

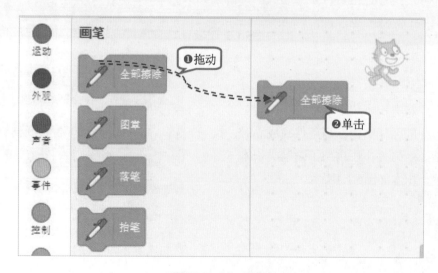

◆图6.1.7　试一试画笔

比一比 选中角色"小猫"，分别为小猫添加如图6.1.8所示的2个脚本，运行后看看结果有没有变化，并想一想为什么。

梳理编程思路

本例中关键是画笔类积木与"重复执行……次"积木的使用，画直线很简单，但画弧线相对来说比较难，由两段弧线组成一片花瓣，六片花瓣组成一朵花。其实有了"重复执行……次"积木，我们只需要画一片花瓣，重复六次就能画成一朵花了。

画弧线时还需要计算角度，本例中运用的是循环结构。解决问题的思路，分成如下的三步。

绘制弧线 先定义画笔的粗细、颜色，将画笔移动+适当旋转角色就可以画出弧线，效果如图6.1.9所示。

绘制花瓣 弧线画出后，再用同样的画法画出另一半，就能得到花瓣，但有个地方要注意，画一半是180度，刚画弧线时旋转了120度，此时要补上所缺的60度，效果如图6.1.10所示。

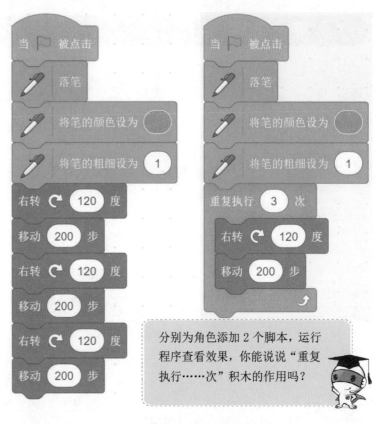

分别为角色添加 2 个脚本，运行程序查看效果，你能说说"重复执行……次"积木的作用吗？

◆图6.1.8 绘制图形

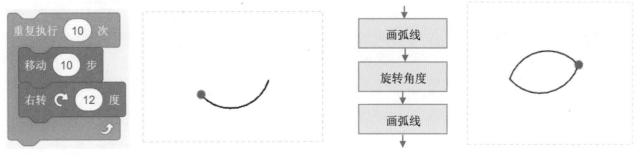

◆图6.1.9 绘制弧线

◆图6.1.10 绘制花瓣

绘制花朵 绘制出花瓣再绘制花朵比较简单，只需将画花瓣的步骤重复6次，流程图和效果如图6.1.11所示。

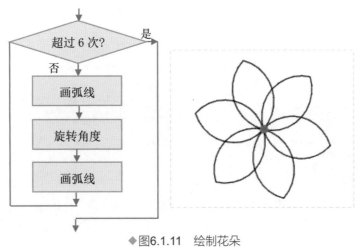

◆图6.1.11 绘制花朵

♫ 探究实践

准备背景和角色

案例的背景图片可以从外部中导入；角色"笔头"可在造型区，选择画笔、颜色等绘制完成。

导入背景　单击"上传背景"按钮，依次从素材文件中导入"黑板"图片作为背景图，并删除空白背景。

绘制角色"笔头"　删除默认"小猫"，单击"选择角色"按钮 ，按图6.1.12所示操作绘制新角色，并为角色命名为"笔头"。

调整角色位置　拖动角色"笔头"到黑板的中间，效果如图6.1.13所示。

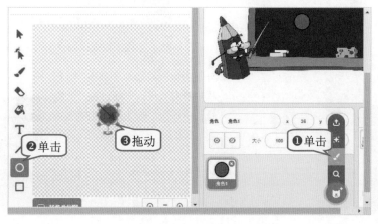

◆图6.1.12　绘制角色

◆图6.1.13　调整角色位置

编写角色脚本

准备好角色和舞台，然后根据分析编写角色脚本，实现绘画效果。案例只需要为角色"笔头"编写脚本。

设置角色初始位置　选中角色"笔头"，编写脚本，设置"笔头"的初始位置，脚本如图6.1.14所示。

设置笔头颜色与粗细　单击角色"笔头"，编写脚本，设置"笔头"的颜色与粗细，脚本如图6.1.15所示。

◆图6.1.14　调整角色位置

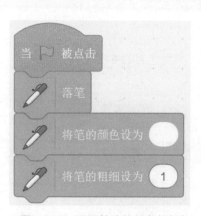

◆图6.1.15　设置笔头的颜色与粗细

绘制六瓣花　选择"笔头"，编写脚本，如图6.1.16所示，能绘制六瓣花。

清除图案　选中角色"笔头"，编写脚本，用于清除图案，脚本如图6.1.17所示。

保存文件　调试作品，选择"文件"→"保存到电脑"命令，保存作品。

◆图6.1.16　绘制六瓣花　　◆图6.1.17　清除图案

♪♪ 智慧钥匙

1. Scratch的画笔

画笔类的指令可以对画笔的属性进行设置，包括颜色、粗细、状态等。选择合适的画图指令，与"移动""旋转"等动作类指令组合，便能绘出漂亮的图形。画笔类指令的功能具体描述如下：

落笔 开始使用画笔功能。

抬笔 停止使用画笔功能。

清空 清除角色的笔迹。

将画笔的大小设定为 1 设置画笔粗细为指定的数值。数值越大，画笔越粗。

将画笔的颜色设定为 单击色块后移动鼠标，在舞台上选定任意颜色作为画笔的颜色。

将画笔的颜色设定为 0 设置画笔的颜色为指定的颜色数值。

将画笔的大小增加 1 将画笔的粗细增加指定的粗细值。

2. 计数循环

Scratch中的"重复执行……次"积木用于指定循环的次数，这块积木一般应用在已经确切地知道需要循环多少次的地方。如图6.1.18所示，要画的三角形是循环3次。

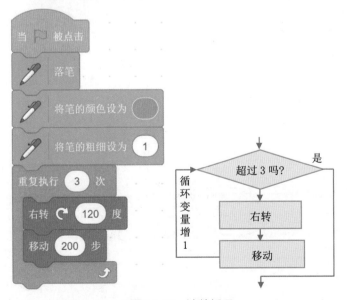

◆图6.1.18　计数循环

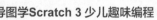

挑战空间

1. 阅读图6.1.19所示程序，写出程序的运行结果，说说画的是个什么图形，并验证自己的判断是否正确。

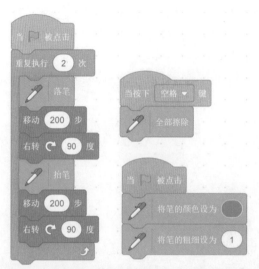

◆图6.1.19　程序

2. 完善程序：图6.1.20所示程序是用来绘制正方图形的，程序有两处不完整，请填写上合适的参数值。

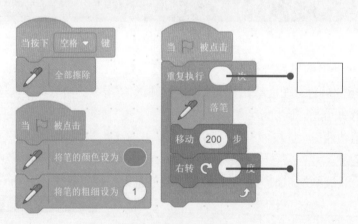

◆图6.1.20　程序

3. 编写程序：编写程序绘制五瓣花与八瓣花，效果如图6.1.21所示，想一想如果绘制九瓣花，需要修改脚本中的什么参数。

◆图6.1.21　五瓣花和八瓣花

第2课

海绵宝宝躲猫猫

蔚蓝的大海是海绵宝宝与派大星的家，它们开开心心地一起生活。有一天海绵宝宝提出来要玩躲猫猫游戏，派大星同意了，它们请来了章鱼哥做裁判，于是海绵宝宝蒙住眼睛去抓派大星。像海绵宝宝这样蒙着眼睛，而派大星能看到，可以及时躲避，海绵宝宝永远也抓不住。你能编写脚本，实现这样的效果吗？

♫ 体验空间

 试一试

请运行本例"海绵宝宝躲猫猫.sb3"，玩一玩！玩的过程中，你有哪些发现呢？填一填！

• • • •

角色：_____ 背景：_____ 动作：_____

想一想

制作本例时，需要思考的问题，如图6.2.1所示。你还能提出怎样的问题？填在方框中。

◆图6.2.1 提出问题

♪♪ 探秘指南

🖐 规划作品内容

制作本例，需要搭建"海底世界"舞台背景，选择"海绵宝宝""派大星""章鱼哥"作为角色。搭舞台、选角色的方法，以及相应的动作，如图6.2.2所示。

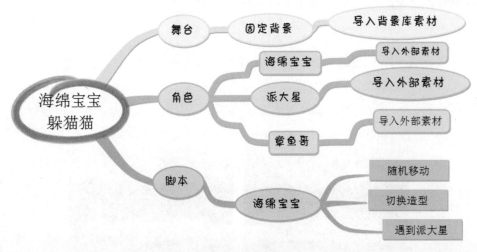

◆图6.2.2 作品内容

🖐 构思作品框架

本例中，角色"海绵宝宝"能够不停地随机移动；章鱼哥站在礁石上不停摇动身体，但不移动位置；派大星一直跟随鼠标移动。3个角色相应的动作积木如图6.2.3所示。

🖐 了解积木功能

本例中使用了控制类积木"重复执行……"，该积木是Scratch编程中的循环结构语句，能够实现一直执行里面的积木块，积木如图6.2.4所示。

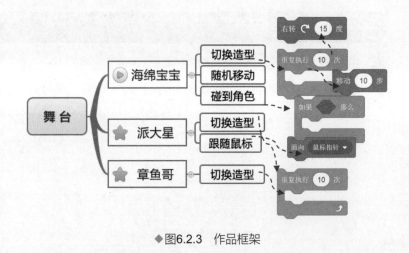

◆图6.2.3 作品框架

试一试 "重复执行……"积木其实我们早就用过了，只是现在才正式介绍它，在讲之前，先来试一试吧！将如图6.2.5所示的脚本放到角色"小猫"中，运行看看效果。

◆图6.2.4 "重复执行……"积木

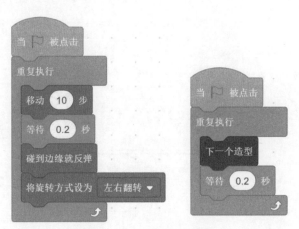

◆图6.2.5 让角色重复运动

想一想 试过了"重复执行……"积木，想一想本案例中哪些角色会用到"重复执行……"，记下来并想一想对这些角色编写脚本后的运行效果。

学一学 试一试中的脚本只能使角色按直线移动，下面学一学如何让角色随机移动，请将前面的脚本修改一下，再运行查看效果（图6.2.6）。

练一练 多添加几个角色，编写不同的脚本，让这些角色能在舞台上快乐运动。

梳理编程思路

本例的关键是实现角色"海绵宝宝"能不停地随机移动，如果碰到"派大星"就停下来，并且显示相关信息。这里要考虑以下3个问题。

● 问题一："海绵宝宝"怎样随机移动，怎么实现不停地随机移动。不停运动用"重复执行……"积木，随机移动用到移动积木与旋转积木。具体运动流程如图6.2.7所示。

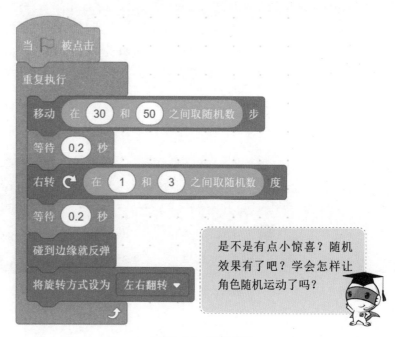

是不是有点小惊喜？随机效果有了吧？学会怎样让角色随机运动了吗？

◆图6.2.6 随机移动

● 问题二："派大星"怎样跟随鼠标移动。使用流程图描述，如图6.2.8所示。

● 问题三："章鱼哥"怎样原地运动。使用流程图描述，如图6.2.9所示。

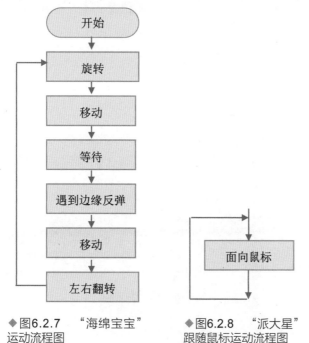

◆图6.2.7 "海绵宝宝"运动流程图

◆图6.2.8 "派大星"跟随鼠标运动流程图

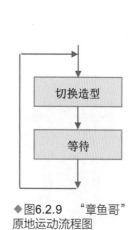

◆图6.2.9 "章鱼哥"原地运动流程图

♫ 探究实践

🔍 准备背景和角色

案例的背景图片可以从素材文件夹导入；海绵宝宝等角色可以从外部素材库导入，并进行编辑。

导入背景　单击"选择背景"按钮🔍，从背景库中导入背景"Underwater2"。
添加角色　单击"上传角色"按钮⬆️，选择素材文件中的"海绵宝宝""派大星""章鱼哥"图片。
修改角色名称　修改角色的名称，效果如图6.2.10所示，并为每个角色添加相应的造型。
调整角色的大小和位置　调整角色的大小和位置，效果如图6.2.11所示。

◆图6.2.10　角色名称　　　　　　　◆图6.2.11　角色的大小与位置

🔍 编写角色脚本

案例中三个角色是不同的运动方式，"海绵宝宝"随机移动，"派大星"跟随鼠标移动，"章鱼哥"原地活动。

初始化角色位置　选择"海绵宝宝"与"派大星"，分别添加初始位置脚本，参考脚本如图6.2.12所示。
编写"海绵宝宝"随机移动脚本　选中角色"海绵宝宝"，添加如图6.2.13所示脚本，实现"海绵宝宝"随机移动的效果。

◆图6.2.12　初始化角色位置　　　　◆图6.2.13　"海绵宝宝"随机移动脚本

编写"海绵宝宝"造型切换脚本　选中角色"海绵宝宝"，添加如图6.2.14所示脚本，实现"海绵宝宝"能切换造型。

编写"海绵宝宝"抓住"派大星"的脚本　选中角色"海绵宝宝"，添加如图6.2.15所示的脚本，实现"海绵宝宝"抓住"派大星"后显示信息"抓到了！"并停止全部脚本。

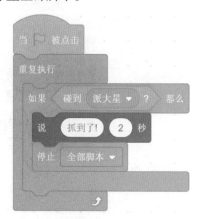

◆图6.2.14　"海绵宝宝"造型切换命令脚本　　◆图6.2.15　"海绵宝宝"抓住"派大星"的脚本

编写"派大星"的脚本　选中角色"派大星"，添加脚本如图6.2.16所示，实现"派大星"能跟着鼠标移动。

编写"章鱼哥"的脚本　选择角色"章鱼哥"，添加如图6.2.17所示脚本，实现"章鱼哥"在原地移动的效果。

◆图6.2.16　"派大星"跟随鼠标移动与切换造型脚本　　◆图6.2.17　"章鱼哥"脚本

保存文件　调试作品，选择"文件"→"保存到电脑"命令，保存作品。

♪♪ 挑战空间

1. 阅读程序：打开文件"星球大战"中的角色"导弹"，查看脚本，如图6.2.18所示，说说这段脚本的功能，然后运行程序看看自己说得是否正确。

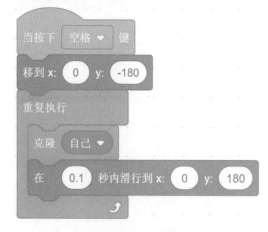

◆图6.2.18　脚本

2. 修改程序：将本案例中各角色的动作改为"海绵宝宝"跟随鼠标移动，"派大星"随机移动，看看"海绵宝宝"抓住"派大星"是否简单很多。

3. 编写程序：大鲨鱼在大海里游来游去，小鱼们都怕它，编写程序实现大鲨鱼吃小鱼的游戏，效果如图6.2.19所示。

◆图6.2.19　效果图

限时跑步谁更快

微信扫码
看微课视频专项学
添加学习助手获取服务

森林学校的趣味运动会开始了，其中有一个运动项目是限时跑，在限定的时间内看谁跑得最快，小猫也参加了这项比赛，它的对手们太强了，有小马与小白兔，你能编写程序让大家看看比赛的结果吗？

♫ 体验空间

试一试

请运行本例"限时跑步谁更快.sb3"，玩一玩！玩的过程中，你有哪些发现呢，填一填！

• • • •

角色：_____ 背景：_____ 速度：_____

想一想

制作本例时，需要思考的问题，如图6.3.1所示。你还能提出怎样的问题？填在方框中。

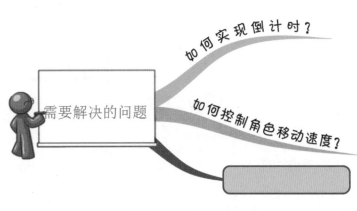

◆图6.3.1 提出问题

♪♪ 探秘指南

规划作品内容

制作本例，需要搭建"田径场"舞台背景，选择"小猫""小马""小白兔"作为角色。搭舞台、选角色的方法，以及相应的动作，如图6.3.2所示。

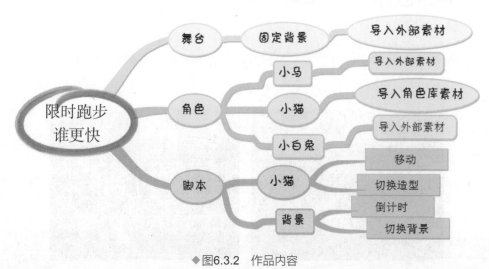

◆图6.3.2　作品内容

构思作品框架

本例中，在限定时间内，看看谁跑的距离最远。角色相应的动作积木如图6.3.3所示。

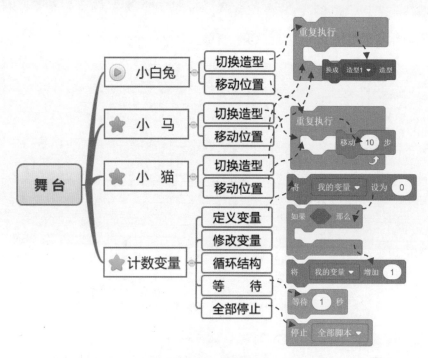

◆图6.3.3　作品框架

了解积木功能

本例中使用了控制类积木"重复执行直到……"，该积木是Scratch编程中的循环结构语句。始终执行循环直到"如果……"条件为真，如图6.3.4所示。

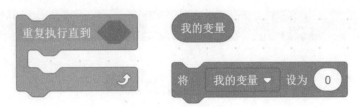

◆图6.3.4 "重复执行直到……"积木与"我的变量"积木

试一试 选中角色"小猫"，给它添加如图6.3.5所示脚本，运行后看看效果。

试一试 按图6.3.6所示操作，试试新建一个变量"倒计时："。

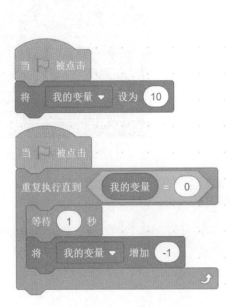

◆图6.3.5 实现倒计时

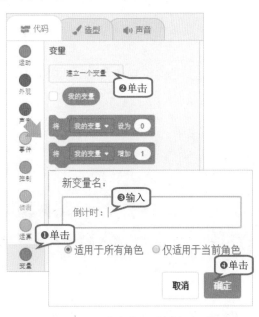

◆图6.3.6 定义变量"倒计时："

看一看 新建的变量"倒计时："能设置显示在舞台上吗？看一看用什么方法可以将变量显示在舞台上。

想一想 尝试过定义变量后，请想一想自己看过的程序或玩过的游戏，什么地方用到过变量，想一想以前自己编写的程序，哪些地方能用变量，并记下来。

梳理编程思路

本例关键是在限定的时间内，看谁跑得远。限定时间会用到变量；看谁跑得远，要看谁的速度快，怎样控制速度。

●速度控制：用脚本控制3个角色在"田径场"上奔跑，使用的积木相同，不同的是积木中的参数，考虑用参数的大小来实现速度快慢。

●时间控制：如果将倒计时设置为5秒，则流程图所图6.3.7所示。

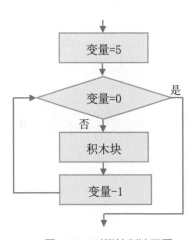

◆图6.3.7 时间控制流程图

探究实践

准备背景和角色

案例的背景"田径场"和角色"小马""小白兔"均从从外部导入，并进行大小位置的调整。

　　导入背景　单击"上传背景"按钮，从素材文件夹中导入背景图"田径场"。

　　添加角色　单击"上传角色"按钮，导入"小马"与"小白兔"的图片。

　　调整角色　调整各角色的位置和大小，效果如图6.3.8所示。

◆图6.3.8　角色的位置和大小

编写角色脚本

案例需对"小马""小白兔""小猫"等角色编写脚本，并设置相应参数，使3个角色跑出快慢不同的效果。

　　初始化角色位置　起跑时，每个角色都应该在起点，因此先初始化它们的位置，脚本如图6.3.9所示。

　　编写角色原地跑动脚本　分别选择角色"小白兔""小马"和"小猫"，添加如图6.3.10所示脚本，使它们在单击绿旗时能在原地跑动。

　　编写角色"小白兔"脚本　选择角色"小白兔"，添加如图6.3.11所示脚本。

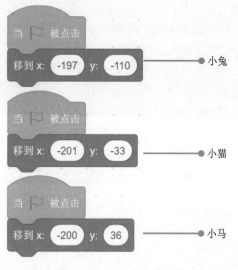

◆图6.3.9　初始化角色位置

◆图6.3.10　编写角色原地跑动脚本

◆图6.3.11　编写角色"小白兔"脚本

编写角色"小马"脚本　选择角色"小马"，添加脚本，如图6.3.12所示。

编写角色"小猫"脚本　选择角色"小猫"，添加脚本，如图6.3.13所示。

◆图6.3.12　编写角色"小马"脚本

◆图6.3.13　编写角色"小猫"脚本

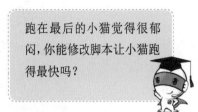
跑在最后的小猫觉得很郁闷，你能修改脚本让小猫跑得最快吗？

编写背景脚本　选择背景，添加如图6.3.14所示脚本，能实现倒计时效果。

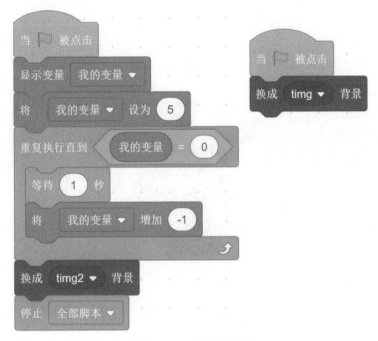

◆图6.3.14　编写背景脚本

保存文件　调试作品，选择"文件"→"保存到电脑"命令，保存作品。

🎵 挑战空间

1. 阅读程序：打开文件"风车与摩天轮.sb3"，分别选择角色"风车""摩天轮"，查看脚本，判断其旋转速度。怎样调整使风车的速度快于摩天轮呢？

◆图6.3.15　效果图

思维导图学Scratch 3 少儿趣味编程 上册

2. 完善程序：图6.3.16所示程序的功能是按下方向键"→"，"小猫"可以向右移动，按下空格键"小猫"跳起，当遇到红墙时，"小猫"停止。请完善程序，实现功能。

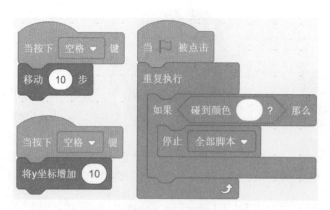

◆图6.3.16 程序

3. 编写程序：请编写程序实现裁判员发令，陆续出现数字"3""2""1"，然后运动员开始跑步的效果，如图6.3.17所示。

◆图6.3.17 效果图

116

第 4 课
商场特卖猜价格

小猴子的商店过节打折特卖，其中有一个环节是猜价格活动，给5次猜的机会，如果猜对了就能得到奖品，你想不想猜猜看？

♪♫ 体验空间

试一试

请运行本例"商场特卖猜价格.sb3"，玩一玩！玩的过程中，你有哪些发现呢？填一填！

• • • •

数的范围：_____ 猜的次数：_____ 猜中了吗：_____

想一想

制作本例时，需要思考的问题，如图6.4.1所示。你还能提出怎样的问题？填在方框中。

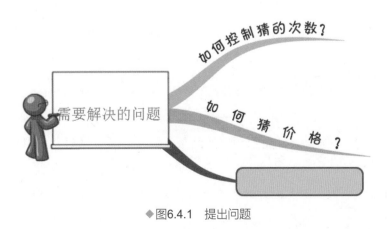

◆图6.4.1 提出问题

♪♪ 探秘指南

✋ 规划作品内容

制作本例，需要搭建"感恩特卖"舞台背景，选择"小猫""小猴子"作为角色。搭舞台、选角色的方法，以及相应的动作，如图6.4.2所示。

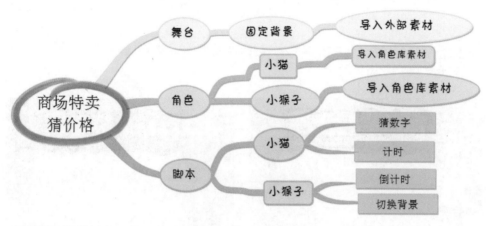

◆图6.4.2 作品内容

✋ 构思作品框架

本例中，单击角色"小猴子"开始猜价格的倒计时，然后出现文本框等待输入猜的价格，共有5次机会，如果猜对，出现"恭喜"信息；如果猜错，继续猜，直到5次机会全部用完。2个角色相应的动作积木如图6.4.3所示。

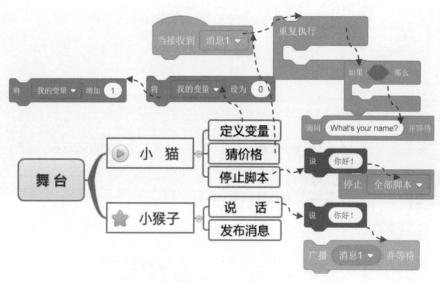

◆图6.4.3 作品框架

✋ 了解积木功能

本例中运用了"重复执行……次"积木与"如果……那么……"积木相结合的结构，是循环中嵌套选择，在循环中进行判断，如果符合条件显示相应的结果，如果不符合条件执行其他积木。积木组合如图6.4.4所示。

试一试 查看角色如图6.4.5所示的脚本，思考脚本的功能，并运行验证。

◆图6.4.4 循环中嵌套选择结构

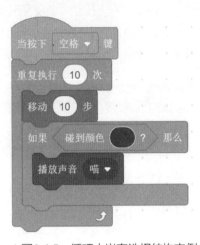

◆图6.4.5 循环中嵌套选择结构实例

画一画 你能画出这段脚本流程图吗？

想一想 如果让你用"重复执行……次"积木与"如果……那么……"积木组合，你会设计什么样的效果呢？请思考并写下来。

练一练 如果输入成绩，判断成绩的等级的效果如图6.4.6所示，你能写出脚本吗？

◆图6.4.6 根据成绩判断等级

🖐 梳理编程思路

本例关键问题有两个：一是如何猜价格；二是怎样计数，判断猜了几次，如果猜中了怎么办，没有猜中继续猜。

● 问题一：猜价格的流程图如图6.4.7所示。

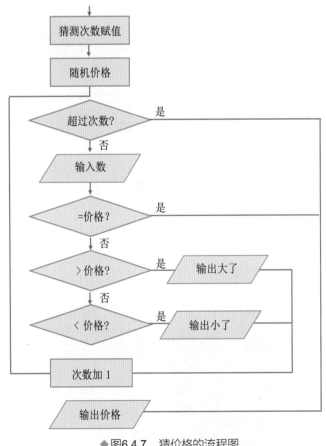

◆图6.4.7 猜价格的流程图

● 问题二：猜价格的方法。如果玩猜价格的游戏，首先要知道快速猜中的方法，这里不能随便猜，因为随便猜，猜中的概率太低。我们来看看如何猜才能猜得又快又准确。如果给定的数在1~10之间，首先猜个大点的数，如9，如果提示说高了，再猜个小点的数，如5，如果提示说低了，下面可以猜7（5与9之和的一半），如果提示高了，再猜6，如果提示低了，再猜8，如此折半去猜。

♪♪ 探究实践

准备背景和角色

案例中的背景"感恩特卖"由外部导入，而角色"小猫""小猴子"都是从素材库导入，并进行大小位置的调整。

导入背景　单击"选择背景"按钮，从素材文件夹中导入背景图"感恩特卖.jpg"。

添加角色　单击"选择角色"按钮，依次从角色库中导入角色"Cat""Monkey"，分别修改角色名为"小猫"与"小猴子"。

调整角色的大小与位置　分别修改角色的大小与位置，角色和舞台效果如图6.4.8所示。

◆图6.4.8　舞台角色效果

编写角色脚本

案例中的角色"小猫"与"小猴子"都需编写脚本。单击角色开始猜，如果猜中就退出。

编写角色"小猴子"脚本　选中角色"小猴子"，编写脚本如图6.4.9所示，使单击角色时猜价格开始。

编写角色"小猫"脚本　选择角色"小猫"，添加脚本如图6.4.10所示。

保存文件　调试作品，选择"文件"→"保存到电脑"命令，保存作品。

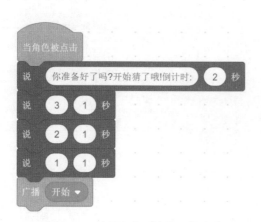

◆图6.4.9　编写角色"小猴子"脚本

◆图6.4.10　编写角色"小猫"脚本

♪♪ 挑战空间

1. 阅读程序：脚本如图6.4.11所示，说说脚本的功能，并运行程序，验证自己的猜测是否正确。

2. 完善程序：图6.4.12所示脚本的功能是单击绿旗时，初始化角色"小猫"的位置；当小猫碰到"Mouse1"时，发出声音"喵"并停止脚本。请选择后面的语句填在问号处，实现此功能。

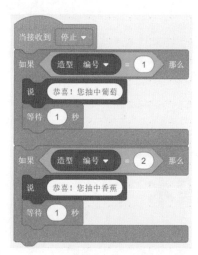

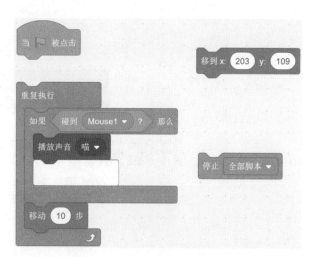

◆图6.4.11 脚本　　　　　　　　　　　◆图6.4.12 脚本

3. 编写程序：编写程序实现如图6.4.13所示的商场打折效果，实现输入"品种"即可获得相应的折扣。

◆图6.4.13 效果图

第7单元

开疆拓土，另辟蹊径
——变量与新积木

制作动画过程中，解决一些问题可能需要存储变化的数据，如统计游戏的得分值等。类似这样的问题，可以通过定义变量来解决。而制作复杂的动画，则可以定义新积木，将大问题分解成若干个小问题，逐一突破，进而简化程序。

本单元就一起通过制作游戏动画，了解变量、新积木的含义，探究运用变量、新积木解决问题的方法。

◆定义变量

◆随机数

◆计时器

◆定义新积木

看谁摘的苹果多

▶ 微信扫码 ◀
看微课视频专项学
添加学习助手获取服务

秋天是收获的季节！看，小小的果园里，一个个苹果笑红了脸，仿佛一个个红灯笼挂在枝头。一起去采摘苹果吧！不仅能欣赏硕果压弯枝头的田园风光，还能体会田间劳作的快乐哦！用键盘控制果篮左右移动就可以接住落下的苹果，比一比谁摘得最多。

♫ 体验空间

👆 试一试

请运行本例"看谁摘的苹果多.sb3"，玩一玩！玩的过程中，你有哪些发现呢？填一填！

● ● ● ● ●

苹果下落的位置：_____   苹果被接住：_____   苹果没有接住：_____

👆 想一想

制作本例时，需要思考的问题，如图7.1.1所示。你还能提出怎样的问题？填在方框中。

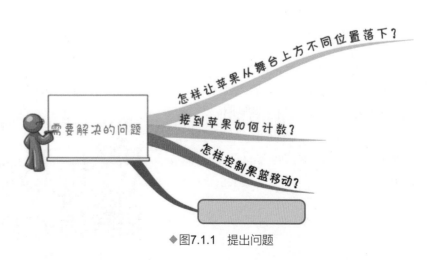

需要解决的问题

怎样让苹果从舞台上方不同位置落下？

接到苹果如何计数？

怎样控制果篮移动？

◆图7.1.1　提出问题

♪♪ 探秘指南

✋ 规划作品内容

制作本例，需要导入"果园"背景图，选择"苹果""果篮"作为角色，然后编写脚本，控制"果篮"移动去接"苹果"。搭舞台、选角色的方法，以及相应的动作，如图7.1.2所示。

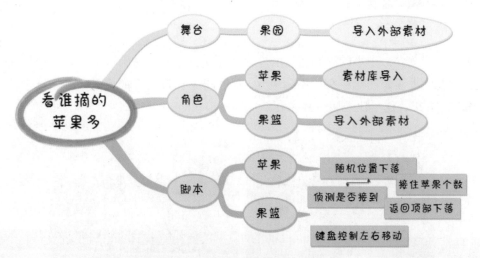

◆图7.1.2 "看谁摘的苹果多"作品内容

✋ 构思作品框架

本例开始，单击 ▶ 图标时，提示按空格键开始游戏。当按下空格键，苹果从舞台上方随机位置落下，如果被果篮接住，计数，继续下落；如果没有接住，不计数，苹果移回顶部。角色"果篮"由键盘按键控制。相应的动作积木如图7.1.3所示。

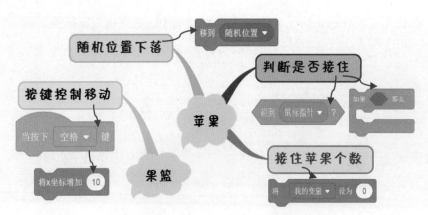

◆图7.1.3 "看谁摘的苹果多"作品框架

✋ 梳理编程思路

本例中的关键问题有3个；一是设置"苹果"随机下落的起点位置；二是统计接住"苹果"的个数；三是当接到"苹果"或"苹果"落在地面时，让"苹果"返回下落起点，继续游戏。

● 问题一：通过"移到随机位置"积木，随机设置其x、y坐标值，再调整y坐标值为180。苹果下落起点的坐标范围，如图7.1.4所示。苹果下落起点：x：随机；y：180。

◆图7.1.4 确定苹果下落的起点位置

● 问题二：统计接住"苹果"的个数，需要建立一个变量，用于存储数据。变量就像一个盒子，可以将数据存储在里面，还可以改变盒子里面的数据。变量值是指盒子里面的内容。案例要定义变量，统计摘到"苹果"个数，计数的思路如图7.1.5所示。

● 问题三："苹果"在三种情况下会移到顶部起点处。一是游戏开始时，二是苹果落地时，三是接住苹果时。第一种情况可以在单击 ▶ 图标时设置初始位置。另两种情况则需要用条件语句，符合条件，则移回顶部起点处，如图7.1.6所示。

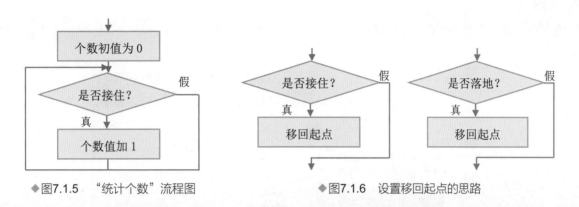

◆图7.1.5 "统计个数"流程图　　　　　◆图7.1.6 设置移回起点的思路

♪♫ 探究实践

🔍 准备背景和角色

先从外部素材中导入"果园"背景图，再从角色素材库中导入"苹果"角色，从文件夹导入"果篮"角色，并调整大小。

导入背景　新建项目，导入"果园"背景图，并删除空白背景。

添加苹果　删除默认"小猫"，添加"Apple"角色，并修改角色名为"苹果"。

添加果篮　单击"上传角色"按钮，从素材文件夹导入"果篮"角色。

调整角色大小和位置　调整"苹果""果篮"角色大小和位置到合适，舞台场景效果如图7.1.7所示。

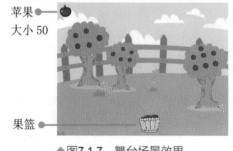

◆图7.1.7 舞台场景效果

🔍 编写角色脚本

添加脚本，实现"果篮"角色在按键下左右移动效果。"苹果"重复从舞台上方下落，下落过程中需要判断是否碰到果篮，如果碰到则得分。

设置游戏提示　选择"果篮"角色，设置游戏玩法提示，脚本如图7.1.8所示。

◆图7.1.8 游戏提示

设置果篮移动　选择"果篮"角色，添加脚本，实现果篮在按键控制下左右移动的效果，脚本如图7.1.9所示。

设置苹果起点　选择"苹果"角色，设置"苹果"下落的起点，脚本如图7.1.10所示。

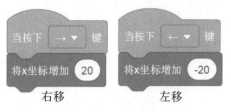

右移　　　　　左移

◆图7.1.9　设置果篮移动

◆图7.1.10　设置苹果降落的起点

新建变量　按图7.1.11所示新建变量，用于统计接到苹果的个数。

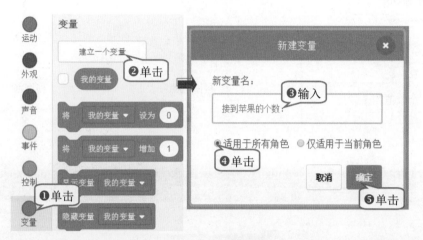

◆图7.1.11　新建变量

设置变量初值　编写脚本，设置游戏开始时变量的初值，脚本如图7.1.12所示。

设置苹果下落　添加"将y坐标增加……"积木，参数设置为"－5"，让苹果下落。

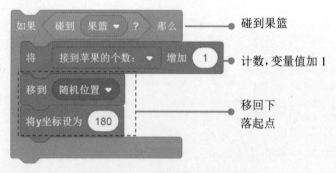

碰到果篮

计数,变量值加1

移回下落起点

初值为0

◆图7.1.12　设置变量初值

◆图7.1.13　设置碰到果篮时的动作

设置碰到果篮响应　编写脚本，设置碰到果篮时苹果的动作，如图7.1.13所示。

设置落在地面响应　编写如图7.1.14所示脚本，设置苹果落在地面时的动作。

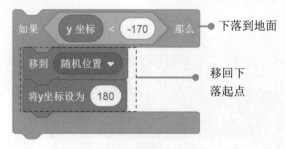

下落到地面

移回下落起点

◆图7.1.14　设置落在地面时动作

添加重复执行积木　添加"重复执行"积木，完成动画制作，脚本如图7.1.15所示。

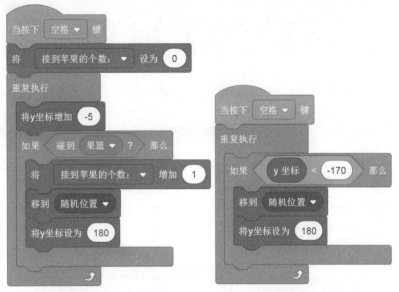

重复判断是否接住苹果　　　　　重复判断苹果是否落地

◆图7.1.15　添加重复执行积木

保存文件　调试作品，选择"文件"→"保存到电脑"命令，保存作品。

♫ 智慧钥匙

1. 变量及变量积木

创作游戏的过程中，有时需要解决这样的问题，比如统计大鱼吃小鱼的数量，显示游戏获得的分数等。这些数值是不断变化的，不能用一个固定的值来存储它，这时就需要用到变量。变量用于存储数据，程序可以读取变量的数据，也可以改变变量的值。

变量积木有4个，可以显示、隐藏变量，以及设置变量的值，如图7.1.16所示。

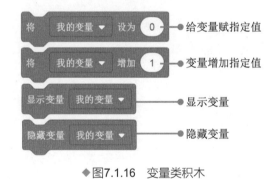

◆图7.1.16　变量类积木

2. 变量名

变量名就是变量的名字。变量名有意义会有助于人们理解程序。如果新建变量时命名错误，可以按图7.1.17所示操作，修改变量名。

◆图7.1.17　修改变量名

♪♪ 挑战空间

1. 试一试：请试着按图7.1.18所示操作，调整变量显示的方式，看看有什么区别。

2. 完善程序：请试着添加不同颜色的苹果，并调整每个苹果下落的速度，让游戏更有趣。

3. 脑洞大开：设计制作如图7.1.19所示的"挡板弹球"游戏。游戏规则：用鼠标控制挡板左右移动，拦截下落的弹球。当拦截成功时，得分；弹球碰到边缘或挡板时都会反弹；落到地面时游戏失败。

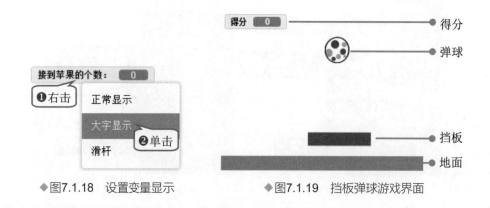

◆图7.1.18 设置变量显示　　◆图7.1.19 挡板弹球游戏界面

第2课

我是小小神算手

两位数加减法运算是二年级学生必须掌握的一种口算技能。为了检测同学们的口算能力，老师时常要出一组口算习题供同学们练习，然后进行批阅，太麻烦了！你能帮助老师设计口算练习游戏来提高同学们的计算能力吗？一起动手试试吧！

♫♫ 体验空间

试一试

请运行本例"我是小小神算手.sb3"，玩一玩！玩的过程中，你有哪些发现呢？填一填！

● ● ● ● ●

按下空格键，出一道加法或减法题。

答对了：＿＿＿＿＿＿＿＿＿＿＿＿＿＿＿＿＿＿＿＿＿＿＿＿＿

答错了：＿＿＿＿＿＿＿＿＿＿＿＿＿＿＿＿＿＿＿＿＿＿＿＿＿

想一想

制作本例时，需要思考的问题，如图7.2.1所示。你还能提出怎样的问题？填在方框中。

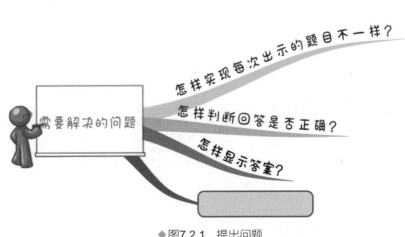

◆图7.2.1 提出问题

♪♪ 探秘指南

规划作品内容

制作本例，需要游戏背景图，可以选择数字相关的背景；选择"大手掌"作为角色，控制整个运算过程。按一下空格键，出示一道两位数的加减法题，等待玩家输入计算结果。搭舞台、选角色的方法，以及相应的动作，如图7.2.2所示。

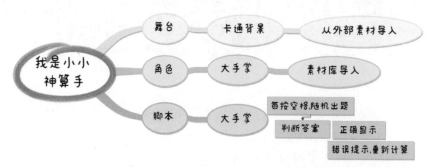

◆图7.2.2 "我是小小神算手"作品内容

构思作品框架

本例开始，单击▶图标时，提示按空格键开始挑战两位数加减法。每按一下空格，随机出示一道两位数加减法题目。输入正确的答案，显示正确；输入错误的答案，提示运算出错，重新计算。相应的动作积木如图7.2.3所示。

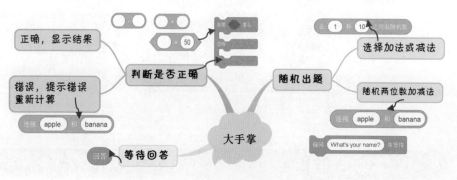

◆图7.2.3 "我是小小神算手"作品框架

梳理编程思路

本例中关键点是怎样随机生成两位数加减法题目。解决的方法是建立多个变量，变量赋值为随机数。变量"随机加减"作为变量标志，随机生成1或2，"1"标志减法，"2"标志加法；第一组变量"被减数""减数"，用于存放减法算式中的被减数和减数；第二组变量"加数1""加数2"存放加法算式的2个加数。这两组变量的值也是随机生成，随机数范围为两位数字。随机数积木可以随机生成一定范围的数字。案例解决的思路如图7.2.4所示。

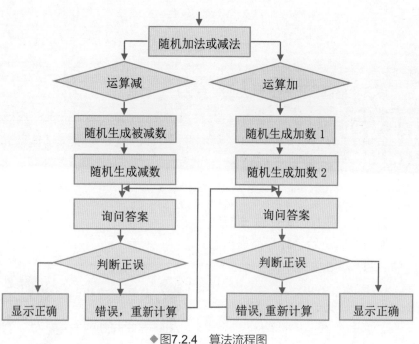

◆图7.2.4 算法流程图

♫♪ 探究实践

Q 准备背景和角色

制作案例时，从外部素材库导入"卡通数字"背景，从角色库中选择"Goalie"作为角色。

导入背景 新建项目，导入"卡通数字"背景图，并删除空白背景。
添加角色 删除默认"小猫"，单击"选择角色"按钮，添加"Goalie"角色。
调整角色大小和位置 调整"Goalie"角色大小和位置到合适，并修改角色名为"大手掌"。

Q 编写角色脚本

添加脚本，先判断变量"随机加减"的值，决定出题类型，再随机出题，判断回答是否正确，并统计完成的时间。

新建变量 建立5个变量"随机加减""被减数""减数""加数1""加数2"。

设置算法 为"随机加减"变量赋值，设置两种算法，脚本如图7.2.5所示。

选择算法 添加条件语句，生成2个分支，选择算法，脚本如图7.2.6所示。

生成运算数 根据条件，分别生成减法和加法算式的运算数，脚本如图7.2.7所示。

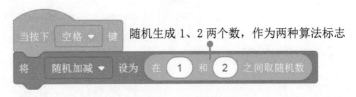

◆图7.2.5 设置两种算法

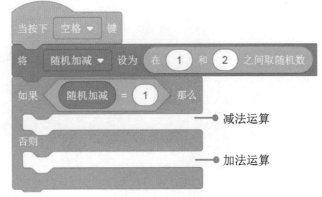

◆图7.2.6 选择算法

◆图7.2.7 生成运算数

提出减法问题　在生成减法运算数语句下方提出减法问题，脚本如图7.2.8所示。

◆图7.2.8　提出减法问题

设置答题响应　添加条件语句，设置答题响应，脚本如图7.2.9所示。

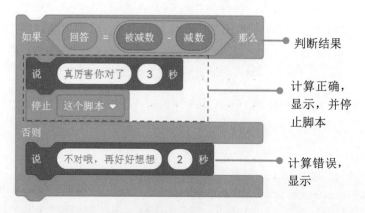

◆图7.2.9　设置答题响应

设置重复计算　添加"重复执行"积木，设置答题错误时重复计算，脚本如图7.2.10所示。

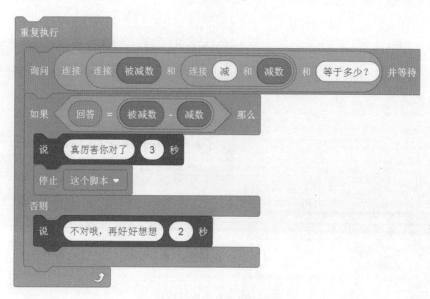

◆图7.2.10　设置重复计算

设置加法情况 同样思路，完成加法运算判断和响应动作，如图7.2.11所示。

◆图7.2.11 设置加法情况

保存文件 调试作品，选择"文件"→"保存到电脑"命令，保存作品。

♪♫ 智慧钥匙

1. 局部变量和全局变量

定义变量时，有2个选项，如图7.2.12所示。"适用于所有角色"的变量舞台区所有角色都可以使用；"仅适用于当前角色"的变量只有当前角色能使用。这种现象叫做变量的作用域。

变量根据它的使用范围不同区分为全局变量和局部变量两种，适用于所有角色的变量称为全局变量，作用域是所有角色都可以使用；仅适用于当前角色的变量称为局部变量，作用域是仅当前的角色可以使用。

◆图7.2.12 变量作用域

2. 随机数

随机数是指在一定范围内随机出现的一系列数据。在Scratch中，在 1 到 10 间随机选一个数 积木可以在前后2个参数值范围内随机产生一个数值。

在使用这块积木时，如果开始的值和结束的值都是整数，则返回的值也是在两数之间的一个整数（可能包含这两个值），但如果开始和结束值中有一个带有小数，则生成的就是带小数的随机数了。

案例设计时，可以通过随机数控制角色的随机动作，让角色随机出现在舞台不同位置，大小也可以随机变化，这样的案例更有趣。本案例中，加减运算的运算式及运算数就是由随机数生成的。

♪♫ 挑战空间

1. 试一试：下面的随机数生成的数字范围是多少？试着填一填。

2. 完善程序：打开"我是小小神算手.sb3"作品，尝试添加脚本，统计答题题数。

3. 脑洞大开：编写程序，设计两位数乘以一位数的口算练习游戏。

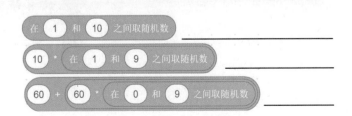

调皮小猫打地鼠

玩过打地鼠游戏吗？运用Scratch可以轻松制作出打地鼠游戏。3个洞口随机出现地鼠，鼠标移动"锤子"敲打地鼠，击中即可得分。比一比，在30秒内谁打中的地鼠最多。一起动手实现游戏效果吧！

♫♪ 体验空间

试一试

请运行本例"调皮小猫打地鼠.sb3"，玩一玩！玩的过程中，你有哪些发现呢？填一填！

· · · ·

玩的过程，我发现：＿＿＿＿＿＿＿＿＿＿＿＿＿＿＿＿＿＿＿＿＿＿＿＿＿＿＿＿＿

地鼠出现的洞口：＿＿＿＿＿＿＿＿＿＿＿＿＿＿＿＿＿＿＿＿＿＿＿＿＿＿＿＿

击中地鼠：＿＿＿＿＿＿＿＿＿＿＿＿＿＿＿＿＿＿＿＿＿＿＿＿＿＿＿＿＿＿＿

想一想

制作本例时，需要思考的问题，如图7.3.1所示。你还能提出怎样的问题？填在方框中。

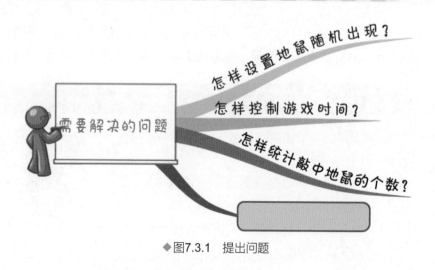

需要解决的问题

怎样设置地鼠随机出现？

怎样控制游戏时间？

怎样统计敲中地鼠的个数？

◆图7.3.1 提出问题

♪♪ 探秘指南

✋ 规划作品内容

制作本例，需要导入"草地"背景，选择"地鼠""锤子""地洞"作为角色。其中"地鼠"和"锤子"角色都由2个造型组成，分别为敲击前状态和击中状态。搭舞台、选角色的方法，以及相应的动作，如图7.3.2所示。

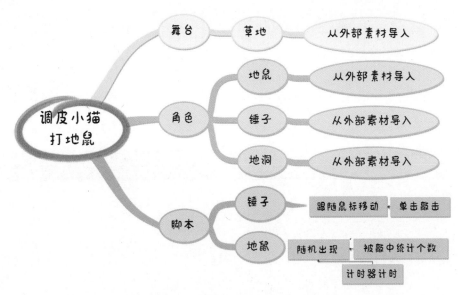

◆图7.3.2 "调皮小猫打地鼠"作品内容

✋ 构思作品框架

本例开始，单击 ▶ 图标时，"锤子"移至舞台中心。单击"锤子"，游戏正式开始，并计时。由鼠标控制"锤子"移动，单击鼠标敲打"地鼠"，打中则计数。当时间达30秒时，游戏结束。相应的动作积木如图7.3.3所示。

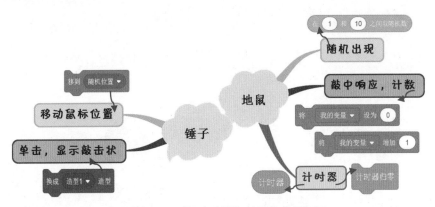

◆图7.3.3 "调皮小猫打地鼠"作品框架

✋ 梳理编程思路

本例中关键问题有三个：一是设置"地鼠"随机出现在洞口；二是统计击中"地鼠"的数量；三是设置计时器，控制游戏时间，30秒结束。

● 问题一：设置3只"地鼠"角色，分别放在3个洞口。通过随机等待时间，让"地鼠"随机出现。

● 问题二：添加计数变量，当满足"锤子"碰到"地鼠"时，变量值增加1。

● 问题三：运用计时器变量。游戏开始计时，当"计时器"值大于30时，停止所有的脚本，游戏结束。思路如图7.3.4所示。

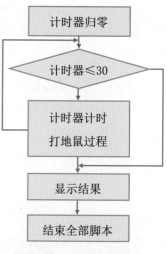

◆图7.3.4 计时器运用算法

♫ 探究实践

🔍 准备背景和角色

制作案例时，从外部素材导入背景，和"地鼠""锤子""地洞"角色。其中地鼠、锤子角色均由2个造型组成。

导入背景 新建项目，导入"草地"背景图，并删除空白背景。

添加地洞 删除默认"小猫"，添加"地洞"角色，并复制2个地洞，调整位置和大小，舞台背景效果如图7.3.5所示。

添加地鼠 添加"地鼠"角色，修改角色名"地鼠1"，并设置其造型，如图7.3.6所示。

添加锤子 同样方法，添加"锤子"角色，并设置其2个造型，如图7.3.7所示。

◆图7.3.5 地洞效果

复制地鼠 复制2只"地鼠"，调整角色大小和位置到合适，舞台场景、角色效果如图7.3.8所示。

未打中状态 打中状态

◆图7.3.6 地鼠造型

移动状态 单击状态

◆图7.3.7 锤子造型

◆图7.3.8 舞台效果

🔍 编写角色脚本

编写脚本设置"锤子"移动和敲击动作；再设置"地鼠"随机出现和被敲击效果；还需设定计时器，控制游戏的时间。

游戏初始化　选中"锤子"，编写脚本，设置游戏初始化，脚本如图7.3.9所示。

设置锤子移动　添加脚本，设置"锤子"跟随鼠标移动，脚本如图7.3.10所示。

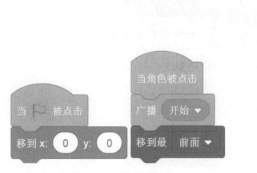
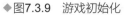

◆图7.3.9　游戏初始化　　　　　　　◆图7.3.10　设置锤子移动

设置锤子敲击动作　添加脚本，设置"锤子"敲击"地鼠"动作，脚本如图7.3.11所示。

设置地鼠随机出现　选中"地鼠1"，添加脚本，设置"地鼠1"随机出现，脚本如图7.3.12所示。

设置地鼠初始状态　新建变量"打中地鼠数："，添加脚本，设置"地鼠"的初始状态，脚本如图7.3.13所示。

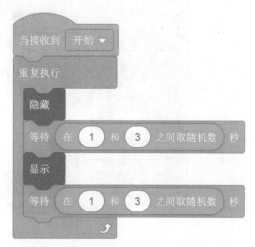

◆图7.3.11　设置锤子敲击动作　　　◆图7.3.12　设置地鼠随机出现

计时器归零　添加如图7.3.14所示的"计时器归零"积木，开始计时。

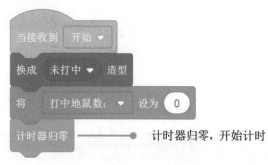

◆图7.3.13　设置地鼠初始状态　　　◆图7.3.14　计时器归零

设置地鼠打中响应　编写如图7.3.15所示脚本，实现"地鼠"被敲打响应的状态。

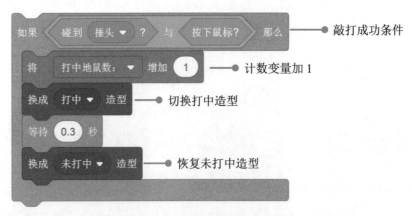

◆图7.3.15　设置地鼠打中响应动作

控制游戏时间　添加"重复执行直到……"积木，控制游戏的时间，脚本如图7.3.16所示。

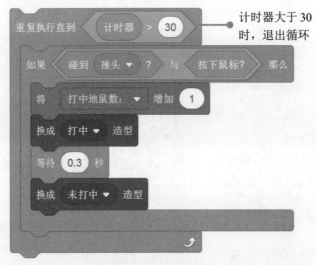

◆图7.3.16　控制游戏时间

设置其他地鼠　将"地鼠1"的所有脚本复制给"地鼠2""地鼠3"。

显示结果并退出　选中"地鼠1"，添加如图7.3.17所示脚本，显示游戏结果并结束游戏。

◆图7.3.17　显示结果并退出

保存文件　调试作品，选择"文件"→"保存到电脑"命令，保存作品。

♫ 智慧钥匙

1. 变量的数据类型

在Scratch中创建变量后，变量能存放任何类型的数据。图7.3.18所示的所有积木都是有效的。如果输入的数据类型与积木不符，便会根据程序上下文自动转换数据类型。比如在"移动……"积木中，其参数期望是一个整数类型，因此如果参数写成字符型，会转化为数字0后传递给积木，最终效果是角色没有移动。

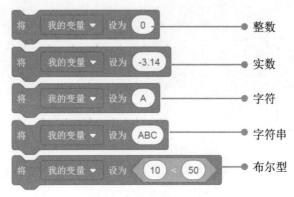

◆图7.3.18 变量的数据类型

2. 计时器

"计时器"属于"侦测"类积木，它适用于所有角色。程序一运行，就开始计时。"计时器归零"积木可以使"计时器"从0开始重新计时，直到下次归零或退出Scratch。计时器默认不在舞台显示，选中计时器变量前的复选框可以让其在舞台显示。

♪♪ 挑战空间

1. 试一试：观察如图7.3.19所示的脚本，试着写出输出结果。创建脚本并运行，测试你的答案。

2. 完善程序：打开"调皮小猫打地鼠.sb3"作品，尝试添加"地洞"和"地鼠"，增加游戏的难度，如图7.3.20所示。

◆图7.3.19 试一试脚本

◆图7.3.20 游戏效果图

3. 脑洞大开：试着完善"我是小小神算手.sb3"，添加计时器，查看每次运算所需的时间。

图形面积我会算

微信扫码
看微课视频专项学
添加学习助手获取服务

你会计算平面图形的面积吗？看，选择不同的图形，给出相应长、宽等参数值，聪明的小猫就能很快算出答案。你能编写脚本，实现这样的效果吗？一起动手试试吧！

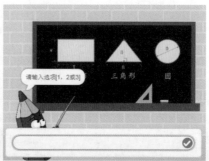

♪♪ 体验空间

👋 **试一试**

请运行本例"图形面积我会算.sb3"，玩一玩！玩的过程中，你有哪些发现呢？填一填！

・・・・

选择1时计算＿＿＿＿＿＿＿＿＿＿＿＿面积。

选择2时计算＿＿＿＿＿＿＿＿＿＿＿＿面积。

选择3时计算＿＿＿＿＿＿＿＿＿＿＿＿面积。

👋 **想一想**

制作本例时，需要思考的问题，如图7.4.1所示。你还能提出怎样的问题？填在方框中。

◆图7.4.1 提出问题

♪♪ 探秘指南

🖐 规划作品内容

制作本例，需要导入"黑板"背景，选择"教鞭"作为角色。其中"教鞭"是计算的主角，由它完成图形选择和面积计算。搭舞台、选角色的方法，以及相应的动作，如图7.4.2所示。

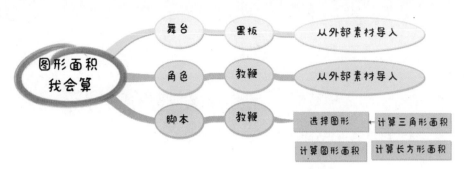

◆图7.4.2 "图形面积我会算"作品内容

🖐 构思作品框架

本例开始，单击🏁图标时，选择图形进行计算。选择后，输入相应图形的参数，计算出图形的面积。相应的动作积木如图7.4.3所示。

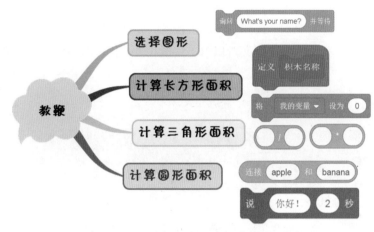

◆图7.4.3 "图形面积我会算"作品框架

🖐 梳理编程思路

本例中关键问题是计算不同图形的面积。圆形、长方形、三角形的面积公式不同，可以使用"定义新积木"功能将求圆形、长方形、三角形面积的程序段分别打包成一个个子"积木"，在需要时随时调用，这样的做法使得程序编写更便捷、结构更清晰、测试更高效。算法思路如图7.4.4所示。

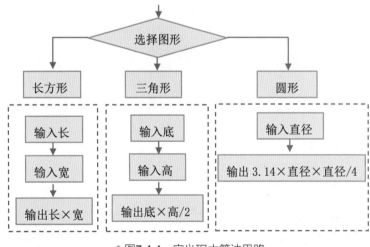

◆图7.4.4 定义积木算法思路

♪♪ 探究实践

🔍 准备背景和角色

本例中的背景和角色简单，背景为"黑板"背景，角色为"教鞭"，均从素材文件夹中导入。

导入背景　新建项目，导入"黑板"背景图，并删除空白背景。

添加角色　删除默认的"小猫"，添加"教鞭"角色，调整角色的大小和位置，舞台效果如图7.4.5所示。

◆图7.4.5　舞台场景效果

🔍 编写角色脚本

编写脚本时，先分别定义新积木，完成长方形、三角形、圆等图形的面积计算，再调用相应积木完成主程序。

新建变量　新建6个变量，变量名为"面积""长""宽""底""高""直径"，用于后面的计算。

创建新积木　按图7.4.6所示操作，新建一个积木，积木名为"长方形"。

定义长方形　定义新积木，完成长方形面积计算，脚本如图7.4.7所示。

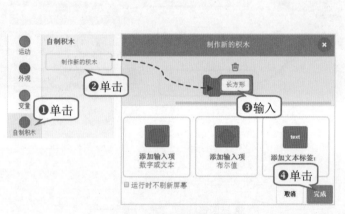

◆图7.4.6　创建新积木

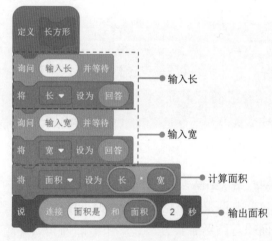

◆图7.4.7　定义长方形

定义三角形　定义新积木，完成三角形面积计算，脚本如图7.4.8所示。

定义圆　定义新积木，完成圆面积计算，脚本如图7.4.9所示。

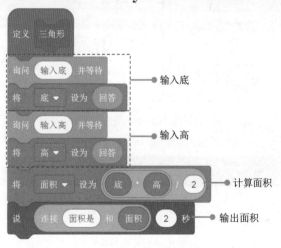

◆图7.4.8　定义三角形

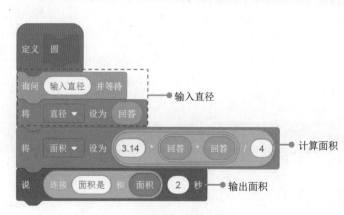

◆图7.4.9　定义圆

询问选择 添加"询问……并等待"积木，询问选择，脚本如图7.4.10所示。

设置条件语句 添加条件语句，选择图形进行计算，脚本如图7.4.11所示。

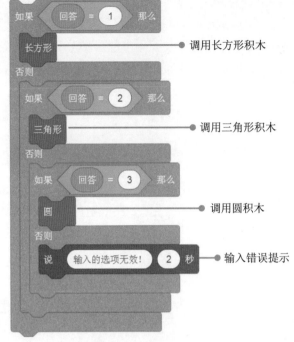

◆图7.4.11 设置条件语句

◆图7.4.10 询问选择

保存文件 调试作品，选择"文件"→"保存到电脑"命令，保存作品。

♪♪ 智慧钥匙

1. 自定义积木

Scratch中各类积木，有运动类、外观类、声音类、侦测类等，功能非常丰富。其实，我们还可以自定义积木，简化程序。例如，编写的程序中有很多重复的步骤，可以创建自己的积木，并用这个积木代替重复的内容。再比如，可以将一个复杂的问题分解成多个子问题，每个子问题创建一个积木分别来解决，最后将这些子积木整合在一起，从而解决最初的问题。如图7.4.12所示，虽然两种方法都可以绘制出正方形绕花，但使用自制积木显得更加清晰、简洁。

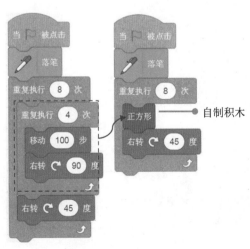

◆图7.4.12 自定义积木

2. 给积木添加参数

创建的积木，可以添加若干参数，让积木功能更强大。如图7.4.13所示操作添加参数，可以画出任意大小的正方形。自定义积木中的参数分为形式参数和实际参数。形式参数是未知数，如边长，在调用时引用。调用积木，并在槽中填写了值或表达式，叫做实际参数，如100。形式参数和实际参数必须数量相同、位置对应。

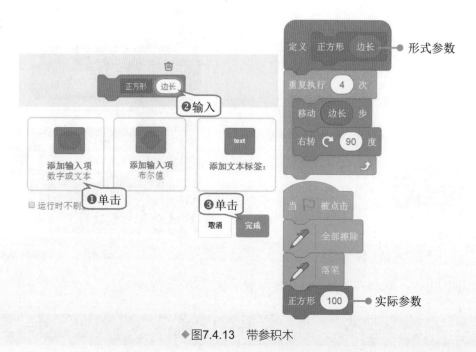

◆图7.4.13　带参积木

♬♪ 挑战空间

1. 试一试：观察图7.4.14所示的自定义积木"正多边形……"并调用，修改实际参数，分析程序结果，并上机测试验证。

2. 完善程序：打开"图形面积我会算.sb3"作品，尝试定义带参数积木，计算不同图形的面积。

3. 脑洞大开：试着自定义积木，绘制如图7.4.15所示的图形（定义积木"画任意多边形"，边数为5、边长为20画出左图，边数为4、边长为20画出右图）。

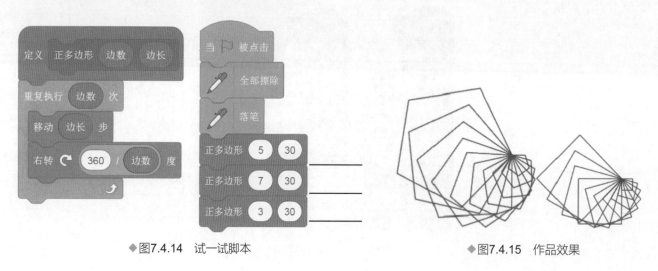

◆图7.4.14　试一试脚本　　　　　　　　　　　　◆图7.4.15　作品效果

人以群分，物以类聚
——列表与字符串

在编写程序时，有时会用到很多有相同属性的变量，如班级所有同学的名字、学过的成语等。如果每个定义为一个变量则太烦琐。Scratch提供了列表来解决这些数据的定义和调用。它还提供了专门处理字符串的积木块，可以很方便地处理文字。

本单元通过制作抽奖和词语游戏，学习列表的运用，探究运用字符串积木处理文字的方法。

◆定义列表　　　　　　　　　　◆处理列表

◆连接字符串　　　　　　　　　◆处理字符串

随机选号中大奖

微信扫码
看微课视频专项学
添加学习助手获取服务

　　"开奖啦"，同学们都屏气凝神地看着主持人的手势，随着主持人轻轻按动鼠标，屏幕上显示出"一等奖是　张飞然"。张飞然同学高兴地跳了起来，其他同学也羡慕地看着她，纷纷向她表示祝贺。原来今天班里在开迎新年联欢会，为了活跃气氛，让同学们积极参与到活动中，班委会特意设计了随机抽奖环节，将全班同学的名单输入到电脑里，然后随机抽取一、二、三等奖。这个随机抽奖程序能用Scratch软件实现吗？

♪♪ 体验空间

试一试

请运行本例"随机选号中大奖.sb3"，玩一玩！玩的过程中，你有哪些发现呢？填一填！

　　全班名单都有吗：_____

　　出现的规律是：_____

　　抽中的还能抽吗：_____

想一想

　　制作本例时，需要思考的问题，如图8.1.1所示。你还能提出怎样的问题？填在方框中。

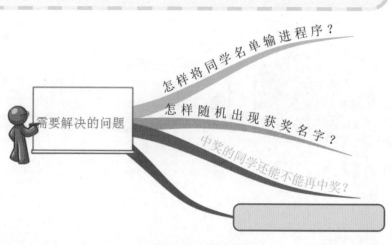

需要解决的问题

怎样将同学名单输进程序？

怎样随机出现获奖名字？

中奖的同学还能不能再中奖？

◆图8.1.1　提出问题

♪♪ 探秘指南

🖐 规划作品内容

制作本例，需要导入全班名单，选择"Nano""礼物盒"作为角色，然后编写脚本，让"礼物盒"说出"开奖了！"的提示信息，"Nano"依次报出三等奖、二等奖、一等奖。搭舞台、选角色的方法，以及相应的动作，如图8.1.2所示。

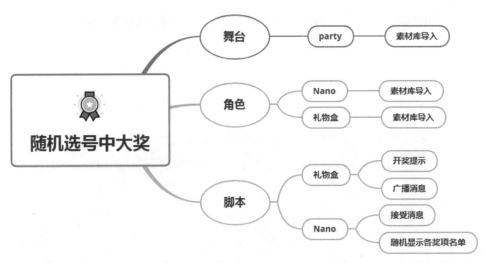

◆图8.1.2 "随机选号中大奖"作品内容

🖐 构思作品框架

本例开始，单击▶图标时，出现"开奖了！"提示，广播消息，角色"Nano"分别说出三、二、一等奖的名单。相应的动作积木如图8.1.3所示。

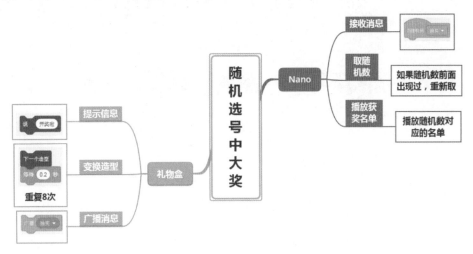

◆图8.1.3 "随机选号中大奖"作品框架

🖐 梳理编程思路

本例中的关键问题有3个：一是如何将全班同学名单导入到程序中，存放在哪里；二是怎么随机出现名单；三是如何能让获奖的名单不重复。

● 问题一：如何将全班同学名单导入到程序中。Scratch为我们提供了"列表"，专门存放这类有共同属性的数据。往列表里添加数据的方法有三种：直接输入、文本导入、通过程序添加，如图8.1.4所示。本例中将全班同学名单加入到列表"抽奖"里。

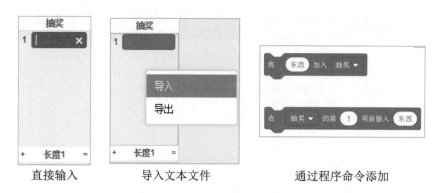

直接输入   导入文本文件   通过程序命令添加

◆图8.1.4　列表中输入数据

● 问题二：怎么随机出现名单。全班学生名单都存放到列表中后，每个名字都对应这一个序号，在1和最后一个序号之间随机产生一个数，这个数对应的名字就是要产生的结果。程序如图8.1.5所示。

◆图8.1.5　随机出现名单

● 问题三：如何让获奖名单不重复。新建3个变量，"cj"用于存放每次随机产生的序号，"cj1"存放三等奖的序号，"cj2"存放二等奖的序号。先抽三等奖序号，将序号保存在"cj1"和"cj"里；再抽二等奖，产生新的随机序号"cj"，如果和"cj1"相同，则重新产生随机序号，直到不一样为止，二等奖序号保存在"cj2"中；最后抽一等奖，随机序号"cj"和"cj1""cj2"比较，如果一样，重新产生随机数，不一样就公布名单。如图8.1.6所示。

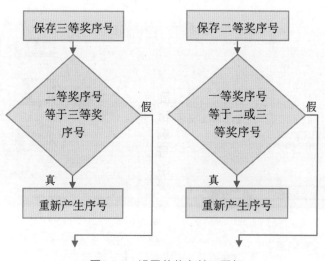

◆图8.1.6　设置获奖名单不重复

♫ 探究实践

🔍 准备背景和角色

先从素材库中导入舞台背景图，再从角色素材库中导入"Nano"和"Gift"，放置在舞台合适位置，并调整其大小。

设置背景　新建项目，导入"Party"背景图，设置为背景。

添加礼物盒　删除默认"小猫"，添加"Gift"角色，并修改角色名为"礼物盒"，大小修改为"150"。

修改礼物盒　按图8.1.7所示操作，将礼物盒的第2个造型调整角度。

添加Nano　添加"Nano"角色，调整角色大小和位置到合适，舞台场景效果如图8.1.8所示。

◆图8.1.7　修改礼物盒

◆图8.1.8　舞台场景效果

建立列表变量

首先建立列表，将全班同学名单导入列表中，再建立三个变量，分别存放不同数据。

新建列表　按图8.1.9所示操作新建列表，命名为"抽奖"。

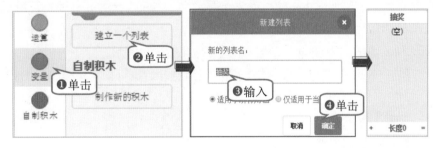

◆图8.1.9　新建列表

建立文本文档　在计算机中新建一个文本文档，命名为"抽奖.txt"，在其中输入全班同学名单（本例中只输入了10个同学的名字），参考效果如图8.1.10所示。

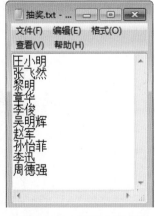

◆图8.1.10　建立文本文档

149

导入数据 按图8.1.11所示操作,将全班同学名单添加到列表中。

新建变量 新建3个变量,分别是"cj""cj1""cj2",分别用于存放每次产生的随机数、三等奖的序号、二等奖的序号,效果如图8.1.12所示。

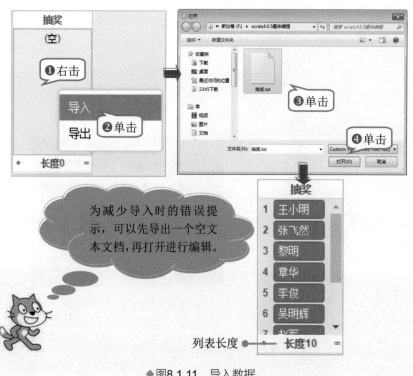

◆图8.1.11 导入数据　　　　　　　　　　　　　　◆图8.1.12 新建变量

Q 编写角色脚本

分别对2个角色编写脚本,实现提示后随机产生三等奖、二等奖、一等奖名单,并且名单之间不重复。

编写礼物盒角色脚本 单击"礼物盒",编写脚本,如图8.1.13所示。

设置事件响应 单击"Nano"角色,设置接收到广播消息开始执行脚本,程序如图8.1.14所示。

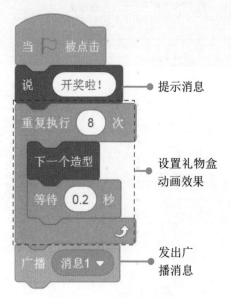

◆图8.1.13 礼物盒角色脚本　　　　　　◆图8.1.14 设置事件响应

抽三等奖脚本　编写抽取三等奖的脚本，脚本如图8.1.15所示。

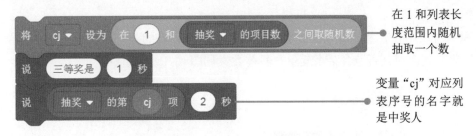

在 1 和列表长度范围内随机抽取一个数

变量"cj"对应列表序号的名字就是中奖人

◆图8.1.15　抽三等奖脚本

抽二等奖脚本　编写抽取二等奖的脚本，脚本如图8.1.16所示。

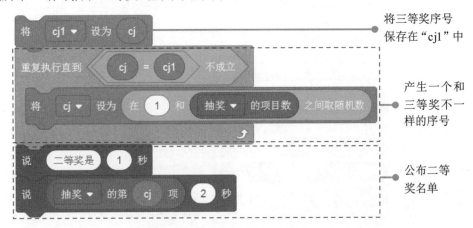

将三等奖序号保存在"cj1"中

产生一个和三等奖不一样的序号

公布二等奖名单

◆图8.1.16　抽二等奖脚本

抽一等奖脚本　编写抽取一等奖的脚本，脚本如图8.1.17所示。

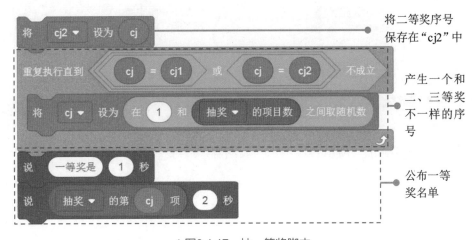

将二等奖序号保存在"cj2"中

产生一个和二、三等奖不一样的序号

公布一等奖名单

◆图8.1.17　抽一等奖脚本

保存文件　调试作品，选择"文件"→"保存到电脑"命令，保存作品。

♫ 智慧钥匙

1. 列表

编写程序的时候，有时需要对大量有共同特点的数据进行操作，比如查找或者修改班级所有同学的名字、成绩等，这时将名字和成绩用变量来表示就非常麻烦。Scratch提供了列表来解决这个问题。可以将所有的数据存放在列表里，每个数据对应着一个序号。对列表进行增加、删除数据操作，比如本例中随机抽取某个同学，可以通过随机抽一个序号，再显示该序号对应的姓名来实现。

2. 列表积木

通过列表积木可以删除或者增加列表内容，同时还可以将列表的某一项、某一项的编号、列表长度作为变量，还可以判断列表中是否包含某个变量，具体含义如图8.1.18所示。

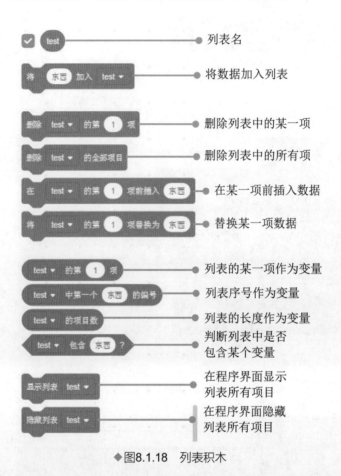

◆图8.1.18　列表积木

♫ 挑战空间

1. 试一试：请试着按图8.1.19所示操作增加列表内容，并想一想输入框边上的"×"有什么作用。

2. 完善程序：请试着增加名单人数，并将三等奖和二等奖都增加为两人，你能完成吗？

3. 脑洞大开：请你试着设计一个抽奖程序，每次抽奖会随机从"一等奖""二等奖""三等奖""四等奖""五等奖""六等奖"谢谢惠顾"中选择一个项。

◆图8.1.19　增加列表内容

节日礼物巧分配

微信扫码
看微课视频专项学
添加学习助手获取服务

六一节快到了，老师准备了一批小礼物送给全班同学，有笔记本、橡皮、圆珠笔、直尺等，每样数量不等。在分配礼物的时候老师犯愁了，每个同学喜欢的礼物不一样，要想让所有同学都能分配到礼物，且大家都没意见，怎么办呢？有同学提出来，可以设计一个程序，让礼物在屏幕上飞速滚动，同学们按键，出来是哪个就选择哪个，就当玩抽奖游戏，既能考眼力，也要看运气，这样对每个同学都公平。老师觉得这个主意很好，你能帮助老师完成这个程序吗？

♪♫ 体验空间

试一试

请运行本例"节日礼物巧分配.sb3"，玩一玩！玩的过程中，将每次抽到的礼物记在纸上，你有哪些发现呢？填一填！

• • • •

礼物出现的规律：_____

礼物是不是无限制出现：_____

能写出每种礼物的数量吗：_____

想一想

制作本例时，需要思考的问题，如图8.2.1所示。你还能提出怎样的问题？填在方框中。

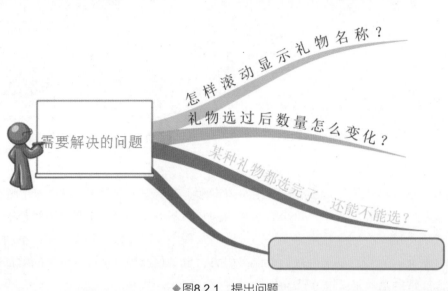

◆图8.2.1 提出问题

♪♪ 探秘指南

🖐 规划作品内容

制作本例，需要先知道礼物种类和数量，如表8.2.1所示。

表8.2.1 礼物数量表

礼物名称	礼物数量
笔记本	10
橡皮	5
圆珠笔	8
直尺	6

再选择舞台和角色，对角色编写脚本，实现单击"开始"按钮，屏幕会不停滚动显示礼物种类，直到按空格键，停止滚动，出现获得的礼物名称；如果某种礼物被选择完了，则后面不再出现此种礼物；下一名同学再次单击"开始"按钮继续选择，直到单击"退出"按钮停止整个程序。搭舞台、选角色的方法，以及相应的动作，如图8.2.2所示。

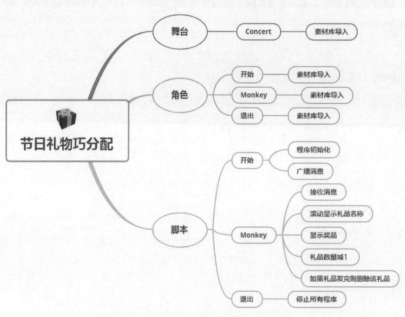

◆图8.2.2 "节日礼物巧分配"作品内容

构思作品框架

本例开始，单击 ▶ 图标时，程序初始化，将礼物种类和数量分别加入到列表中。单击"开始"按钮，广播消息，角色"Monkey"接收到消息后，滚动显示礼物名称，直到按空格键停止滚动，显示获得的礼物名称以及还剩余几个，如果该项礼物被抽完，后续将不再出现；下一名同学接着抽礼物，直到按"退出"按钮退出程序。相应的动作积木如图8.2.3所示。

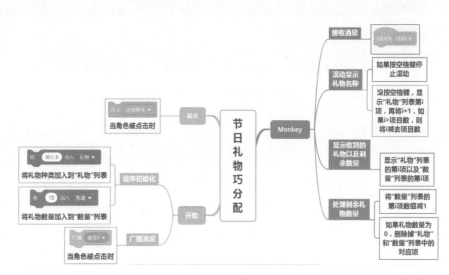

◆图8.2.3 "节日礼物巧分配"作品框架

梳理编程思路

本例中的关键问题有3个：一是如何让礼物名称滚动显示；二是礼物数量如何减少；三是礼物数量为0时，怎样让它不再出现。为解决这3个问题，先要建立合适的数据类型，本例中要显示和变化的数据包括礼物名称和数量，可以建立2个列表，分别存放礼物名称和礼物数量。

●问题一：如何让礼物名称滚动显示。建立"礼物"列表，将礼物名称放到列表中，然后建立一个变量i，让i从1变化到列表长度，显示列表第i项内容，如果列表项数大于列表长度时，则将i变为"i－列表长度"，直到按空格键停止滚动，如图8.2.4所示。

●问题二：礼物数量如何减少。建立"数量"列表，将"礼物"列表中对应礼物的数量存放进去。要注意对应礼物和数量的序号是相同的。每次选择一个礼物后，将对应"数量"列表中的数值减1，程序如图8.2.5所示。

●问题三：礼物数量为0时，怎样让它不再出现。礼物数量为0时，将对应的礼物名称和数量分别从"礼物""数量"列表中删除，如图8.2.6所示。

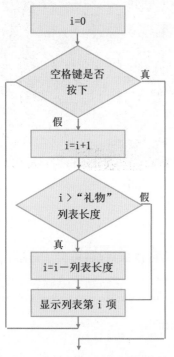

◆图8.2.4 滚动显示礼物名称

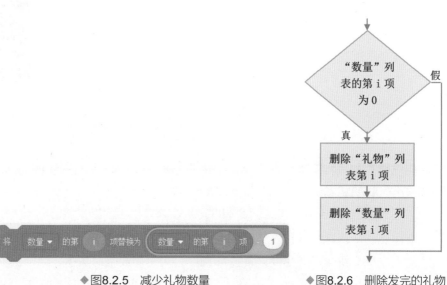

◆图8.2.5 减少礼物数量　　◆图8.2.6 删除发完的礼物

♫ 探究实践

🔍 准备背景和角色

先从素材库中导入舞台背景图，再从角色素材库中导入相应角色，放置在舞台合适位置，并调整其大小。

设置背景　新建项目，导入"Concert"背景图，设置为背景。

添加角色　删除默认"小猫"，添加"Monkey"角色，大小修改为"80"。

添加"开始"按钮　添加"Button2"角色，重命名为"开始"，选择"造型"，将造型编号2删除，在图形上添加文字"开始"，效果如图8.2.7所示。

添加"退出"按钮　添加"Button2"角色，重命名为"退出"，选择"造型"，将造型编号1删除，在图形上添加文字"退出"，效果如图8.2.8所示。

◆图8.2.7　"开始"按钮

◆图8.2.8　"退出"按钮

调整角色大小和位置　调整角色大小和位置到合适，舞台场景效果如图8.2.9所示。

◆图8.2.9　舞台场景效果

🔍 初始化程序

首先建立列表和变量，在程序初始化的时候，利用命令的方法输入列表内容，同时设置单击"开始"和"退出"时的脚本。

新建列表　新建2个列表，分别命名为"礼物"和"数量"，效果如图8.2.10所示。

建立变量　新建一个变量，命名为"i"，用于存放临时数据。

程序初始化　单击"开始"角色，编写单击 🏳 图标在列表中添加数据的程序，如图8.2.11所示。

◆图8.2.10 新建列表

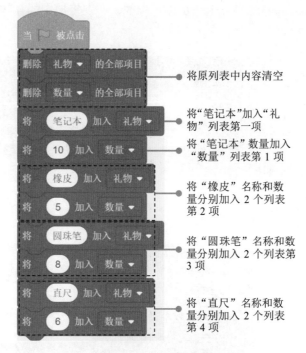

将原列表中内容清空

将"笔记本"加入"礼物"列表第一项

将"笔记本"数量加入"数量"列表第1项

将"橡皮"名称和数量分别加入2个列表第2项

将"圆珠笔"名称和数量分别加入2个列表第3项

将"直尺"名称和数量分别加入2个列表第4项

◆图8.2.11 程序初始化

编写按钮脚本 分别单击"开始"和"退出"按钮，编写广播消息和停止脚本，程序如图8.2.12所示。

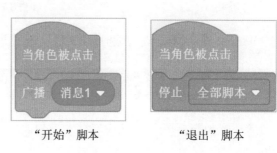

"开始"脚本　　　　　"退出"脚本

◆图8.2.12 编写按钮脚本

编写角色脚本

对"Monkey"角色编写脚本，实现滚动显示礼物名称，按空格键停止，显示抽中的礼物，并将数量减1，如果发完则删除礼物。

编写滚动显示脚本 单击"Monkey"角色，编写脚本，实现滚动显示，如图8.2.13所示。

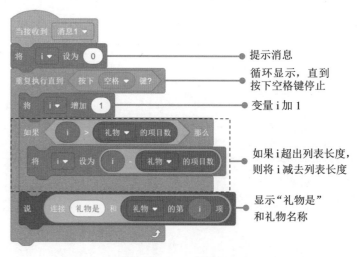

提示消息

循环显示，直到按下空格键停止

变量 i 加 1

如果 i 超出列表长度，则将 i 减去列表长度

显示"礼物是"和礼物名称

◆图8.2.13 滚动显示脚本

编写显示结果脚本　接着上一步编写脚本，实现将抽中的礼物数量减1，并显示抽中礼物名称和剩余数量，程序如图8.2.14所示。

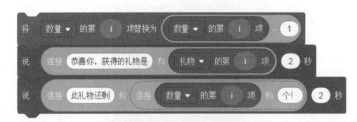

◆图8.2.14　显示结果脚本

编写删除列表项脚本　编写送完的礼物项从列表删除的脚本，如图8.2.15所示。

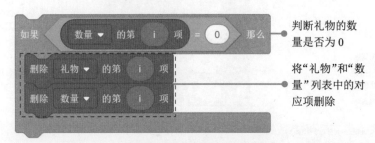

判断礼物的数量是否为0

将"礼物"和"数量"列表中的对应项删除

◆图8.2.15　删除列表项脚本

保存文件　调试作品，选择"文件"→"保存到电脑"命令，保存作品。

♫ 挑战空间

1. 试一试：请试着将礼物种类增加"小地球仪""练习本""文具盒"，想想程序中哪些需要改动的。

2. 完善程序：能不能在显示抽中礼物时，用图片来代替，并配上祝贺的声音。

3. 脑洞大开：请你试着设计一个四等分转盘，每一个区域是一个奖项，点击▶图标后指针旋转，按空格键停止，显示抽中的是几等奖，以及奖品是什么，程序界面如图8.2.16所示（提示：可以将"指针"或者"圆盘"角色进行造型变换，然后通过切换造型的方法转动；建立2个列表，分别存放奖项和对应的奖品名称）。

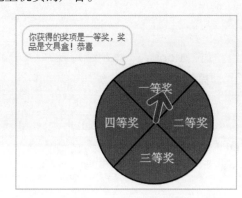

◆图8.2.16　作品效果图

词语填空大闯关

"（ ）心聚力""繁荣富（ ）""安（ ）乐业""国泰（ ）安"……这些词语中的空都能填出来吗？真棒，掌握了这么多的词语。能不能用Scratch编写一个程序，实现让可爱的Gobo随机抽取一个词语等你回答的功能呢？如果回答正确Gobo会表扬你哦，我们一起来试着完成这个程序吧。

♪♪ 体验空间

👋 试一试

请运行本例"词语填空大闯关.sb3"，玩一玩！玩的过程中，你有哪些发现呢？填一填！

• • • • •

每次填空的位置是一样吗：_____

如果回答正确程序会怎样：_____

如果回答错误提示什么：_____

👋 想一想

制作本例时，需要思考的问题，如图8.3.1所示。你还能提出怎样的问题？

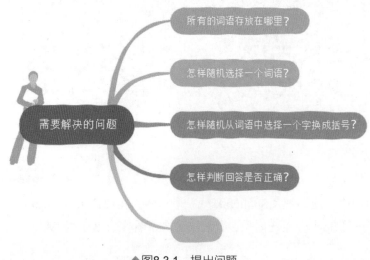

◆图8.3.1 提出问题

♪♪ 探秘指南

规划作品内容

制作本例，需要先将常用的词语放到列表里，再选择舞台和角色，对角色编写脚本，实现单击 "Gobo" 按钮，Gobo会说出一个词，其中要填空的字用括号代替，然后等你输入答案。如果回答的字和答案一样，则出示 "你真棒！" 结束程序；如果不一样，提示 "再想想！" 继续等待回答。随时可以单击退出按钮退出程序。搭舞台、选角色的方法，以及相应的动作，如图8.3.2所示。

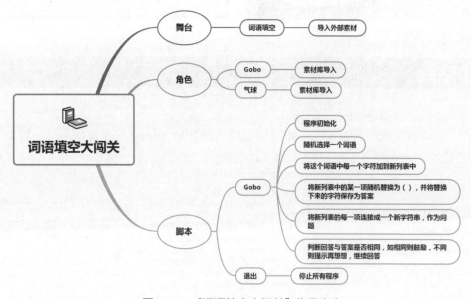

◆图8.3.2 "词语填空大闯关" 作品内容

构思作品框架

本例开始，新建列表和变量，单击 ▨ 图标时，程序初始化，随机从列表中选择一个词语，并将其中每一个字符添加到新的列表中，在新列表中随机选择一项替换为 "（ ）"，被替换的字符保存在变量 "答案" 中；再将新列表中的每一项连接起来，作为问题字符串显示，并等待回答，如回答和答案一样，则提示 "你真棒！" 退出程序；如和答案不一样，则提示 "再想想！" 继续等待回答。单击 "退出" 按钮，结束所有程序。相应的动作积木如图8.3.3所示。

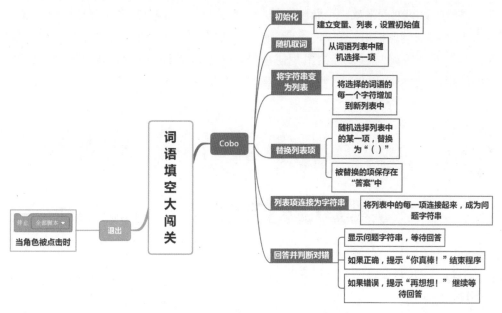

◆图8.3.3 "词语填空大闯关"作品框架

梳理编程思路

本例中的关键问题有5个：一是怎样随机取一个词语；二是如何将取得的词中每一个字符变为列表项；三是在新列表中随机选一个字符替换为"（）"，并将替换下来的字符保存；四是将替换后的列表组成一个新的字符串，作为问题；五是判断回答正确与否，并给出相应动作。为解决这些问题，先要建立合适的数据类型，编程前先要建立列表存放搜集到的所有词语，编者已经提供了常用词语的文本文件，你也可以自己搜集整理，还要建立一个列表"问题"，用于存放选择词语的每一个字符。再建立4个变量，其中"问题词语"和"答案"分别存放要填空的词语和括号内的正确答案；变量"i"和"j"分别存放程序中要用到的暂存数值。

●问题一：怎样随机取一个词语。首先让i随机取一个小于"常用词语"列表长度的数，再将变量"问题词语"设置为该列表中第i项，程序如图8.3.4所示。

●问题二：如何将取得的词中每一个字符变为列表项。将列表"问题"清空，按顺序将词的第一到最后一个字符加入到列表"问题"中。程序如图8.3.5所示。

●问题三：在新列表中随机选一个字符，替换为"（）"，并将替换下来的字符保存。首先要取一个随机数，然后在列表里找到这个随机数对应的字符，替换为"（）"，替换之前先要保存在"答案"里。如图8.3.6所示。

◆图8.3.4 随机取一个词语

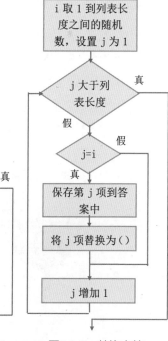

◆图8.3.5 将词变成列表 ◆图8.3.6 替换字符

● 问题四：将替换后的列表组成一个新的字符串，作为问题。首先要将"问题词语"设为空字符，将j设为1，再重复执行连接"问题词语"和列表的第j项，直到列表结束。如图8.3.7所示。

● 问题五：判断回答正确与否，并给出相应动作。出示问题词语并等待回答，如果回答正确，显示"你真棒！"退出程序；如果回答错误，提示"再想想！"继续显示问题词语，等待回答。如图8.3.8所示。

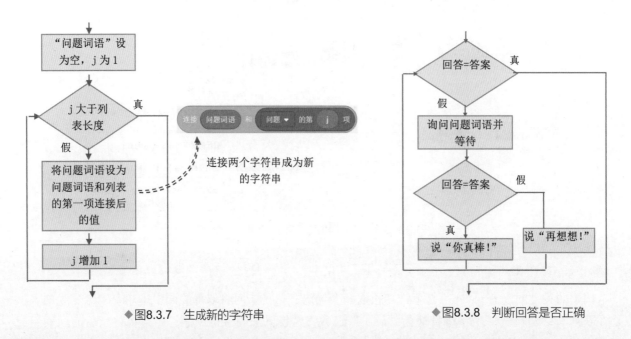

◆图8.3.7 生成新的字符串　　　　　　　　◆图8.3.8 判断回答是否正确

♫ 探究实践

准备背景和角色

先从外部素材中导入舞台背景图，再从角色素材库中导入相应角色，放置在舞台合适位置，并调整其大小。

设置背景　新建项目，从素材文件夹导入"词语填空背景"背景图，设置为背景。

添加角色　删除默认"小猫"，添加"Gobo"角色。

添加"退出"角色　添加"Balloon1"角色，重命名为"退出"，选择"造型"，将造型编号2、3删除，在图形上添加文字"退出"，效果如图8.3.9所示。

调整角色大小和位置　调整角色大小和位置到合适，舞台场景效果如图8.3.10所示。

◆图8.3.9 "退出"角色　　　　　　　　◆图8.3.10 舞台场景效果

初始化程序

按照前面的分析，首先建立列表和变量，将词语文本文件导入到列表中；在程序中设置变量初值。

新建列表和变量　新建2个列表，命名为"常用词语"和"问题"；新建4个变量，分别命名为"答案""问题词语""i""j"。效果如图8.3.11所示。

列表导入数据　按图8.3.12所示操作，将"常用词语.txt"中的词语导入到列表中。

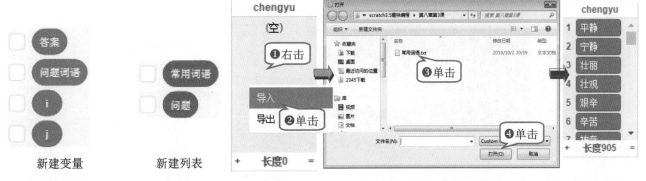

◆图8.3.11　新建列表、变量　　　　◆图8.3.12　列表导入数据

编写角色脚本

对"Gobo"角色编写脚本，实现随机出现词语填空，等回答后判断是否正确，再执行相应动作，如满足相应条件则退出程序。

随机取词　单击"Gobo"角色，编写单击▶图标后，程序实现在"常用词语"列表中随机取词功能，如图8.3.13所示。

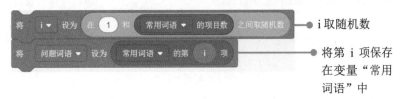

i取随机数

将第 i 项保存
在变量"常用
词语"中

◆图8.3.13　随机取词

字符转列表　接着上一步编写脚本，实现将取得的词语每一个字符转换为列表项，程序如图8.3.14所示。

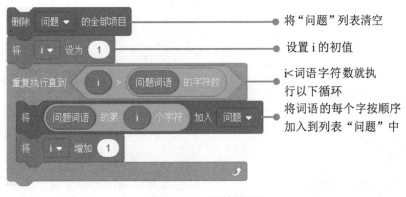

将"问题"列表清空

设置i的初值

i<词语字符数就执
行以下循环

将词语的每个字按顺序
加入到列表"问题"中

◆图8.3.14　字符转列表

随机替换字符 接上一步编写脚本，在列表"问题"中随机选择一项替换为"（）"，并将被替换的字符保存到变量"答案"中，如图8.3.15所示。

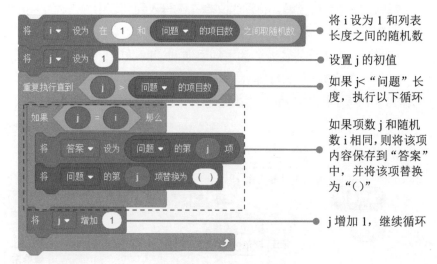

将 i 设为 1 和列表长度之间的随机数

设置 j 的初值

如果 j<"问题"长度，执行以下循环

如果项数 j 和随机数 i 相同，则将该项内容保存到"答案"中，并将该项替换为"（）"

j 增加 1，继续循环

◆图8.3.15 随机替换字符

列表转换为字符串 编写脚本，将"问题"列表中每一项连接为字符串，作为Gobo提出的问题，如图8.3.16所示。

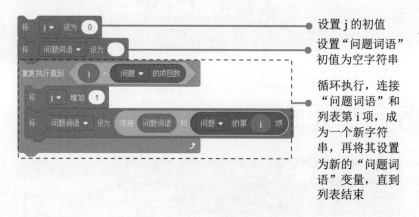

设置 j 的初值

设置"问题词语"初值为空字符串

循环执行，连接"问题词语"和列表第 i 项，成为一个新字符串，再将其设置为新的"问题词语"变量，直到列表结束

◆图8.3.16 列表转换为字符串

出示问题并等待回答 继续编写脚本，实现显示问题，并等待回答，根据回答执行相应动作，如图8.3.17所示。

编写退出脚本 单击"退出"角色，编写脚本，实现退出程序功能，如图8.3.19所示。

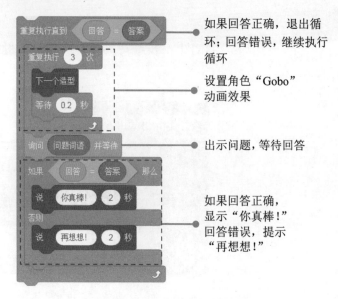

如果回答正确，退出循环；回答错误，继续执行循环

设置角色"Gobo"动画效果

出示问题，等待回答

如果回答正确，显示"你真棒！"回答错误，提示"再想想！"

◆图8.3.18 编写退出脚本

◆图8.3.17 出示问题并等待回答

保存文件　调试作品，选择"文件"→"保存到电脑"命令，保存作品。

♪♪ 挑战空间

1. 试一试：请试着将程序改写成只填第二个字。

2. 完善程序：能不能在程序中加入提示和得分功能，如果回答不出来，单击"提示"按钮，可以显示答案，每答对一题加10分，退出时显示总得分。

3. 脑洞大开：请你搜集一些常用诗句，制作一个给古诗填空的程序。

成语巧妙来接龙

中国的语言文字博大精深，其中最有代表性的就是成语，短短几个字当中浓缩了很多哲理故事、历史传说，你掌握了多少成语呢？现在我们一起来玩个小游戏，考考你："风，风调雨顺、顺手牵羊、羊肠小道、道听途说、说三道四……"看看这些成语都有什么特点？原来是成语接龙，每个成语的最后一个字就是下一个成语的第一个字。可爱的鹦鹉也想玩这个游戏，它出了一个字，你能接出什么成语来呢？

♫♫ 体验空间

🖐 试一试

请运行本例"成语巧妙来接龙.sb3"，玩一玩！玩的过程中，你有哪些发现呢？填一填！

● ● ● ● ●

字是不是随机出现的：＿＿＿＿＿＿＿＿＿＿＿＿＿＿＿＿＿＿＿＿＿＿＿＿＿

如果回答正确程序会怎样：＿＿＿＿＿＿＿＿＿＿＿＿＿＿＿＿＿＿＿＿＿＿＿

如果回答错误提示什么：＿＿＿＿＿＿＿＿＿＿＿＿＿＿＿＿＿＿＿＿＿＿＿＿

🖐 想一想

制作本例时，需要思考的问题，如图8.4.1所示。你还能提出怎样的问题？填在方框中。

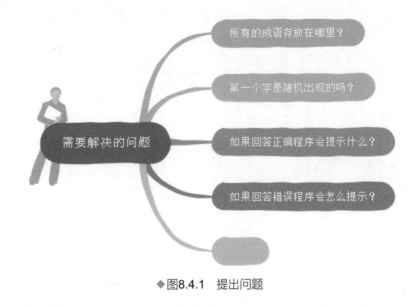

◆图8.4.1　提出问题

♫♫ 探秘指南

✋ 规划作品内容

制作本例，需要先将常用的成语放到列表里，再选择舞台和角色，对角色编写脚本，实现单击"鹦鹉"说一个字，然后提示你回答成语。如果回答的成语在列表中，则以成语的最后一个字继续提问；如果不在列表中，提示"请再想想！"继续等待回答；单击"退出"按钮或者列表中找不到对应成语，则结束程序。搭舞台、选角色的方法，以及相应的动作，如图8.4.2所示。

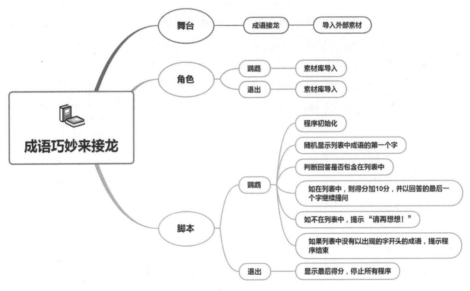

◆图8.4.2　"成语巧妙来接龙"作品内容

✋ 构思作品框架

本例开始，设置列表和变量，单击 ▶ 图标时，程序初始化，鹦鹉显示一个字等待回答，检测回答是否在列表中。如在列表中，则将得分加10分，并以回答的最后一个字继续提问；如不在列表中，则提示"请再想想！"如果列表中没有以这个字开头的成语或者单击"退出"，则结束本程序。相应的动作积木如图8.4.3所示。

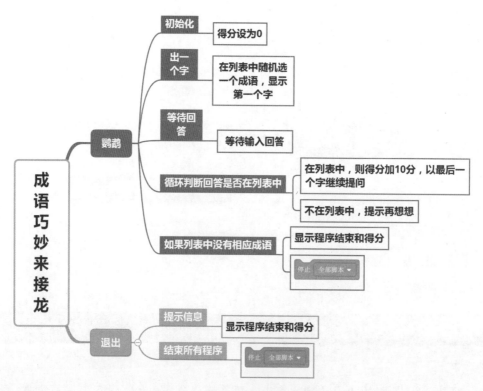

◆图8.4.3 "成语巧妙来接龙"作品框架

梳理编程思路

本例中的关键问题有3个：一是怎样随机取一个字；二是判断回答是否符合要求，符合要求或者不符合要求会执行什么操作；三是如何退出程序。为解决这3个问题，先要建立合适的数据类型，本例中要显示和变化的数据包括成语、得分、首字符。编程前先要建立列表存放搜集到的所有成语，编者已经提供了常用成语的文本文件，你也可以自己搜集整理；再建立2个变量，分别命名为"得分"和"字符"，存放游戏得分和要接龙的首字符；再建立一个变量"i"，存放读取列表序号的数值。

● 问题一：怎样随机取一个字。首先让i随机取一个小于成语列表长度的数，再将变量"字符"设置为列表中第i项的第一个字符。程序如图8.4.4所示。

● 问题二：判断回答是否符合要求，后续执行什么操作。在Scratch中提供了判断列表中是否包含某个元素的语句，利用此语句可以判断回答是否包含在列表中。如果在列表中，则得分加10，将变量"字符"设置为"回答"的第4个字符，循环继续判断；如果回答不在列表中，则提示"请再想想！"循环判断。程序如图8.4.5所示。

◆图8.4.4 随机取一个字

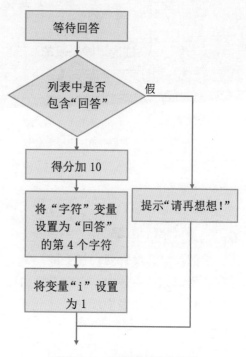

◆图8.4.5 判断是否符合要求

• 问题三：如果正确，怎样继续接下一个成语？如果回答正确，不仅要加分，改变变量"字符"的值，还要将变量i设置为1，在列表中循环查找是否有以这个字开头的成语。循环结束后，如果i>列表长度，则表示在列表中没有符合要求的成语，显示最终得分，退出程序；如果找到成语，则回到显示字符脚本，继续游戏。如图8.4.6所示。

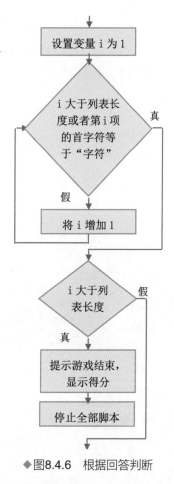

◆图8.4.6 根据回答判断

♬ 探究实践

Q 准备背景和角色

先从外部素材中导入舞台背景图，再从角色素材库中导入相应角色，放置在舞台合适位置，并调整其大小。

设置背景 新建项目，导入"成语接龙背景"背景图，设置为背景。

添加角色 删除默认"小猫"，添加"Parrot"角色，大小修改为"80"。

添加"退出"按钮 添加"Button2"角色，重命名为"退出"，选择"造型"，将造型编号2删除，在图形上添加文字"退出"，按钮表面填充绿色，如图8.4.7所示。

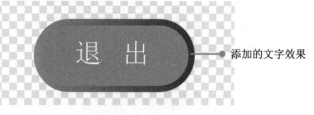

添加的文字效果

◆图8.4.7 "退出"按钮

调整角色大小和位置　调整角色大小和位置到合适，舞台场景效果如图8.4.8所示。

◆图8.4.8　舞台场景效果

初始化程序

按照前面的分析，首先建立列表和变量，将成语文本文件导入到列表中；在程序中设置变量初值。

新建列表和变量　新建列表，命名为"chengyu"；新建3个变量，分别命名为"i""得分""字符"，效果如图8.4.9所示。

列表导入数据　按图8.4.10所示操作，将"常用成语.txt"中的成语导入到列表中。

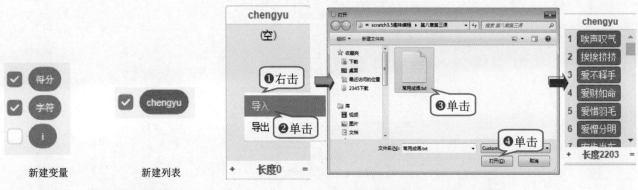

新建变量　　　　　新建列表

◆图8.4.9　新建列表、变量　　　　　◆图8.4.10　列表导入数据

程序初始化　单击"Parrot"角色，编写单击▶图标后程序初始化的语句，如图8.4.11所示。

变量"得分"初始值为 0

将变量 i 设为小于列表长度的随机数

将变量"字符"设为列表第 i 项的第一个字符

◆图8.4.11　程序初始化

编写角色脚本

对"Parrot"角色编写脚本，实现随机出现一个字，等回答后判断是否在列表中，再执行相应动作，如满足相应条件则退出程序。

显示字符　单击"Parrot"角色，在初始化程序的下面接着编写脚本，实现出示字符功能，如图8.4.12所示。

编写回答正确响应脚本　接着上一步编写如图8.4.13所示脚本，实现如果回答包含在列表中，得分加10，并且用回答的第4个字作为下一轮的起始字符。

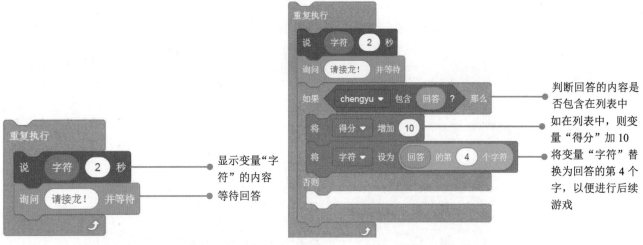

◆图8.4.12　显示字符　　　　　　　　　　◆图8.4.13　编写回答正确响应脚本

检测新字符开头的成语　接上一步编写如图8.4.14所示脚本，检测列表中有没有以新字符开头的成语，并执行相应动作。

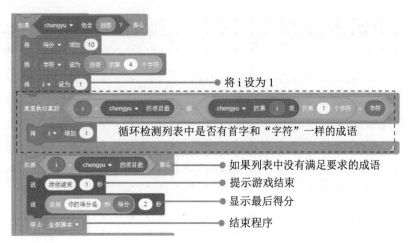

◆图8.4.14　检测列表

编写回答错误脚本　编写如图8.4.15所示脚本，实现回答不在列表中提示"请再想想！"的功能。

编写退出脚本　单击"button2"角色，编写如图8.4.16所示脚本，实现退出程序功能。

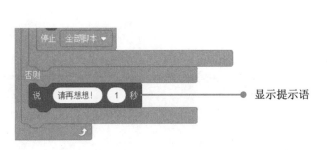
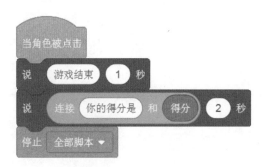

◆图8.4.15　编写回答错误脚本　　　　　　◆图8.4.16　编写退出脚本

保存文件　调试作品，选择"文件"→"保存到电脑"命令，保存作品。

♪♪ 智慧钥匙

1．字符和字符串

在Scratch中不仅仅可以对各种数值进行计算和处理，也可以对各种字符进行处理。这里的字符包括字母、数字、运算符号、标点符号、汉字和其他符号，在作为字符处理时，字母大小写是不一样的，而且每个字符只能是一个字母或者一位数字或者一个汉字等。如果是几个字母、几个数字、几个汉字连起来，我们称之为字符串。

2．字符串积木

编写程序的时候，有时需要对字符串进行处理。Scratch提供了4种字符串积木，如图8.4.17所示，能实现连接字符串、判断字符串中字符个数、字符串的第几个字符是什么等功能。

◆图8.4.17　字符串积木

♪♪ 挑战空间

1．试一试：请试着在列表中加入五字词或者六字词，能实现同样的功能吗？（提示：在替换"字符"变量时，不能是第4个字符，要用到 apple 的字符数 积木。）

2．完善程序：能不能在程序中加入提示功能，如果回答不出来，单击"提示"按钮，可以显示答案。

3．脑洞大开：请你试着设计一个人工智能问答程序，将答案放在列表里，根据问题自动回答。如问："你最喜欢的颜色是什么？"自动在颜色列表中选择答案回答。问："你的性别是什么？"在性别列表中选择回答。问："你今年是上几年级？"在年级列表中选择回答。你可以自行补充哦。

方其桂 等 著

思维导图学
Scratch ③
少儿趣味编程
下

化学工业出版社
·北京·

下册目录

叮叮咚咚真好听
——音乐

知道吗？运用Scratch演奏音乐是一件很简单的事情！无论是背景还是角色都可以演奏音乐！大胆展示创意，通过设置音阶、节拍以及各种声音效果，就可以给自己的动画添加各种背景音乐、声音特效，让作品变得更加酷炫！

本单元通过制作几个音乐作品实例学习音乐类积木的运用方法。一起发挥想象，让自己的音乐细胞在程序里跳跃吧！

◆美妙彩虹音乐盒　　　　◆我是小小演奏家　　　　◆蜗牛与黄鹂鸟MTV

美妙彩虹音乐盒

音乐盒悠扬的乐声，时常勾起人们对美好往事的回忆！瞧，这是一款彩虹音乐盒。彩虹桥上挂着的小小风铃，随着小球的跳跃、敲击，舞动着、歌唱着，多么美妙呀！一起来制作属于自己的音乐盒吧！

♪♪ 体验空间

试一试

请运行本例"美妙彩虹音乐盒.sb3"，玩一玩！玩的过程中，你有哪些发现呢？填一填！

• • • •

小球的动作：_____ 风铃被敲击时：_____

想一想

制作本例时，需要思考的问题，如图1.1.1所示。你还能提出怎样的问题？填在方框中。

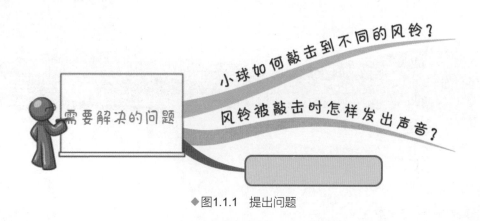

◆图1.1.1 提出问题

002

♪♪ 探秘指南

规划作品内容

制作本例，需要蓝天作为背景，选择"小球""风铃""彩虹"作为角色。搭舞台、选角色的方法，以及相应的动作，如图1.1.2所示。

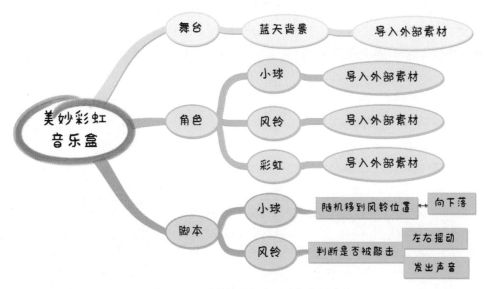

◆图1.1.2　"美妙彩虹音乐盒"作品内容

构思作品框架

本例开始，单击▶图标时，小球自由跳动，随机触碰不同的风铃。当触碰到风铃时，相应的风铃左右摆动，并发出悦耳的声音。美丽彩虹悬挂空中，装饰音乐盒。相应的动作积木如图1.1.3所示。

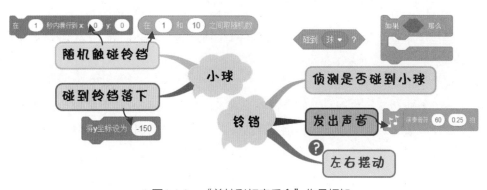

◆图1.1.3　"美妙彩虹音乐盒"作品框架

梳理编程思路

本例中关键的问题，一是实现风铃根据触碰条件弹奏音符和左右摆动；二是让小球能随机触碰其中的一个风铃。编程思路如图1.1.4所示。

● 问题一：通过条件语句进行判断，侦测是否碰到小球，条件成立时运用音乐类"演奏音符"积木发出声音。

● 问题二：拖动小球到每个风铃的触碰点，查看不同风铃触碰点的坐标值，分别存放在x，y列表中，然后用变量i读取x，y列表中的数据，随

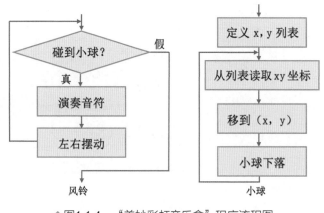

◆图1.1.4　"美妙彩虹音乐盒"程序流程图

机生成小球触碰风铃时的一组坐标。最后通过"移到x：…，y：…"积木，让小球随机触碰风铃。

♪♫ 探究实践

🔍 准备背景和角色

案例的背景图片从素材文件夹导入；小球、彩虹、风铃也从素材文件夹导入。其中还需要复制两个风铃，并进行编辑，创建2个不同颜色的风铃。

导入舞台背景　　新建项目，单击"上传背景"按钮，从素材文件中导入"蓝天"背景图，并删除空白背景。

添加新角色　　删除默认小猫，单击"上传角色"按钮，依次从素材文件夹中添加新的角色"小球""彩虹""风铃"，并修改其大小和位置。

复制编辑风铃　　复制2个"风铃"角色，并修改造型的颜色，舞台的效果和角色如图1.1.5所示。

◆图1.1.5　舞台角色效果

🔍 编写角色脚本

编写脚本让小球跳动，随机触碰到任意风铃；还需要编写脚本控制风铃碰小球后弹奏音符及左右摆动的动作。

查看触碰位置　　按图1.1.6所示操作，查看并记录小球触碰3个风铃位置的坐标。

新建列表　　新建列表x，y，用于存放小球触碰到风铃时的坐标，如图1.1.7所示。

新建变量　　新建变量i，用于标记x，y列表的项数。

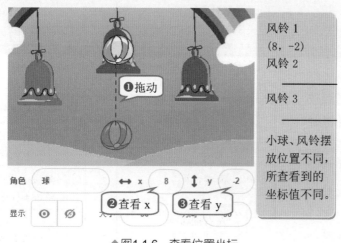

◆图1.1.6　查看位置坐标

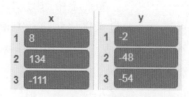

◆图1.1.7　新建列表

设置小球初始位置 选择小球，设置小球的初始位置，如图1.1.8所示。

设置小球随机触碰风铃 编写脚本，设置小球随机触碰风铃的动作，脚本如图1.1.9所示。

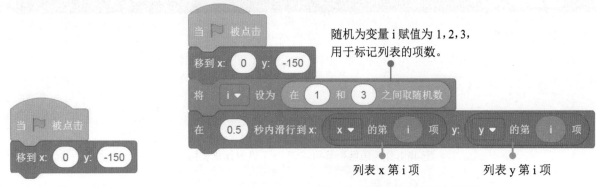

◆图1.1.8 设置小球初始位置　　　　　　　　　　　◆图1.1.9 设置小球随机触碰风铃

设置小球下落 添加设置y坐标积木，将小球下移，参考脚本如图1.1.10所示。

添加重复积木 添加重复积木，实现小球不停地跳跃，参考脚本如图1.1.11所示。

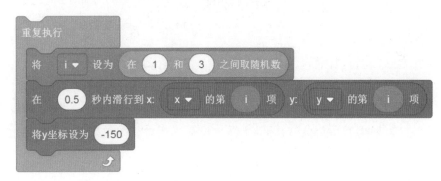

◆图1.1.10 设置小球下落　　　　　　　　　　　◆图1.1.11 添加重复积木

设置风铃方向 选中其中1个风铃，设置风铃初始方向，参考脚本如图1.1.12所示。

设置风铃动作 设置条件语句，实现碰到小球时，开始弹奏音符、左右摆动的效果，参考脚本如图1.1.13所示。

添加重复判断 为条件语句添加"重复执行"积木，实现对风铃反复侦测。

复制脚本 将编好的风铃脚本复制给其他2个风铃。

设置彩虹叠放顺序 选中彩虹，编写脚本，将"彩虹"角色移到最前方，脚本如图1.1.14所示。

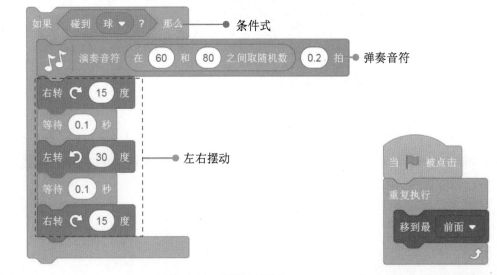

◆图1.1.12 设置风铃方向　　　　　　◆图1.1.13 设置风铃动作　　　　　　◆图1.1.14 设置彩虹叠放顺序

保存文件　调试作品，选择"文件"→"保存到电脑"命令，保存作品。

♪♪ 智慧钥匙

1. 音乐类积木

Scratch 3中，画笔、音乐演奏、视频侦测等积木属于扩展模块，用户需要点击"添加扩展"按钮才可以使用，其中常用的音乐演奏类积木有6种，功能如图1.1.15所示。

◆图1.1.15　音乐类积木

2. 相对动作和绝对动作

舞台是个480×360的矩形网格，其中心点是（0，0）。改变角色位置的方法，分为相对动作和绝对动作。绝对动作包括"移到x：…y：…""在…秒内滑行到…""将x坐标设为…""将y坐标设为…"等，它们能准确地把角色移到舞台的某个具体位置。相对动作包括"将x坐标增加…""将y坐标增加…""移动…步"等，它们是相对角色前一状态的位置进行改变。

♪♪ 挑战空间

1. 试一试：在"美妙彩虹音乐盒.sb3"案例中，试着为风铃添加积木，如图1.1.16所示，观察动画的效果有怎样的变化。

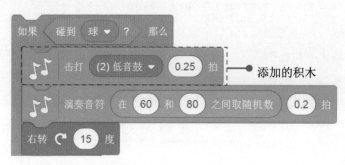

◆图1.1.16　试一试

2. 完善程序：试着修改"美妙彩虹音乐盒.sb3"程序，增加风铃的数量，让彩虹音乐盒更有趣。

3. 脑洞大开：运用音乐类积木，展开想像，编写小小鉴音师动画。动画效果：点击舞台不同的乐器，乐器发出相应美妙的声音。

第2课

我是小小演奏家

微信扫码
看微课视频专项学
添加学习助手获取服务

喜欢弹钢琴吗？瞧，这是一款简易的钢琴，当按下键盘上的不同的按键，就可以弹出美妙的音乐！一起来制作动画，并弹奏喜欢的音乐吧，让美妙的音乐围绕着你！让快乐围绕着你！让幸福围绕着你！

♪♫ 体验空间

试一试

请运行本例"我是小小演奏家.sb3"，玩一玩！玩的过程中，你有哪些发现呢？填一填！

● ● ● ●

我听到的音符：_____ 我看到的卡通音符：_____

想一想

制作本例时，需要思考的问题，如图1.2.1所示。你还能提出怎样的问题？填在方框中。

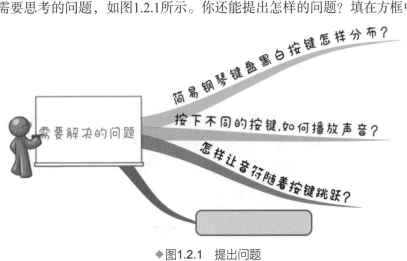

◆图1.2.1 提出问题

♪♪ 探秘指南

✋ 规划作品内容

制作本例，选用简洁的星空作为背景，根据钢琴键盘，绘制8个白键，5个黑键作为角色，另外导入"卡通音符"图片丰富动画内容。搭舞台、选角色的方法，以及相应的动作，如图1.2.2所示。

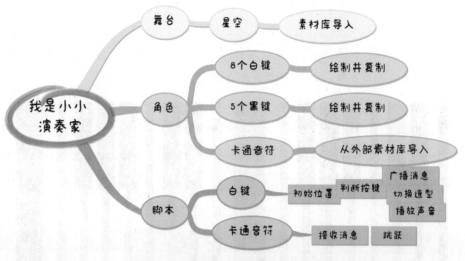

◆图1.2.2 "我是小小演奏家"作品内容

✋ 构思作品框架

本例开始，单击▶图标时，绘制好的钢琴按键整齐排列在舞台上。当按下键盘上"A、S、D、F、G、H、J、K"不同按键时，钢琴对应的按键就会切换造型，弹奏相应的音符，而且卡通音符角色也会在相应的按键上跳动。相应的动作积木如图1.2.3所示。

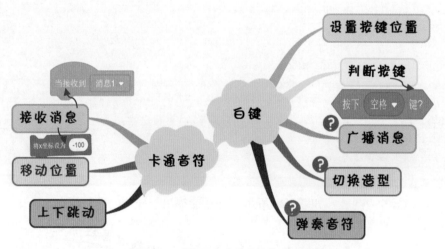

◆图1.2.3 "我是小小演奏家"作品框架

✋ 梳理编程思路

本例中关键的问题，一是通过键盘按键控制不同的钢琴键切换造型，并弹奏相应的音符，其中每个琴键的动作脚本相似；二是控制卡通音符在相应钢琴键上跳动。

●问题一：简易钢琴按键，由8个白键、5个黑键组成，如图1.2.4所示。每个白键动画效果相似，只是弹奏的音符不同。以"Do"键为例，开始时切换造型到1（即白色），判断按键A是否被按下，A按下，则切换造型2（黄色），然后"弹奏音符Do"；A没有按下，则切换回造型1（白键）。

● 问题二：当琴键演奏音符时，广播消息。通过广播不同的消息，控制"卡通音符"移到相应琴键上，并跳动。编程思路如图1.2.5所示。

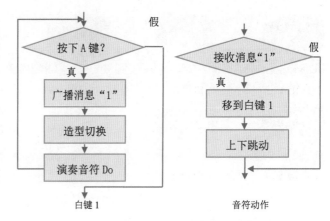

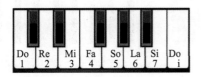

◆图1.2.4　简易钢琴按键分布

◆图1.2.5　"我是小小演奏家"程序流程图

探究实践

准备背景和角色

案例的背景图片选中星空背景，从背景素材库导入；白键和黑键可以绘制并复制完成，卡通音符从外部素材中导入。

　　导入舞台背景　新建项目，单击"选择一个背景"按钮，从素材库中导入"Stars"图片背景图，并删除空白背景。

　　绘制一个白键　删除默认小猫，单击"绘制"按钮，在造型编辑器，按图1.2.6所示操作，绘制白色的琴键。

　　添加角色造型　复制造型，并填充为黄色。

　　复制其他白键　修改角色名为"白键1"，再复制7个"白键"角色。

　　制作黑键　同样方法，制作5个黑键。

　　导入卡通音符　单击"上传角色"按钮，从素材文件夹中导入"卡通音符"角色。

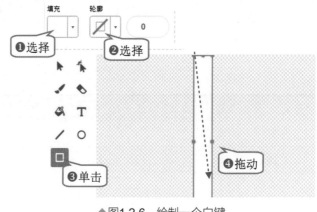

◆图1.2.6　绘制一个白键

编写角色脚本

每个琴键的脚本相似，主要实现的功能是设置琴键的位置，侦测按键切换造型，演奏音符。卡通音符主要是接收消息，移到相应的位置，跳动。

　　设置白键的位置　依次选中8个按键，编写脚本，设置白键在舞台上的位置，如图1.2.7所示。想一想，8个白键的坐标值有什么规律，为什么？

　　设置黑键位置　按类似的方法，设置黑色键的位置，效果如图1.2.8所示。

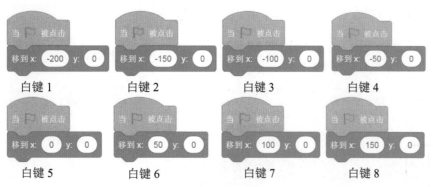

◆图1.2.7 设置白键位置

◆图1.2.8 设置黑键的位置

设置初始造型 依次选中每个琴键，添加"切换造型"积木，设置初始的造型为造型1，即白色或黑色。

设置弹奏"Do" 选中"白键1"，设置弹奏"Do"，脚本如图1.2.9所示。

设置其他白键 将脚本复制到其他白键，并修改相应的参数，演奏其他音符。相应修改的参数值，如下表所示。

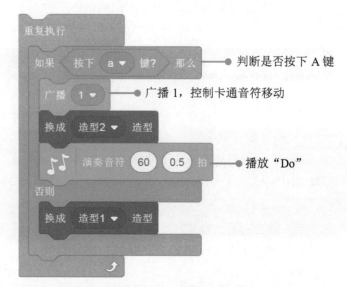

判断是否按下 A 键

广播 1，控制卡通音符移动

播放"Do"

◆图1.2.9 设置弹奏"Do"

项目	白键1	白键2	白键3	白键4	白键5	白键6	白键7	白键8
按键	A	S	D	F	G	H	J	K
广播	1	2	3	4	5	6	7	8
音符参数	60	62	64	65	67	69	71	72

定义音符跳动 选中"卡通音符"角色，定义"跳动"积木，如图1.2.10所示。

设置演奏"Do"动画 选中卡通音符，添加条件语句，设置演奏"Do"时，"卡通音符"的动画脚本如图1.2.11所示。

完成其他位置 复制脚本，并修改x坐标参数，实现演奏其他音符时，"卡通音符"移到相应键位的效果。对应坐标值参考如下表所示。

◆图1.2.10 定义音符跳动

移到白键 1 上

调用积木，上下跳动

◆图1.2.11 设置演奏"Do"动画效果

接收消息	1	2	3	4	5	6	7	8
x坐标	−200	−150	−100	−50	0	50	100	150

保存文件　调试作品，选择"文件"→"保存到电脑"命令，保存作品。

♪♪ 智慧钥匙

1. 相关音乐知识

Scratch音乐积木涉及的音乐知识，包括音符、节拍、演奏速度等。

音符：用来记录不同长短的音的进行符号。常见的音符有全音符、二分音符、四分音符、八分音符等。

节拍：循环出现的小节或拍子等表现出的模式和重音位置。音的长短是在音符后面或下面加短横线来表示的。

演奏速度：音乐演奏速度可以用每分钟节拍数来衡量。

音名和唱名：钢琴键盘上的白键和黑键是按照固定规律排列的，每个键上固定高度的音就是音名。现代音乐用七个英文字母 C、D、E、F、G、A、B（或其小写）来标记音名。唱名是指在演唱旋律时为方便唱谱而采用的名称。当"1=C"时，音名和唱名的对照关系，如图1.2.12所示。

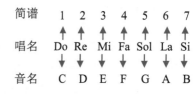

◆图1.2.12　音名与唱名对照

2. 音符参数与数字对照表

Scratch音乐类积木"演奏音符…拍"用于演奏音符，演奏的音符用数字表示，数字和钢琴键盘的键是一一对应的。音符参数与数字的对照表如下表所示。

项目	Do	Re	Mi	Fa	Sol	La	Si
低音	（48）C	（50）D	（52）E	（53）F	（55）G	（57）A	（59）B
中音	（60）C	（62）D	（64）E	（65）F	（67）G	（69）A	（71）B
高音	（72）C						

♪♪ 挑战空间

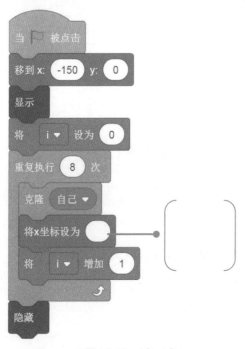

◆图1.2.13　试一试

1. 试一试：如图1.2.13所示的脚本要实现的效果是：8只小猫"士兵"整齐划一地站成一排，其中每2只小猫的间隔相同。请试着补充程序，并上机验证。

2. 完善程序：试着修改"我是小小演奏家.sb3"程序，设置黑色按键的脚本，实现弹奏高音的效果。

3. 脑洞大开：试着按图1.2.14所示的乐谱编写"小星星"乐曲并播放。

◆图1.2.14　"小星星"简谱

蜗牛与黄鹂鸟MTV

歌声是童年永恒的主题！"阿门阿前一棵葡萄树……"一定听过这首儿歌吧！歌曲旋律轻松活泼，歌词生动有趣，让我们充满欢乐和幸福。一起来制作蜗牛与黄鹂鸟MTV，唱响欢乐的童年吧！

♪♫ 体验空间

🖐 试一试

请运行本例"蜗牛与黄鹂鸟MTV.sb3"，玩一玩！玩的过程中，你有哪些发现呢？填一填！

• • • •

MTV的画面分成：＿＿＿＿＿＿＿＿＿＿＿　　我发现每个画面中角色：＿＿＿＿＿＿＿＿＿＿＿

🖐 想一想

制作本例时，需要思考的问题，如图1.3.1所示。你还能提出怎样的问题？填在方框中。

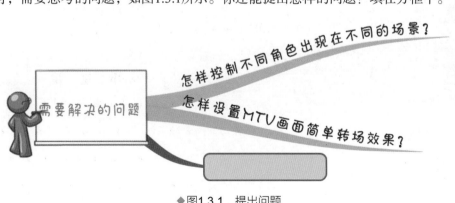

◆图1.3.1　提出问题

♪♪ 探秘指南

规划作品内容

本例有不同的场景图，包括MTV封面、歌词场景、封底等；角色包括黄鹂鸟、蜗牛主角，还包括叶子、葡萄，播放、返回按钮。根据画面，还需要歌曲，本例通过音频编辑软件将歌曲MP3裁剪成6句，分别为"前奏.mp3""第1句.mp3"等，编辑好依次导入。搭舞台、选角色的方法，以及相应的动作，如图1.3.2所示。

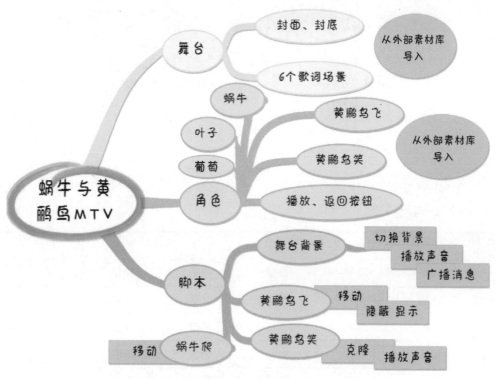

◆图1.3.2 "蜗牛与黄鹂鸟MTV"作品内容

构思作品框架

本例开始，单击🚩图标时，呈现MTV封面背景，黄鹂鸟自由飞翔。封面左下角有播放按钮，单击按钮，开始播放MTV。MTV每句播放结束，切换背景。根据不同的背景，不同角色会显现或隐藏，做出不同的动作。相应的动作积木如图1.3.3所示。

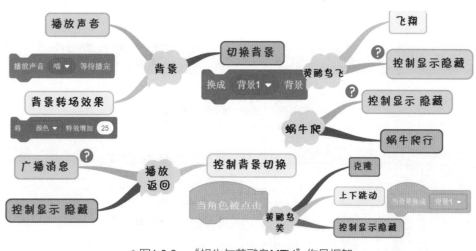

◆图1.3.3 "蜗牛与黄鹂鸟MTV"作品框架

 **梳理编程思路**

本例中关键的问题，一是设置MTV动画背景切换；二是控制角色在不同背景上的表演动作；三是背景转场特效制作。

● 问题一：实现MTV动画背景切换可以有多种方法。本例选择如图1.3.4所示2种，一是通过单击角色"播放""返回"按钮，广播消息，切换背景；二是通过声音播放完毕后，切换下一背景实现。

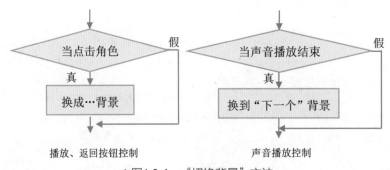

◆图1.3.4 "切换背景"方法

● 问题二：动画中的每个角色根据不同的背景，选择隐藏或显示，并做相应的动作。这里要规划在每个背景下，角色的状态和动作，如下表所示。

项 目	黄鹂鸟飞	黄鹂鸟笑	蜗牛	叶子	葡萄	播放	返回
封 面	飞翔	隐藏	隐藏	隐藏	隐藏	显示	隐藏
前 奏	飞翔	隐藏	隐藏	隐藏	隐藏	隐藏	隐藏
第 1 句	隐藏	隐藏	隐藏	摇摆	隐藏	隐藏	隐藏
第 2 句	隐藏	隐藏	爬行	隐藏	隐藏	隐藏	隐藏
第 3 句	隐藏	摇摆	隐藏	隐藏	隐藏	隐藏	隐藏
第 4 句	飞翔	隐藏	爬行	隐藏	隐藏	隐藏	隐藏
第 5 句	隐藏	隐藏	爬行	隐藏	摇摆	隐藏	隐藏
封 底	飞翔	隐藏	隐藏	隐藏	隐藏	隐藏	显示

● 问题三：动画中背景切换的简单转场效果，可以通过外观类"亮度"特效积木重复增加、减少背景的亮度来实现。

♫♫ 探究实践

🔍 准备背景和角色

案例中的背景图片以及角色可以直接导入编辑好的外部素材。这里需要添加声音。每段音乐通过音频编辑软件截取，并导入。

导入舞台背景 新建项目，单击"选择背景"按钮，依次从素材文件夹导入"封面""前奏""歌词""封底"背景图，并删除空白背景，背景排列如图1.3.5所示。

添加角色　删除默认小猫，单击"选择角色"按钮，导入"黄鹂鸟飞""黄鹂鸟笑""蜗牛"等角色，角色的造型和造型个数如图1.3.6所示。

◆图1.3.5　舞台背景效果

◆图1.3.6　动画中角色的造型

导入声音　选中"背景"，按图1.3.7所示，依次导入"前奏"以及每句歌词声音。

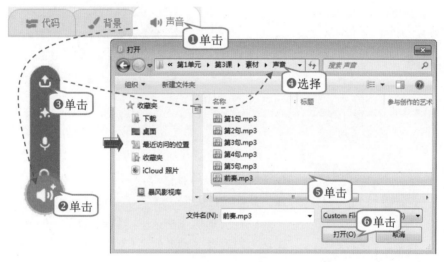

◆图1.3.7　导入声音

编写角色脚本

背景要实现播放声音，切换背景以及设置转场效果。角色一是要根据不同背景设置隐显状态；二是根据背景，或摇摆，或移动，或广播消息。

设置控制按钮　分别选中"播放""返回"角色，添加广播消息，控制歌曲播放。脚本如图1.3.8所示。
新建变量和列表　添加变量i与列表"歌词"，控制唱第几句，列表数据如图1.3.9所示。

◆图1.3.8　设置控制按钮　　　◆图1.3.9　新建列表

设置音乐播放　选中背景,设置歌词播放,参考脚本如图1.3.10所示。

设置背景转场效果　选中背景,添加脚本,设置转场效果,脚本如图1.3.11所示。

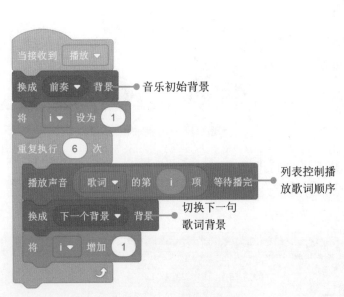

◆图1.3.10　设置音乐播放

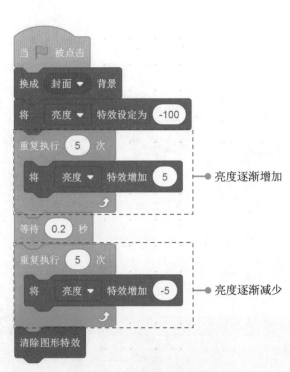

◆图1.3.11　设置背景转场效果

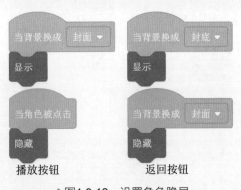

播放按钮　　　　　　返回按钮

◆图1.3.12　设置角色隐显

设置角色隐显　分别选中每个角色,根据规划分析,设置其在各背景下的隐显状态,如图1.3.12所示的脚本用于控制按钮隐显。其他角色类似。

设置黄鹂鸟飞　选中"黄鹂鸟飞"角色,添加脚本,实现黄鹂鸟飞翔效果,脚本如图1.3.13所示。

设置黄鹂鸟笑　选中"黄鹂鸟笑"角色,设置黄鹂鸟笑的效果,脚本如图1.3.14所示。

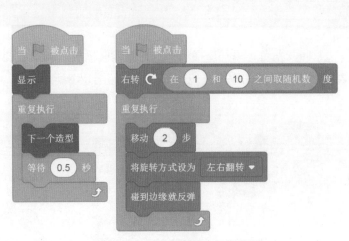

◆图1.3.13　设置黄鹂鸟飞翔效果

◆图1.3.14　设置黄鹂鸟笑的效果

设置蜗牛位置　选中"蜗牛"角色，编写脚本，设置不同歌词背景下蜗牛的位置，脚本如图1.3.15所示。

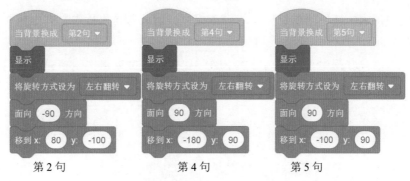

第2句　　　　　　　第4句　　　　　　　第5句

◆图1.3.15　设置蜗牛的位置

设置蜗牛爬动　添加"蜗牛"爬行动作，脚本如图1.3.16所示。
定义其他角色　同样思路，设置"葡萄""叶子"摇摆动作，脚本如图1.3.17所示。

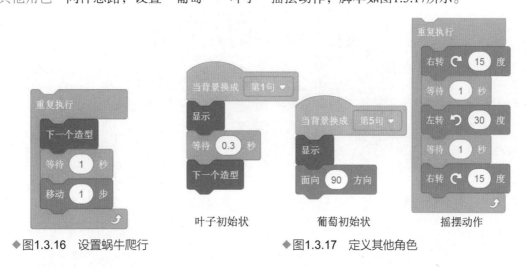

叶子初始状　　　　葡萄初始状　　　　摇摆动作

◆图1.3.16　设置蜗牛爬行　　　◆图1.3.17　定义其他角色

保存文件　调试作品，选择"文件"→"保存到电脑"命令，保存作品。

♫ 智慧钥匙

1. 外观特效的运用

制作动画时，可以使用一些特效来增加作品的真实度和美感。Scratch提供"将颜色特效增加…"和"将颜色特效设定为…"两块积木。单击积木下拉菜单，可以看到有"颜色""亮度""超广角"等7种特效效果。灵活运用它们，可以用来设置和变换舞台区特效。比如本案例中，背景转场效果就是运用了亮度特效变化，显示忽明忽暗的效果。

2. 声音剪辑

Scratch中提供了声音剪辑的功能，可以实现修剪，调节音量、速度等功能，如图1.3.18所示。

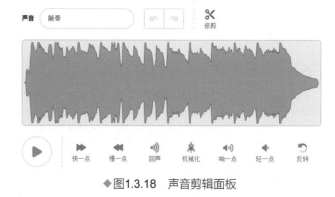

◆图1.3.18　声音剪辑面板

挑战空间

1. 试一试：案例中，蜗牛在不同场景移动的脚本相似，请试着简化程序，并上机验证。提示：将相同的脚本段定义为新积木。

2. 完善程序：试着修改"蜗牛与黄鹂鸟MTV.sb3"程序，通过克隆实现多只黄鹂鸟的效果。参考脚本如图1.3.19所示。

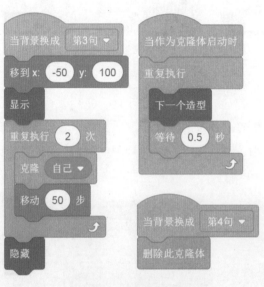

◆图1.3.19 试一试

3. 脑洞大开：创意设计制作儿歌"两只老虎"MTV，并与朋友分享。

第 2 单元

奇妙图形创意画
——美术

喜欢画图吗? Scratch中藏有一支神奇的画笔,可以设置笔的粗细、笔的颜色,还可以设置图章等效果。运用画笔类积木,再结合动作、外观等积木功能就可以在舞台上创建出既好看又奇妙的图形。

本单元通过绘制多个美丽的图案,掌握画笔类积木的运用方法。让我们一起发挥想象,体验绘图乐趣,开始属于自己的绘画创作之旅吧!

◆绘制神秘的花园　　　　◆编织五彩蜘蛛网　　　　◆缤纷烟花印星空

第1课

绘制神秘的花园

春天是个美丽的季节，花园里的花朵竞相开放，争奇斗艳。在神秘的花园里，每次按下空格，一朵朵漂亮的花朵便慢慢绽放，将花园装扮得生机盎然，美不胜收。瞧，将鼠标移到花园的不同位置，按下空格键，花园就会发生美妙的变化！你想拥有这样神秘的花园吗？一起来绘制吧！

♫♪ 体验空间

👋 试一试

请运行本例"绘制神秘的花园.sb3"，玩一玩！玩的过程中，你有哪些发现呢？填一填！

• • • •

将鼠标指针移到舞台某位置，按下空格键：＿＿＿＿＿＿＿＿＿＿＿＿＿＿＿＿＿＿＿＿

花的形状、颜色：＿＿＿＿＿＿＿＿＿＿＿＿＿＿＿＿＿＿＿＿＿＿＿＿＿＿＿＿＿

👋 想一想

制作本例时，需要思考的问题，如图2.1.1所示。你还能提出怎样的问题？填在方框中。

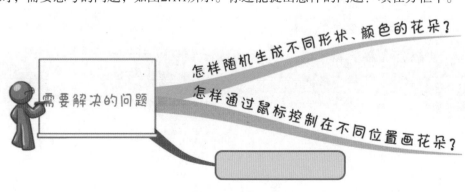

◆图2.1.1 提出问题

♪♫ 探秘指南

规划作品内容

制作本例，背景非常简洁，从背景素材库导入蓝天背景。选择"小猫""草地"作为角色。其中猫是隐藏的画笔，不显示；草地角色起装饰作用，用于遮挡"花茎"，让每朵花高矮不一，更生动漂亮。搭舞台、选角色的方法，以及相应的动作，如图2.1.2所示。

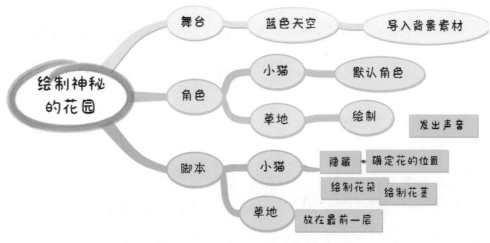

◆图2.1.2 "绘制神秘的花园"作品内容

构思作品框架

本例开始，单击 ⬛ 图标后将鼠标指针移到舞台的任意位置。此时按下空格键，在鼠标指针的位置就会绽放一朵漂亮的花。每朵花由花朵和花茎组成。按同样的方法，可以在舞台不同位置生成颜色、形状各异的花，装扮出花团锦簇的花园。相应的动作积木如图2.1.3所示。

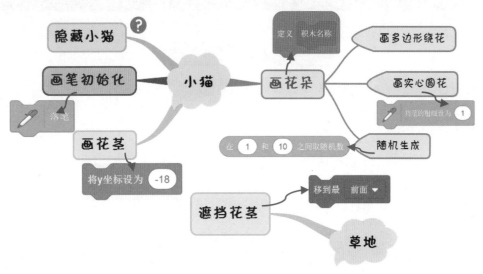

◆图2.1.3 "绘制神秘的花园"作品框架

梳理编程思路

本例中关键的问题，一是设置画图的初始状态；二是确定花的位置；三是随机生成不同形状、颜色的花朵。

●问题一：画图准备包括清除屏幕笔迹，并准备好画笔，设置其颜色、粗细以及考虑绘图的起点及方向等。运用到的积木属于画笔类积木，如图2.1.4所示。

● 问题二：花的位置，由鼠标指针决定。解决方法是重复侦测鼠标指针的坐标值，当按下空格键时，移动花朵到鼠标指针的位置。

● 问题三：随机生成很多朵不同形状、颜色的花。花朵分成2种，一种是实心圆花朵，另一种是多边形花朵。实心圆花朵只需调整画笔的粗细，即可以画出大小不同的实心圆。多边形绕花则是由若干多边形旋转组成的，可以运用重复嵌套的方法。程序思路如图2.1.5所示。为了简化程序，分别定义画实心圆花和正多边形绕花的积木，将大问题分解成几个小问题，逐一解决。

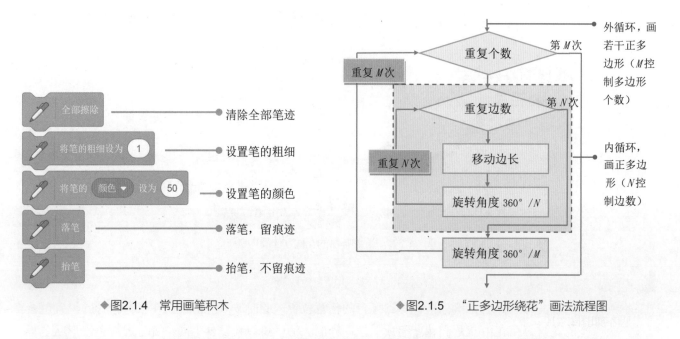

◆图2.1.4　常用画笔积木　　　　　　　◆图2.1.5　"正多边形绕花"画法流程图

♫♪ 探究实践

🔍 准备背景和角色

案例的背景图片简单，导入纯蓝色天空背景；绘制草地角色，用于遮挡绘制好的花朵。默认小猫用于编写脚本，不显示。

导入舞台背景　新建项目，单击"选择背景"按钮，从背景素材中导入"Blue Sky 2"背景图，并删除空白背景。

设置小猫状态　选中小猫角色，修改角色名，按图2.1.6所示操作，在角色信息区设置小猫"不显示"，隐藏小猫。

绘制草丛　打开造型编辑器，按图2.1.7所示操作顺序绘制草丛角色。

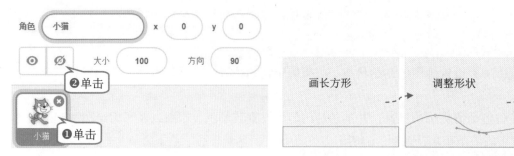

◆图2.1.6　设置小猫状态　　　　　　　◆图2.1.7　草丛绘制顺序

🔍 编写角色脚本

为小猫添加脚本，设置画笔初始状态，并能绘制各种各样的花朵。设置脚本，让草地一直遮挡在绘制好的花朵前面。

设置画笔初始化　设置画笔初始状态，脚本如图2.1.8所示。

定义画实心圆　定义"画实心圆"新积木，参考脚本如图2.1.9所示。

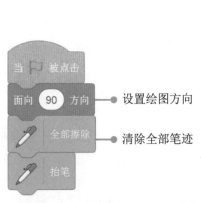

设置绘图方向

清除全部笔迹

◆图2.1.8　设置画笔初始化状态

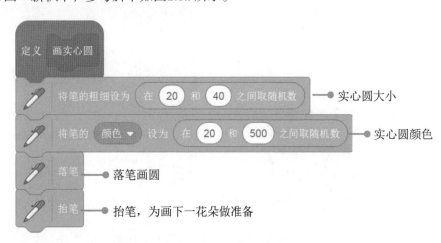

实心圆大小

实心圆颜色

落笔画圆

抬笔，为画下一花朵做准备

◆图2.1.9　定义画实心圆

定义画花茎　定义"画花茎"新积木，参考脚本如图2.1.10所示。

定义正多边形绕花　定义"正多边形绕花"新积木，参考脚本如图2.1.11所示。

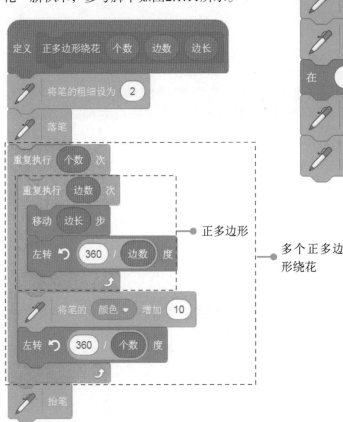

正多边形

多个正多边形绕花

◆图2.1.11　定义画正多边形绕花

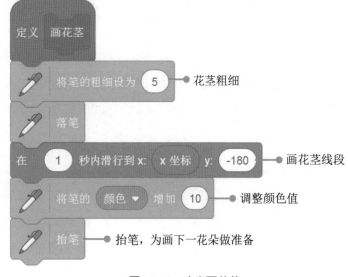

花茎粗细

画花茎线段

调整颜色值

抬笔，为画下一花朵做准备

◆图2.1.10　定义画花茎

新建变量　新建变量"形状"，用于选择绘制"实心圆""正多边形绕花"。
设置画花位置　添加开始画图的脚本，设置画花的位置，脚本如图2.1.12所示。
选择花的形状　添加条件语句，选择花的形状，参考脚本如图2.1.13所示。

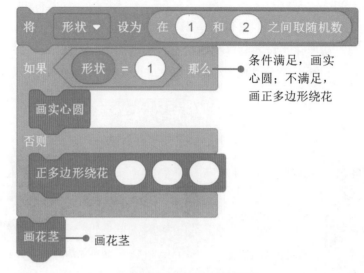

条件满足，画实
心圆；不满足，
画正多边形绕花

画花茎

◆图2.1.12　设置画花的位置　　　　◆图2.1.13　选择花的形状

设置随机数　添加随机数，随机绘制不同正多边形绕成的花，如图2.1.14所示。
设置草地脚本　选中草地，编写脚本，实现遮挡花朵的效果，脚本如图2.1.15所示。

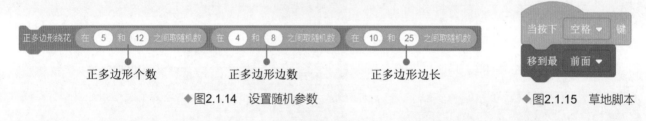

正多边形个数　　　　　正多边形边数　　　　　正多边形边长

◆图2.1.14　设置随机参数　　　　　　◆图2.1.15　草地脚本

保存文件　调试作品，选择"文件"→"保存到电脑"命令，保存作品。

♪♪ 智慧钥匙

1. 角色图层的运用

外观中的"前移…层""移到最…"积木，会影响角色在舞台上的叠放顺序，它决定了角色在重叠区域优先显示哪个角色。在案例中，灵活运用角色图层关系，可以构建出不同的场景效果。例如本例中，草地角色添加"移到最前面"可以让草地遮盖花朵，实现每朵花花茎长短不一的效果。

2. 问题分解

解决较复杂的问题，需要将其分解成许多小的子问题，然后分别解决并独立测试每个子问题，最后将这些子问题整合在一起，从而解决最初的问题。比如，本例中，将画花园的任务分解为"画实心圆""画正多边形绕花""画花茎"几个程序，再整合在一起解决问题，让程序更清晰、简洁。

♪♪ **挑战空间**

1. 试一试：修改如图2.1.16所示画正多边形脚本中的参数值，观察运行结果，并说说自己的发现。

2. 完善程序：试着修改"绘制神秘的花园.sb3"脚本，增加一种花朵的形状，将花园装扮得更加漂亮。

3. 脑洞大开：试着编写程序，绘制如图2.1.17所示的花朵。

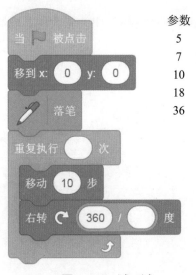

参数
5
7
10
18
36

◆图2.1.16 试一试　　　　◆图2.1.17 五彩花朵

第2课

编织五彩蜘蛛网

小蜘蛛是动物界的织网高手，它可以在两个相距很远的物体间织一张大网。蜘蛛不断地吐丝，精巧结网，不仅把工艺做到了极致，而且一气呵成，令人叫绝！"蜘蛛网"也被称为自然界由动物自主建造的，让人类叹为观止的杰作。一起来学习蜘蛛编织五彩蜘蛛网。

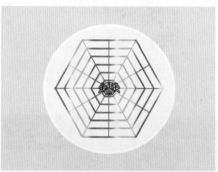

♫♪ 体验空间

✋ 试一试

请运行本例"编织五彩蜘蛛网.sb3"，玩一玩！玩的过程中，你有哪些发现呢？填一填！

• • • •

按下空格键，绘制的图形：＿＿＿＿＿＿＿＿＿＿＿＿＿＿＿＿＿＿＿＿＿＿＿＿

蜘蛛网由＿＿＿＿＿个＿＿＿＿＿图形组成。

✋ 想一想

制作本例时，需要思考的问题，如图2.2.1所示。你还能提出怎样的问题？填在方框中。

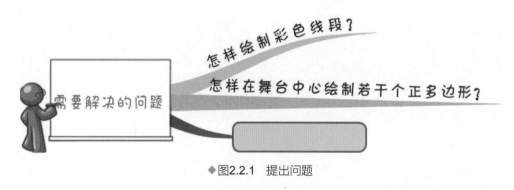

◆图2.2.1　提出问题

♪♪ 探秘指南

🖐 规划作品内容

制作本例，背景是一浅色圆形，作为蜘蛛绘图区域。选择"蜘蛛"角色作为绘制五彩网的主角。搭舞台、选角色的方法，以及相应的动作，如图2.2.2所示。

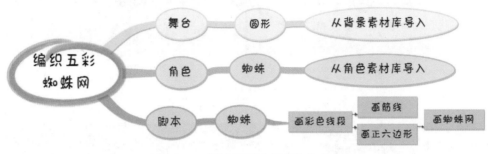

◆图2.2.2 "编织五彩蜘蛛网"作品内容

🖐 构思作品框架

本例开始，单击▶图标，输入画蜘蛛网的边长值，便可在舞台的中心画出彩色的蜘蛛网。蜘蛛网由若干个同心的正六边形组成，其边长等差递减。筋线由舞台中心外延，连接到正多边形的顶点和边。相应的动作积木如图2.2.3所示。

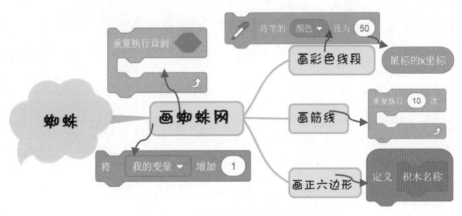

◆图2.2.3 "编织五彩蜘蛛网"作品框架

🖐 梳理编程思路

本例中关键的问题，一是绘制彩色的线段；二是以舞台的中心为中心点绘制同心的正六边形；三是绘制彩色的筋线。

● 问题一：彩色线段由若干个步长为1、颜色不同的线段连接而成。将笔的颜色值设为x坐标值，这样每移动1步，其颜色值就发生变化，生成彩色的线条。

● 问题二：若干个同心正六边形关系如图2.2.4所示。试着找一找规律，不难发现每个正六边形画法的相似：正六边形均从舞台的中心出发，移至正六边形顶点绘制六边形。然后用同样的方法绘制下一个正六边形。这里也可以运用定义新积木的方法来简化程序。

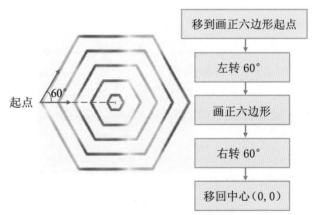

◆图2.2.4 "正六边形"画法思路

● 问题三：蜘蛛网的筋线有2组，如图2.2.5所示。每组筋线都由6条彩色线段组成。第1组线段的长与正六边形的边长相等，第2组线段的长可以通过直角三角形的边长关系进行计算。

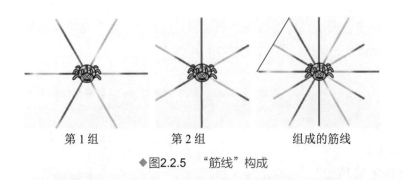

第1组　　　　第2组　　　　组成的筋线

◆图2.2.5　"筋线"构成

♪♪ 探究实践

准备背景和角色

案例的背景图片简单，导入Light图案背景；删除默认的小猫，从角色素材库中导入蜘蛛角色。

导入舞台背景　新建项目，单击"选择背景"按钮，从背景素材库中导入"Light"背景图，并删除空白背景。

添加蜘蛛角色　删除默认小猫角色，单击"选择角色"按钮，从角色素材文件中导入"Ladybug2"角色。

调整角色大小　在角色信息区修改角色名，并调整蜘蛛的大小和方向，舞台和角色效果如图2.2.6所示。

角色相关信息

角色名称：蜘蛛
坐标位置：0，0
角色大小：50
角色方向：90

◆图2.2.6　舞台角色效果

编写角色脚本

新定义"彩色线段""六边形"和"筋线"积木，然后调用子积木，完成蜘蛛网的绘制。

定义线段积木　定义画"彩色线段"的积木，参考脚本如图2.2.7所示。

定义画筋线　定义画一组"筋线"的积木，参考脚本如图2.2.8所示。

定义画正六边形　定义画"六边形"新积木，参考脚本如图2.2.9所示。

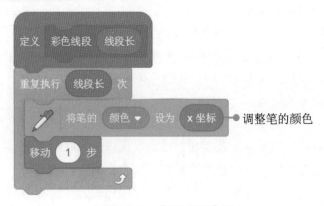

调整笔的颜色

◆图2.2.7　"彩色线段"积木

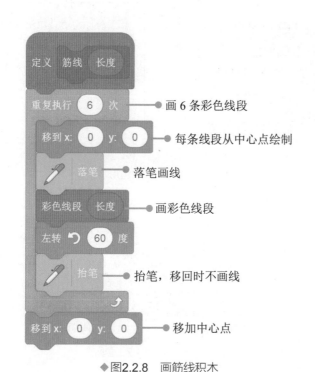

◆图2.2.8 画筋线积木

◆图2.2.9 定义画正六边形

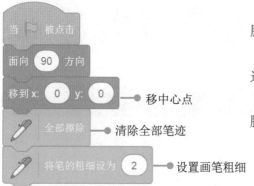

◆图2.2.10 画笔初始状态

设置画笔初始状态 编写脚本，设置画笔的初始状态，参考脚本如图2.2.10所示。

新建变量 新建"边长"变量，用于控制最外层正六边形的边长。

变量赋值 添加脚本，通过询问给"边长"变量赋值，参考脚本如图2.2.11所示。

◆图2.2.11 变量赋值

绘制2组筋线 编写脚本，绘制筋线，参考脚本如图2.2.12所示。

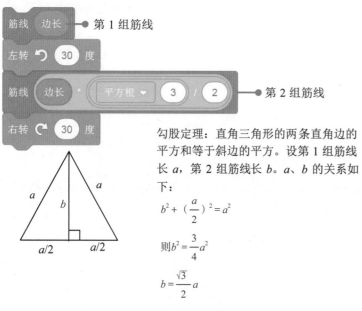

勾股定理：直角三角形的两条直角边的平方和等于斜边的平方。设第1组筋线长 a，第2组筋线长 b。a、b 的关系如下：

$$b^2 + \left(\frac{a}{2}\right)^2 = a^2$$

则 $b^2 = \frac{3}{4}a^2$

$$b = \frac{\sqrt{3}}{2}a$$

◆图2.2.12 绘制2组筋线

绘制若干正六边形 添加画正六边形脚本，完成若干正六边形的画法，如图2.2.13所示。

保存文件 调试作品，选择"文件"→"保存到电脑"命令，保存作品。

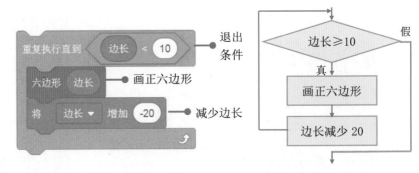

◆图2.2.13 绘制若干正六边形

 智慧钥匙

1. 加速模式

Scratch中可以通过开启加速模式，大幅加快程序运行效率。开启/关闭加速模式可以按图2.2.14所示操作，也可以通过"Shift+鼠标左键+单击绿旗按钮"来切换"开启"或"关闭"状态。

2. "重复执行直到…"积木

设计案例时，当事先不知道循环次数且直到某些条件成立之前希望一直循环时，通常可以使用该积木。使用"重复执行直到…"积木时，要注意设置测试条件。如果测试条件为真，才能退出循环，否则"重复执行直到…"积木无法结束，从而成为无限循环。

例如在本课案例中，条件式不能用"边长 = 10"。若边长初值设定为90，每次递减20，一直不能满足"边长 = 10"这个条件，成为死循环。

开启加速模式　　　　关闭加速模式

◆图2.2.14 加速模式

♫♪ 挑战空间

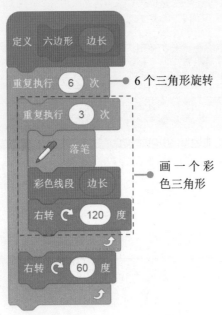

◆图2.2.15 "试一试"参考脚本

1. 试一试：观察案例中的图，你还可以找出什么样的相同规律？你能用其他思路完成作品吗？提示：可以看成6个三角形绕成的蜘蛛网，参考脚本如图2.2.15所示。

2. 完善程序：试着修改"编织五彩蜘蛛网.sb3"程序，添加画正多边形"层数"变量，更准确控制画正多边形的层数。

3. 脑洞大开：蜘蛛网的形状各种各样，有圆形的、五边形的、正方形的……试着绘制各种形状的蜘蛛网，如图2.2.16所示。

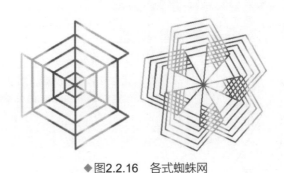

◆图2.2.16 各式蜘蛛网

第3课

缤纷烟花印星空

▶ 微信扫码 ◀
看微课视频专项学
添加学习助手获取服务

瞧，一束束耀眼的光线飞上天空，"啪啪啪……"那一束束光线突然炸开，金色的、银色的、红色的……星星般地向四周飞去，似一朵朵闪光的花朵，印在星空，将星空点缀得多姿多彩。你喜欢这样璀璨的夜空吗？一起绘制出美丽的夜景吧！

♪♪ 体验空间

👋 试一试

请运行本例"缤纷烟花印星空.sb3"，玩一玩！玩的过程中，你有哪些发现呢？填一填！

● ● ● ●

美丽的夜空，我看到：_____

光束：_____

烟花：_____

👋 想一想

制作本例时，需要思考的问题，如图2.3.1所示。你还能提出怎样的问题？填在方框中。

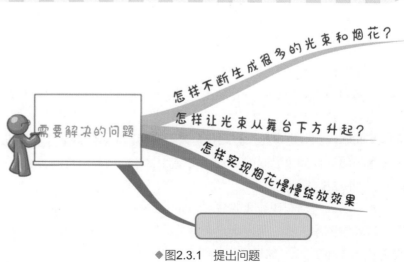

怎样不断生成很多的光束和烟花？

需要解决的问题

怎样让光束从舞台下方升起？

怎样实现烟花慢慢绽放效果

◆图2.3.1　提出问题

031

♪♪ 探秘指南

规划作品内容

制作本例，背景是城市夜景。选择"光束""烟花"作为角色，不同的光束随机从舞台下方升起，形态各异的烟花在星空慢慢随机绽放。搭舞台、选角色的方法，以及相应的动作，如图2.3.2所示。

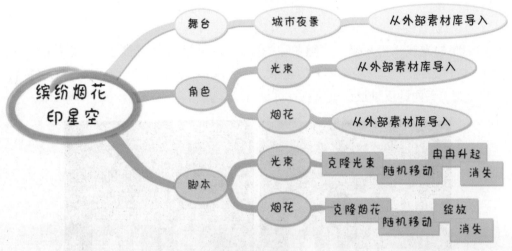

◆图2.3.2 "缤纷烟花印星空"作品内容

构思作品框架

本例开始，单击 ▶ 图标，一束束光不断地从舞台下方向上冉冉升起，随后，在夜空绽放出一朵朵烟花。烟花形状、颜色多样，慢慢放大后消失。案例通过克隆生成很多的光束和烟花，将烟花通过"图章"积木印盖在舞台上，实现神奇动画效果。相应的动作积木如图2.3.3所示。

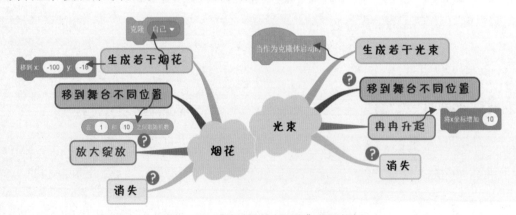

◆图2.3.3 "缤纷烟花印星空"作品框架

梳理编程思路

本例中关键的问题，一是随机生成若干的烟花和光束；二是设置光束和烟花出现的位置；三是烟花绽放、光束升起的效果。

- 问题一：夜空中光束和烟花个数不确定，可以克隆若干个烟花和光束。克隆的个数随机生成。
- 问题二：光束升起的位置，在舞台下方；烟花出现的位置在城市夜空的上方。位置范围及相应坐标区间，如图2.3.4所示。
- 问题三：烟花印盖在舞台上，是通过画笔"图章"积木实现。图章积木可以将角色的造型印在舞台上，就像盖图章一样，从而画出奇妙的图案。当清除画笔时，也会清除图章。而光束升起效果是通过不断改变其y坐标值实现。编程思路如图2.3.5所示。

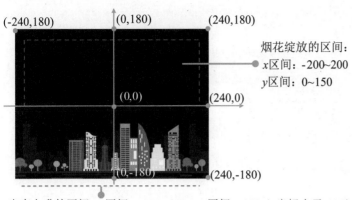

烟花绽放的区间：
x区间：-200~200
y区间：0~150

光束上升的区间：x区间：-200~200；y区间：-200（y坐标小于-180）

◆图2.3.4　角色位置区间

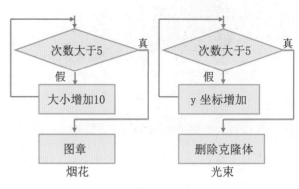

◆图2.3.5　烟花、光束画法思路

♫♪ 探究实践

🔍 准备背景和角色

案例背景为城市夜景，角色分为"烟花""光束"；两个角色都有很多的造型，从外部素材库导入。

导入舞台背景　新建项目，单击"上传背景"按钮，从外部素材库中导入"城市夜景"背景图，并删除空白背景。

添加烟花角色　删除默认小猫角色，单击"上传角色"按钮，从素材文件中导入"烟花"角色，并为其添加造型，角色的造型如图2.3.6所示。

添加光束角色　同样的方法，添加光束角色，并设置其造型，如图2.3.7所示。

◆图2.3.6　烟花造型

◆图2.3.7　光束造型

♫♪ 探究实践

🔍 编写角色脚本

案例需要分别为烟花、光束编写脚本，设置烟花随机在舞台出现并绽放的效果，光束随机从舞台下方冉冉上升的效果。

清除屏幕　选中烟花角色，设置画图初始状态，清除屏幕笔迹，参考脚本如图2.3.8所示。

克隆烟花　添加"克隆…"积木，随机生成5~8个烟花，参考脚本如图2.3.9所示。

◆图2.3.8　清除屏幕　　　　　　　　　　◆图2.3.9　克隆烟花

重复生成烟花　添加"重复执行…"积木，重复克隆一组烟花，参考脚本如图2.3.10所示。

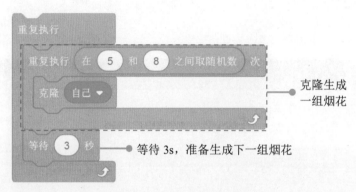

◆图2.3.10　重复生成烟花

设置烟花初始状态　编写脚本，设置烟花的大小、造型、位置等初始状态，参考脚本如图2.3.11所示。

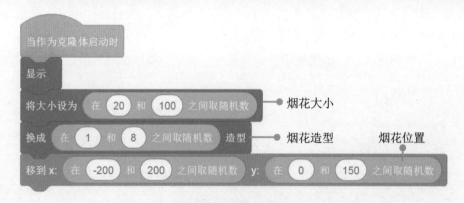

◆图2.3.11　烟花初始状态

设置烟花绽开效果　添加脚本，设置烟花放大的效果，参考脚本如图2.3.12所示。

印盖烟花　添加"图章"积木，将绽开的烟花印盖在夜空，脚本如图2.3.13所示。

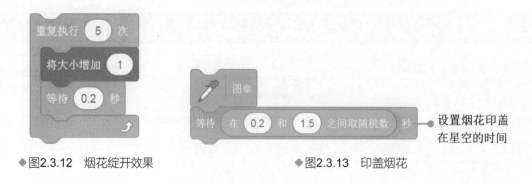

◆图2.3.12　烟花绽开效果　　　　　　　◆图2.3.13　印盖烟花

清除烟花　在"图章"积木后添加"全部擦除"和"删除此克隆体"积木，清除烟花，脚本如图2.3.14所示。

克隆光束角色　选择"光束"角色，添加克隆光束的脚本，重复克隆光束，脚本如图2.3.15所示。

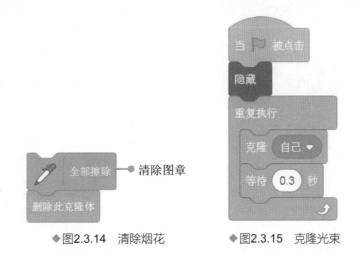

◆图2.3.14　清除烟花　　　　◆图2.3.15　克隆光束

设置光束初始状态　调整光束升起的位置和造型，完成初始设置，脚本如图2.3.16所示。

设置光束升起动作　添加脚本，实现光束冉冉升起的效果，脚本如图2.3.17所示。

◆图2.3.16　光束初始状态　　　　◆图2.3.17　光束升起动作

删除克隆体　添加"删除此克隆体"积木，清除舞台上冉冉升起的光束。

保存文件　调试作品，选择"文件"→"保存到电脑"命令，保存作品。

♪♪ 智慧钥匙

1. 克隆的妙用

灵活运用克隆，可以生成各种动画效果。设计案例时，如果相似的角色多，可以通过克隆简化程序。例如，本例中要显示很多数量的烟花，则可以根据设计需要克隆烟花。克隆出来的烟花都可以执行单独的脚本，实现绽放的效果。

2. 使用克隆注意事项

Scratch中使用克隆积木，需要注意两点：一是当克隆发生的那一刻，克隆体会继承原角色的所有状态，包括当前位置、方向、造型、效果等属性；二是克隆体也可以被克隆，即当重复使用克隆功能时，原角色和克隆体同时被克隆，角色的数量是呈指数级增长的。

♪♪ 挑战空间

1. 试一试：试着在"缤纷烟花印星空.sb3"程序中，为背景添加如图2.3.18所示脚本。想一想，动画会有怎样的变化？

◆图2.3.18 "试一试"脚本

2. 完善程序：试着修改"缤纷烟花印星空.sb3"案例，添加"星星"角色，并编写脚本，实现满天星星闪烁的效果，如图2.3.19所示。

◆图2.3.19 闪烁的星星

3. 脑洞大开：试着制作飞舞的雪花动画效果，如图2.3.20所示。

◆图2.3.20 飞舞的雪花

第 3 单元

跑跑跳跳真快乐
——体育

你喜欢体育吗？体育可以让我们拥有健康的体魄，可以让我们在跑跑跳跳中找到真快乐！你知道吗，在Scratch中，我们也可以设计体育类的游戏。

本单元我们将综合运用音乐、运动和控制等积木，制作体育类的实例。让我们一起运用Scratch在体育世界遨游吧！

◆动感跳绳塑体型　　　　　　◆足球射门比输赢　　　　　　◆超级跑酷玛丽奥

动感跳绳塑体型

微信扫码
看微课视频专项学
添加学习助手获取服务

跳绳是一项良好的体育锻炼活动，可以增加肺活量，燃烧体内多余脂肪，塑造完美体型。你喜欢跳绳吗？你想不想拥有完美的身材？让我们一起按下空格键，随着动态十足的音乐节拍，一起跳起来吧！

♫♫ 体验空间

👆 试一试

运行Scratch软件，打开"动感跳绳塑体型.sb3"，玩一玩！玩的过程中，你有哪些发现呢？填一填！

• • • • •

如何开始和结束跳绳？＿＿＿＿＿＿＿＿＿＿＿＿＿＿＿＿＿＿＿＿＿＿

你每下都能成功吗？＿＿＿＿＿＿＿＿＿＿＿＿＿＿＿＿＿＿＿＿＿＿＿＿

你还发现：＿＿＿＿＿＿＿＿＿＿＿＿＿＿＿＿＿＿＿＿＿＿＿＿＿＿＿＿

👆 想一想

制作本例时，需要思考如图3.1.1所示的问题。你还有什么要解决的问题？一起填在方框中吧。

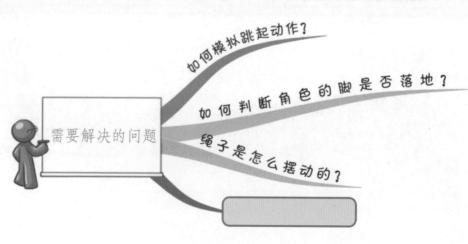

如何模拟跳起动作？

如何判断角色的脚是否落地？

需要解决的问题

绳子是怎么摆动的？

◆图3.1.1　提出问题

♪♪ 探秘指南

👋 规划作品内容

制作动感跳绳游戏，需要一个有操作说明的背景，还要有健身者和绳子角色。搭舞台、添加角色的方法，以及相应的动作，如图3.1.2所示。

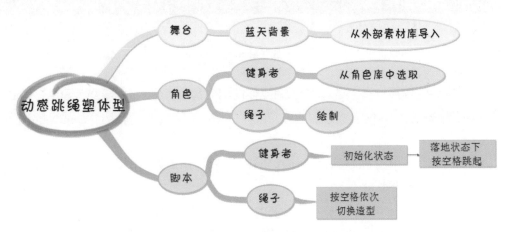

◆图3.1.2 "动感跳绳塑体型"作品内容

👋 构思作品框架

单击"Play"按钮，播放动感音乐，按下空格键后，健身者角色有节奏跳动，同时跳绳也随之摆动；单击"Over"按钮，音乐停止播放，跳绳结束。相应的动作积木如图3.1.3所示。

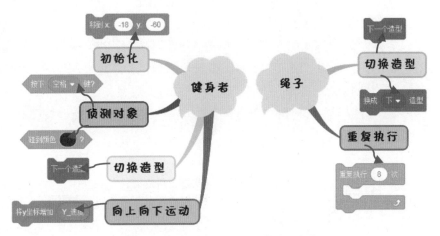

◆图3.1.3 "动感跳绳塑体型"作品框架

👋 梳理编程思路

通过前面的构思和设计可知，本例中有三个关键问题要解决。一是如何判断健身者的脚是否落地，并且落地后要停下来；二是如何模拟跳跃动作，即跳起上升时速度越来越小，当速度为0时开始下落，其后下落时速度越来越大；三是绳子如何实现随身体跳动而摆动。解决思路的程序流程如图3.1.4所示。

● 问题一：将地面设置为指定颜色（或画线），通过颜色侦测来实现角色是否触地。

● 问题二：设置一个速度变量，并给定初始值，角色以初始值速度向上移动一小截，再减小速度继续向上移动一小截，重复多次直到速度为0。下落时将速度逐段增加直到脚触地。

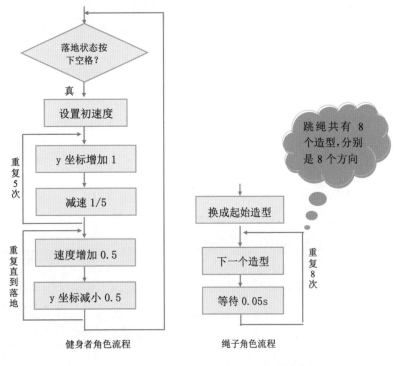

◆图3.1.4 "动感跳绳塑体型"程序流程图

- 问题三：在矢量图模式下，绘制不同状态的造型，连续切换造型，形成摆动效果。

♫ 探究实践

🔍 准备背景和角色

根据游戏场景，需要导入1个带有操作说明的背景；导入1个健身者角色，绘制具有8个造型的绳子角色和按钮角色。

导入舞台背景　新建项目，导入"背景.jpg"作为舞台背景，并删除空白背景。

添加库角色　删除默认小猫，单击"选择一个角色"按钮，选择"人物"下的Cassy Dance角色，进入造型编辑状态，删除cassy-a和cassy-b两个造型，命名为"健身者"，并调整位置，舞台效果如图3.1.5所示。

◆图3.1.5　添加"健身者"角色后的舞台效果

绘制"绳子"的第1个造型　单击"绘制"按钮，进入矢量图绘制模式，选择"线段"工具，设置轮廓颜色为红色、粗细为4，按图3.1.6所示操作，绘制"绳子"的第1个造型。

调整造型　继续使用"变形"工具，在曲线上增加拐点，按图3.1.7所示操作，调整绳子形状与背景中的角色吻合。

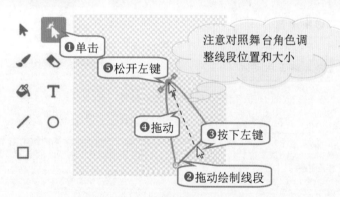

◆图3.1.6　绘制"绳子"的第1个造型

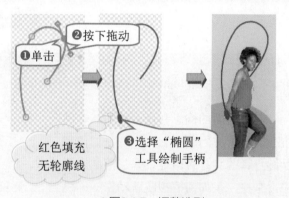

◆图3.1.7　调整造型

绘制其他造型　按图3.1.8所示操作，复制7个新造型，再使用"变形"工具✎，完成7个造型的调整。

制作"Play"按钮　单击"选择一个角色"按钮，选择"Botton2"角色，进入造型编辑区，按图3.1.9所示操作，在2个造型上分别输入英文"Play"，并命名为"开始"。

制作"Over"按钮　复制Play角色，将2个造型中的文字修改为"Over"，并命名为"结束"。

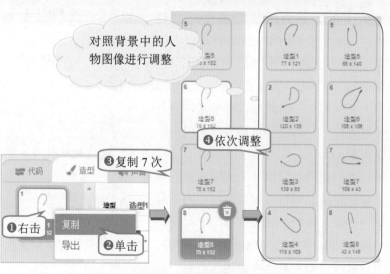

◆图3.1.8　绘制其他造型

完善舞台布局　调整各角色在舞台中的大小和位置，最终效果如图3.1.10所示。

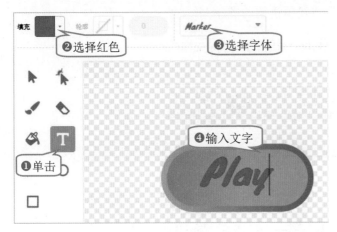

◆图3.1.9　绘制"Play"按钮

◆图3.1.10　各角色在舞台中的效果

编写角色脚本

游戏中主要角色是"健身者"和"绳子"，"健身者"角色主要是完成有重力的跳动，"绳子"主要是完成摆动动作；按钮则主要是根据需要广播消息和命令。

定义变量　定义一个新变量，命名为"Y_速度"，取消其在舞台上的显示。

导入声音　选择"开始"按钮角色，在声音编辑区选择"选择一个声音"命令，导入"动感音乐.mp3"文件。

设置"开始"按钮脚本　"开始"按钮角色主要功能是广播消息和播放音乐，脚本如图3.1.11所示。

设置"结束"按钮脚本　"结束"按钮角色的功能是停止游戏，脚本如图3.1.12所示。

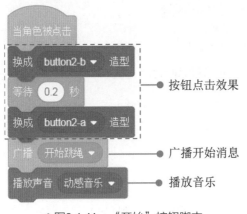

◆图3.1.11　"开始"按钮脚本　　　　　◆图3.1.12　"结束"按钮脚本

设置"健身者"初始化脚本　"健身者"接收到开始消息后，先要完成状态的初始化，参考脚本如图3.1.13所示。

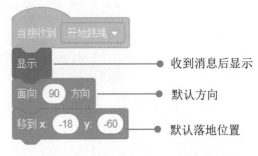

◆图3.1.13　设置"健身者"初始化脚本

设置逻辑框架 "健身者"角色的起跳动作需要按下空格键和落地两个条件同时满足，而下落动作需要侦测落地状态来终止。参照如图3.1.14所示脚本，完成逻辑框架的搭建。

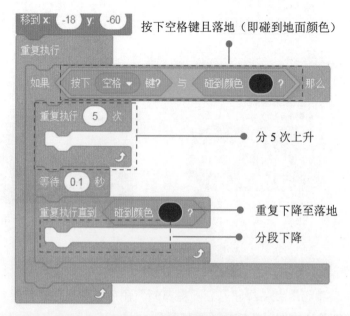

◆图3.1.14 设置逻辑框架

完成"健身者"脚本 根据设计，分别完成上升前、上升和下降阶段的脚本，参考脚本如图3.1.15所示。

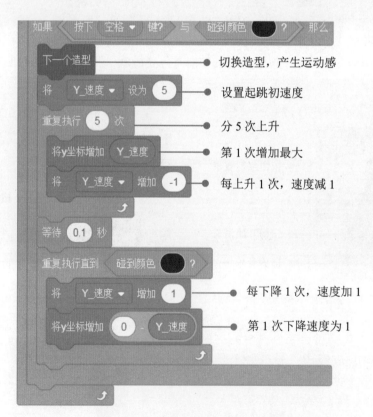

◆图3.1.15 完成"健身者"参考脚本

设置"绳子"脚本 "绳子"通过在一定的时间内完成8个造型的切换，从而产生绳子的摆动效果，参考脚本如图3.1.16所示。

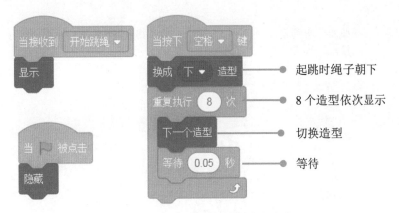

起跳时绳子朝下
8个造型依次显示
切换造型
等待

◆图3.1.16 设置"绳子"参考脚本

保存文件 调试作品，选择"文件"→"保存到电脑"命令，以"动感跳绳塑体型.sb3"为文件名保存作品。

智慧钥匙

1. 造型编辑模式

Scratch有位图和矢量图2种图形编辑模式，绘制新角色默认为矢量图模式，该模式可重复调整和修改图形，且放大后不失真。如"绳子"角色就是矢量图，形态可反复编辑。同样是"线段"工具，矢量图模式下的工具选项更丰富，对比如图3.1.17所示。

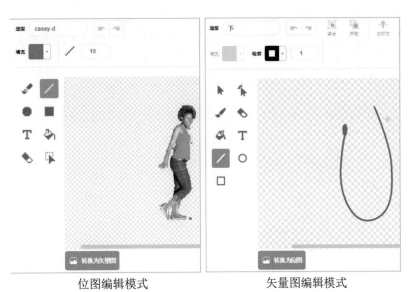

位图编辑模式　　　　　　　　　矢量图编辑模式

◆图3.1.17 两种编辑模式

2. "变形"工具

在Scratch中，常需要为一个角色绘制一组相似的造型，用于显示某种动作。这种情况下，通常是先绘制第一个矢量图造型，再复制后用"选择"工具 和"变形"工具 进行调整和修改。当用"变形"工具选择图形后，可以通过增加、删除拐点或拖动控制柄来调整图形的形态，如要在线段某处增加拐点，可按图3.1.18所示操作完成。

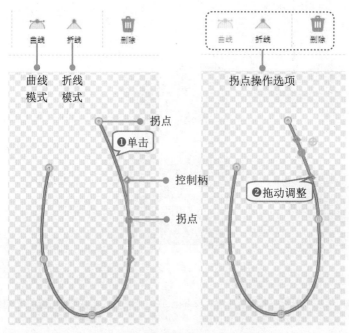

◆图3.1.18 使用"变形"工具

♪♪ 挑战空间

1. 试一试：在"动感跳绳塑体型.sb3"案例中，健身者角色完成一次跳动要多长时间？绳子摆动一周又需要多长时间？请试着修改2个角色中的等待时间或重复次数，使两者更同步、更协调。

2. 完善程序：试着增加或修改"动感跳绳塑体型.sb3"程序中的"绳子"角色的造型，让绳子在摆动时更自然。

3. 脑洞大开：为增加游戏的趣味性，想一想如何设置变量来记录跳绳时间和次数，最后结束时反馈运动量。

足球射门比输赢

微信扫码

◀ 看微课视频专项学
添加学习助手获取服务

足球场上，两队进球相同时，就需要通过点球来决定胜负。点球时，如何使足球准确射入对方球门呢？控制好力度和角度很重要！让我们将足球中的射门技巧运用到Scratch游戏中，让射门游戏更有趣。

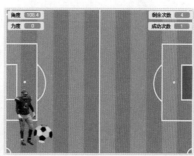

♪♪ 体验空间

🖐 试一试

运行Scratch，打开"足球射门比输赢.sb3"，玩一玩！玩的过程中，你有哪些发现呢？填一填！

• • • •

你踢进了几球？ _____

赢得比赛的条件：_____

🖐 想一想

制作本例时，需要思考的问题，如图3.2.1所示。你还能提出怎样的问题？填在方框中。

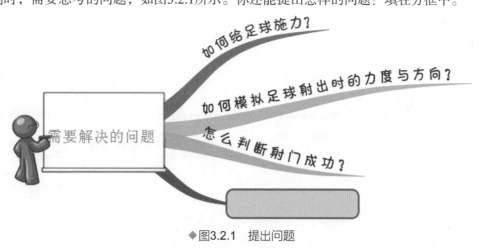

如何给足球施力？

如何模拟足球射出时的力度与方向？

怎么判断射门成功？

需要解决的问题

◆图3.2.1 提出问题

♫♫ 探秘指南

🖐 规划作品内容

制作射门游戏，需要封面和足球场背景，角色有"发球员""足球"和"球门"等。搭舞台、添加角色的方法，以及相应的动作，如图3.2.2所示。

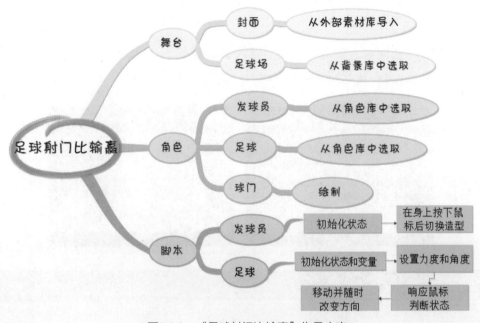

◆图3.2.2 "足球射门比输赢"作品内容

🖐 构思作品框架

单击▶图标时，进入封面，再点击封面中的"开始"按钮，进入足球场背景，用鼠标按下发球员，按下鼠标的时间越长，表示力量越大。松开鼠标，发球员根据力度计算角度，踢出足球，足球落入球门内为成功，否则射门失败。发球员有5次发球机会，成功3次，则游戏成功，否则失败。相应的动作积木如图3.2.3所示。

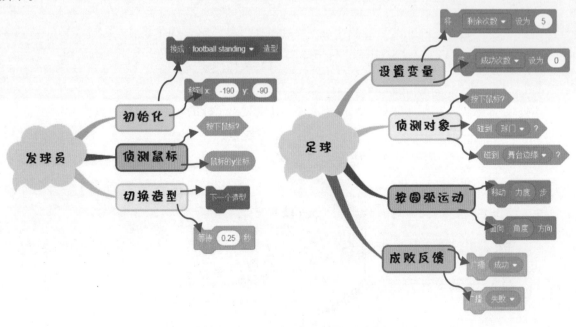

◆图3.2.3 "足球射门比输赢"作品框架

梳理编程思路

通过前面的作品框架设计可知，本例中有四个关键问题要解决。一是按下鼠标后发球员如何响应；二是松开鼠标后，足球发射的速度和角度如何根据力度来确定；三是如何判断射门成功；四是如何判断游戏的最终成败。关键的解决思路如图3.2.4所示。

● 问题一：在指定区域（发球员坐标范围）按下鼠标后，发球员不停切换造型，同时"力度"变量增大。

● 问题二：角色面向0°时，方向与地面90°。按下鼠标前，角度最高（假设最大15°），按下鼠标后，随"力度"增加而减小至最小（假设最低为75°）。大致的数量关系可表示为：角度=75°−(60°/100)×力度，其中60°为最大角度与最小角度差。松开鼠标后，足球持续移动"力度"并面向"角度"。

● 问题三：当足球进入球门区域（即碰到球门角色），则射门成功。

● 问题四：射门有5次机会，射中3次，则游戏胜利，否则失败。

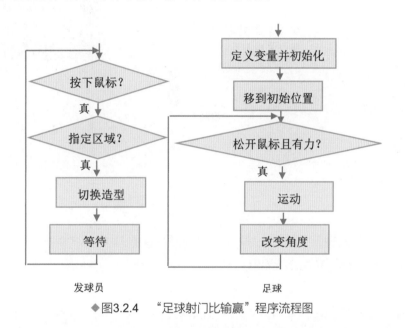

◆图3.2.4 "足球射门比输赢"程序流程图

探究实践

准备背景和角色

根据游戏场景需要，一共要导入或制作5个背景；游戏角色中的"发球员"和"足球"可以从角色库中选择，而"球门"和"按钮"可以导入外部图片。

导入舞台背景 新建项目，导入"封面""足球场"2个背景图，并删除空白背景。

制作新背景造型 单击"选择一个背景"按钮，从背景库中选择"Soccer"背景2次，分别输入文字"成功啦！""失败啦！"，调整文字大小和颜色，效果如图3.2.5所示。

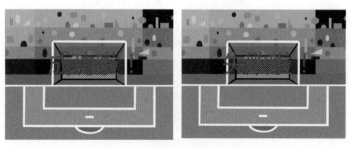

◆图3.2.5 成功和失败背景造型

背景造型命名 选择4个背景造型，分别命名为："封面""足球场""成功"和"失败"。

添加库角色 删除默认小猫，单击"选择一个角色"按钮，依次选择"Football"和"Soccer Ball"角色，命名为"发球员""足球"，并修改其大小和位置。

添加"按钮"角色 单击"上传角色"按钮，从素材文件夹中选择"按钮.png"图片，并修改角色名为"按钮"。

制作"球门"角色 单击"绘制"按钮，按图3.2.6所示操作，绘制红色矩形，覆盖背景中的球门，并命名为"球门"。

调整角色 切换背景造型为"足球场"，调整各角色的大小和位置，最终效果如图3.2.7所示。

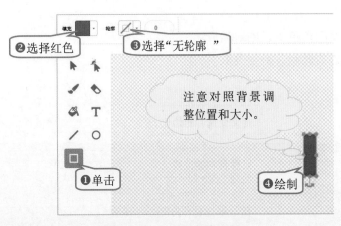

◆图3.2.6 绘制"球门"角色

◆图3.2.7 舞台与角色效果图

编写角色脚本

游戏中主要角色有"发球员"和"足球"，"足球"角色要完成各种判断和抛射动作；"按钮"和"球门"则主要是根据需要发送消息和显示。

定义变量 分别定义"角度""力度""成功次数""剩余次数"4个全局变量。

设置"按钮"代码 "按钮"角色主要功能是广播消息，其脚本如图3.2.8所示。

初始化"发球员"代码 "发球员"角色在收到"游戏开始"消息后，初始化大小和位置，脚本如图3.2.9所示。

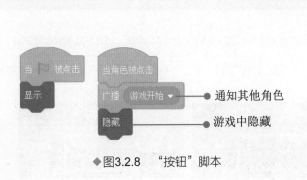

◆图3.2.8 "按钮"脚本

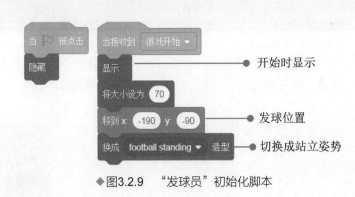

◆图3.2.9 "发球员"初始化脚本

搭建逻辑框架 游戏开始后，要一直侦测鼠标是否在"发球员"身体上按下，逻辑框架如图3.2.10所示。

切换造型 按下鼠标后切换造型，产生运动效果，脚本如图3.2.11所示。

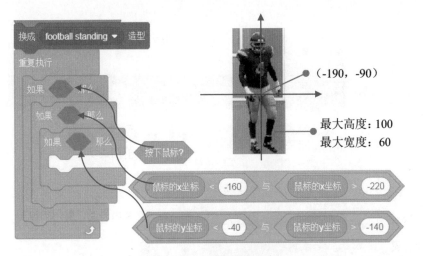

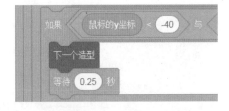

◆图3.2.10 搭建逻辑框架

◆图3.2.11 切换造型

复制脚本 "足球"也要一直侦测鼠标是否在"发球员"身上按下，所以脚本相同，复制"发球员"脚本至"足球"，并修改部分脚本，修改后的"足球"脚本如图3.2.12所示。

设置足球角度与力度 按下鼠标后，力度值增加，面向角度减小，脚本如图3.2.13所示。

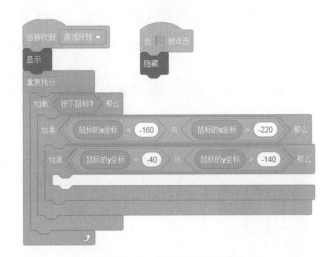

◆图3.2.12 修改后的足球脚本

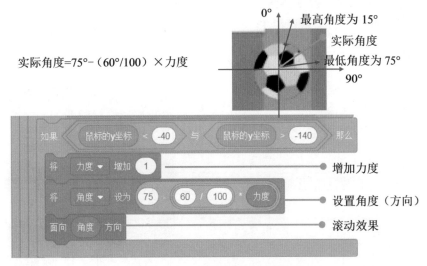

◆图3.2.13 设置足球力度和角度

设置足球初始化脚本　重新设置"足球"角色对"游戏开始"广播的响应，并对变量和位置初始化，脚本如图3.2.14所示。

设置足球逻辑框架　足球要侦测是否松开鼠标和判断是否射门成功，设置逻辑3个判断分支，脚本如图3.2.15所示。

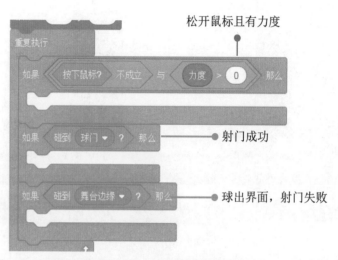

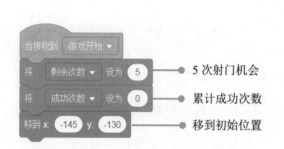

◆图3.2.14　设置足球初始化脚本

◆图3.2.15　设置足球逻辑框架

设置足球运动脚本　松开鼠标后，足球根据角度与力度以圆弧形式运动，添加足球运动脚本，参照脚本如图3.2.16所示。

设置射门成功脚本　当足球在球门处落下时（也就是碰到球门），表示射门成功，参考脚本如图3.2.17所示。

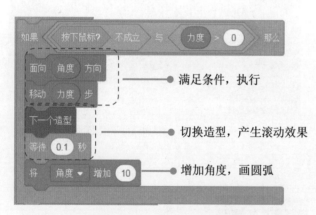

◆图3.2.16　设置足球运动脚本

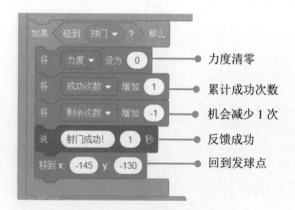

◆图3.2.17　设置射门成功脚本

设置射门失败脚本　当足球碰到舞台边缘，即球越界，射门失败，参考脚本如图3.2.18所示。

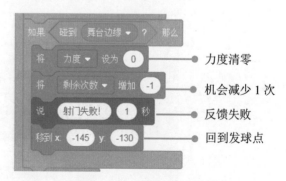

◆图3.2.18　设置射门失败脚本

设置游戏结束脚本　5次机会若有3次射门成功即游戏胜利，否则失败，参考脚本如图3.2.19所示。

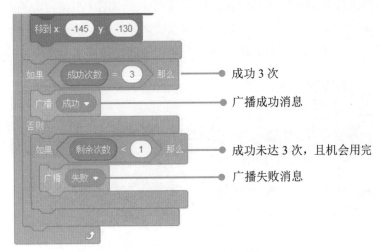

成功 3 次

广播成功消息

成功未达 3 次，且机会用完

广播失败消息

◆图3.2.19　设置游戏结束脚本

设置"球门"角色脚本　"球门"角色随着游戏状态显示或隐藏，参考脚本如图3.2.20所示。

设置背景脚本　在收到成功或失败的消息后，切换不同的背景，参考脚本如图3.2.21所示。

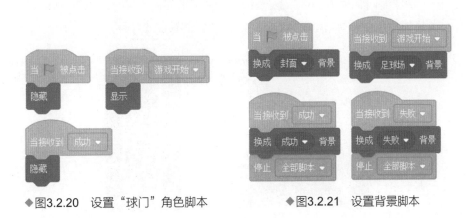

◆图3.2.20　设置"球门"角色脚本　　　　◆图3.2.21　设置背景脚本

保存文件　调试作品，选择"文件"→"保存到电脑"命令，保存作品。

♫ 智慧钥匙

1. 鼠标侦测类积木

在Scratch中，侦测类积木主要用于对象与环境的信息交流，其中鼠标是游戏交互中很重要的对象，与鼠标交互时用到的积木如图3.2.22所示。

判断角色是否碰到鼠标　　　　返回与鼠标指针的距离

判断是否按下鼠标左键　　　　返回鼠标在舞台中的 x 坐标

返回鼠标在舞台中的 y 坐标

◆图3.2.22　鼠标侦测类积木

2. 角色间复制脚本

角色的脚本除可以在本身复制外，还可以在角色间复制。当案例中有多个角色的脚本相同或相似时，可以先完成其中一个，再进行复制。如"足球射门比输赢"案例中，"发球员"和"足球"角色都需要侦测鼠标状态，按图3.2.23所示操作，将发球员的重复执行脚本复制给足球。

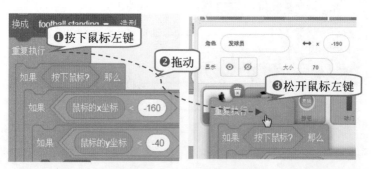

◆图3.2.23　角色间复制脚本

♫♪ 挑战空间

1. 试一试：在"足球射门比输赢.sb3"案例中，试着添加守门员角色，放在球门前，当足球碰到守门员时，射门失败，在足球角色中添加相应的脚本，参考脚本如图3.2.24所示。

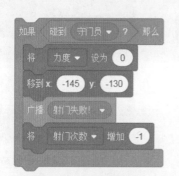

"足球"角色中重复
模块中添加的脚本

增加的"守门员"
角色

◆图3.2.24　试一试

2. 完善程序：试着修改"足球射门比输赢.sb3"程序，修改足球角色的脚本，增加守门员脚本，让守门员反馈比赛结果。

3. 脑洞大开：为增加游戏的趣味性和难度，让守门员沿球门上下移动。

超级跑酷玛丽奥

微信扫码
看微课视频 专项学
添加学习助手获取服务

　　跑酷是一种当下流行的极限运动，以城市的日常设施当作障碍物或辅助物，在其间跑跳穿行。跑酷运动不仅可以强身健体，还可以提升人体的敏捷性和爆发力，激发人的潜能。你也喜欢跑酷运动吗？但它不是每个人都可以做的，就让我们用Scratch编程来体验它的超酷之处吧！

♪♪ 体验空间

✋ 试一试

　　运行Scratch，打开"超级跑酷玛丽奥.sb3"，玩一玩！玩的过程中，你有哪些发现呢？填一填！

• • • • •

你能顺利通关吗？＿＿＿＿＿＿＿＿＿＿＿＿＿＿＿＿＿＿＿＿＿＿＿＿＿＿＿＿

在运行中你遇到什么困难？＿＿＿＿＿＿＿＿＿＿＿＿＿＿＿＿＿＿＿＿＿＿＿＿

✋ 想一想

　　制作本例时，需要思考的问题，如图3.3.1所示。你还能提出怎样的问题？填在方框中。

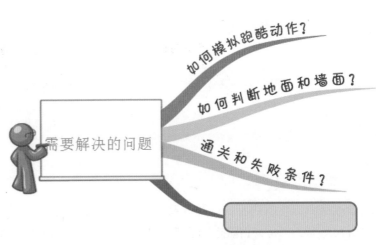

◆图3.3.1　提出问题

♪♪ 探秘指南

规划作品内容

制作跑酷游戏，需要封面、关卡等背景，角色有"玛丽奥""障碍物"和"按钮"等。搭舞台、添加角色的方法，以及相应的动作，如图3.3.2所示。

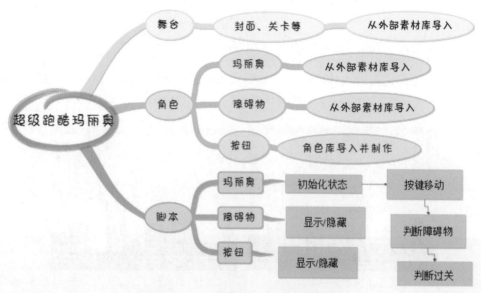

◆图3.3.2 "超级跑酷玛丽奥"作品内容

构思作品框架

单击 ▶ 图标时，进入封面，再点击封面中的"开始"按钮，进入第1关背景；点击"帮助"按钮进入帮助页面；游戏进入第1关后，玩家通过↑、→、←3个按键，控制玛丽奥跳过途中的陷阱到达终点。玛丽奥相应的动作积木如图3.3.3所示。

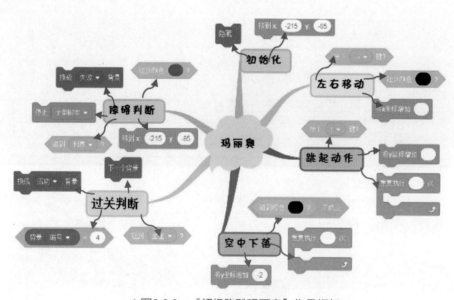

◆图3.3.3 "超级跑酷玛丽奥"作品框架

梳理编程思路

通过前面的作品内容分析和框架设计可知，本例中有三个关键问题要解决。一是如何控制玛丽奥在悬空时自动落地；二是如何防止玛丽奥穿墙；三是如何设置障碍及判断过关。

● 问题一：玛丽奥的运动理论上有4个方向，其中下落的运动是自动的，不能人为控制。自动落地可以用重复设置角色的纵坐标增加负值 `将y坐标增加 -2` 来实现。关键是判断是否与地面接触，解决的方案是在通过侦测地面（包括障碍物）的颜色来判断是否落地。这就要求在设置"关卡"背景时，要为地面（包括障碍物顶部）设置相同的颜色，通过侦测颜色阻止角色落到地面以下，起跳及下落流程图如图3.3.4所示。

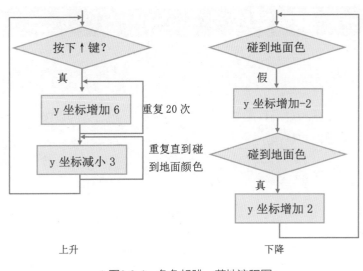

◆图3.3.4 角色起跳、落地流程图

● 问题二：防止角色穿墙的原理和问题一相同，都是要通过侦测墙面和障碍物侧面的颜色来做出相应的回避动作。如关卡1中的背景中地面及障碍物颜色，可以如图3.3.5所示参考来设计。穿墙只发生在左右移动时，所以在左右移动脚本中加侦测颜色即可。以按→键为例，处理流程图如图3.3.6所示。

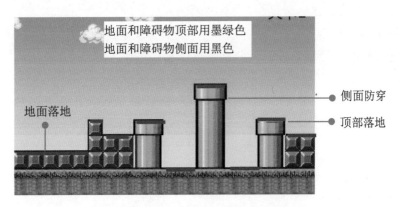

◆图3.3.5 地面及侧面颜色设计

● 问题三：游戏中1个障碍和1个死亡陷阱，也是通过侦测积木来判断。当碰到刺猬时回到出发点；碰到死亡陷阱则游戏失败。游戏中设置一个"星星"角色来判断过关或游戏胜利，其流程如图3.3.7所示。

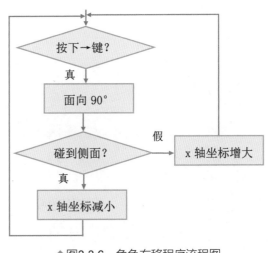

◆图3.3.6 角色右移程序流程图

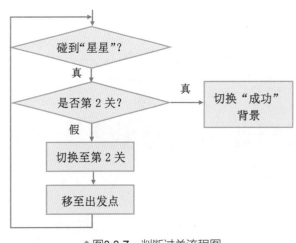

◆图3.3.7 判断过关流程图

♪♪ 探究实践

准备背景和角色

根据游戏场景需要，一共要导入6个背景；游戏中一共1个玩家角色、2个标志物，都需要导入素材；另外按钮也要制作。

导入舞台背景　新建项目，依次导入"封面""帮助""关卡1""关卡2""失败""成功"6个图片背景，并删除空白背景。

导入背景音乐　进入舞台的音乐编辑区，从素材文件夹中导入"背景音乐.mp3"。

添加角色　删除默认小猫，依次导入"玛丽奥.png""刺猬.png"和"star.png"图片，并调整各自在舞台中的位置和大小。

制作"开始"按钮　单击"选择一个角色"按钮，选择"Button2"角色，进入造型编辑区，分别在2个造型上输入文字"开始"，并将角色命名为"开始"。

完成其他按钮　复制3次"开始"按钮，分别修改造型中的文字为"帮助""关闭"，调整好位置和大小，完成后的角色效果如图3.3.8所示。

◆图3.3.8　角色完成后效果

编写角色脚本

游戏中主要角色是玛丽奥，要完成跑跳、判断地面和障碍物等任务；障碍物和标志物主要是按需显示或隐藏；按钮主要用于切换场景。

设置"开始"按钮脚本　"开始"按钮主要功能是切换背景，根据场景显示或隐藏，选择角色，完成如图3.3.9所示的脚本。

设置"帮助"按钮脚本　"帮助"角色主要功能是切换背景，根据场景显示或隐藏，选择角色，如图3.3.10所示。

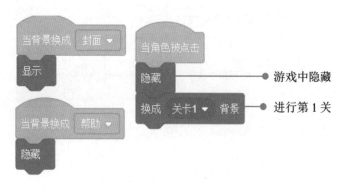

◆图3.3.9　设置"开始"按钮脚本

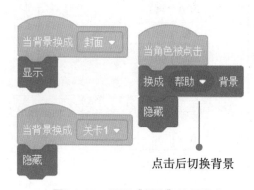

◆图3.3.10　设置"帮助"按钮脚本

设置"关闭"按钮脚本　　"关闭"按钮在封面和帮助页面显示，游戏时隐藏，参考脚本如图3.3.11所示。

设置"玛丽奥"初始化脚本　　"玛丽奥"角色首先要对状态和位置初始化，参考脚本如图3.3.12所示。

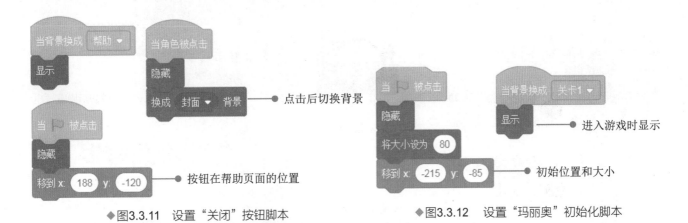

◆图3.3.11　设置"关闭"按钮脚本　　　　　　　　◆图3.3.12　设置"玛丽奥"初始化脚本

设置移动键脚本　　"玛丽奥"来回跑动的操作是由←、→键来操作的，参考脚本如图3.3.13所示。

设置上移键脚本　　"玛丽奥"跳起动作由↑键来操作，跳起后还要有下降动作，参考脚本如图3.3.14所示。

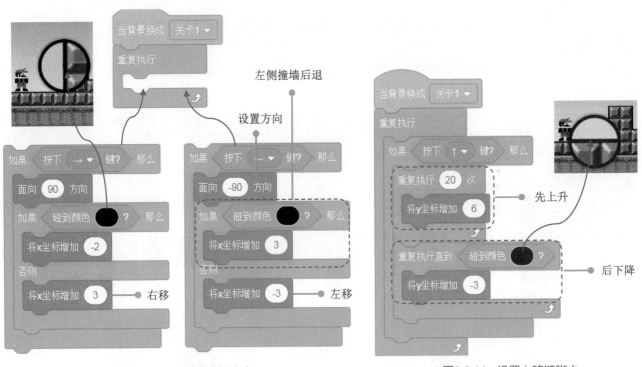

◆图3.3.13　设置移动键脚本　　　　　　　　◆图3.3.14　设置上移键脚本

设置空中下落脚本　　当空中按移动键，角色同时也要下降，所以角色要一直侦测墨绿色（即地面颜色），并做出相应动作，参考脚本如图3.3.15所示。

设置过关脚本　　角色过关有2种情况，一种是从第1关到第2关，在第2关过关则游戏成功，参考脚本如图3.3.16所示。

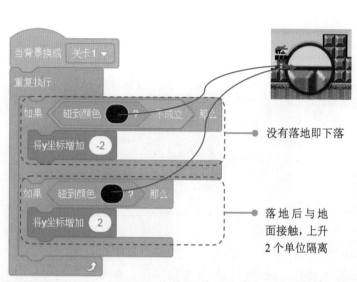

没有落地即下落

落地后与地面接触，上升2个单位隔离

◆图3.3.15 设置空中下落脚本

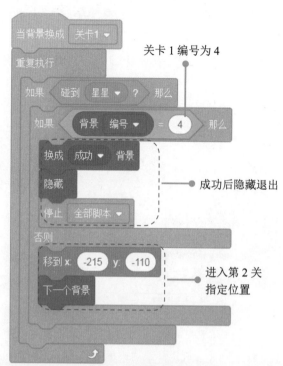

关卡1编号为4

成功后隐藏退出

进入第2关指定位置

◆图3.3.16 设置过关判断脚本

设置障碍脚本　角色动作过程中，有2个障碍要越过，分别是刺猬和第2关中的红色，其参考脚本如图3.3.17所示。

设置"刺猬"脚本　选择"刺猬"，设置脚本，完成其在不同背景下的隐藏和显示，参考脚本如图3.3.18所示。

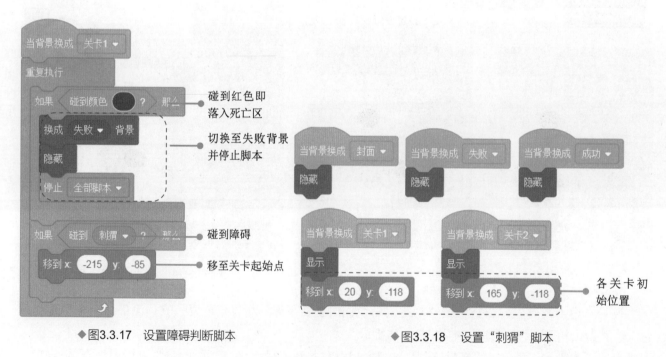

碰到红色即落入死亡区

切换至失败背景并停止脚本

碰到障碍

移至关卡起始点

各关卡初始位置

◆图3.3.17 设置障碍判断脚本

◆图3.3.18 设置"刺猬"脚本

设置"星星"脚本　选择"刺猬"角色，设置脚本，实现其在不同背景下的隐藏、显示和位置改变，参考脚本如图3.3.19所示。

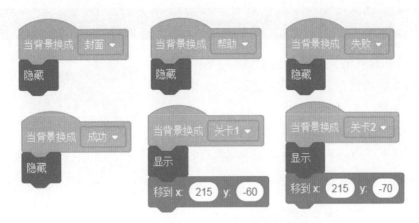

◆图3.3.19 设置"星星"脚本

保存文件 调试作品，选择"文件"→"保存到电脑"命令，保存作品。

♪♪ 智慧钥匙

1. 颜色侦测类积木

在Scratch中，有时无法通过侦测对象来实现交互，例如要侦测背景中的地面和墙壁，这时就要通过侦测颜色来解决。颜色侦测可以让交互更广泛、更灵活。与颜色侦测有关的积木有2块，如图3.3.20所示。

角色是否触碰指定的颜色　　　　　2 种指定的颜色是否触碰

◆图3.3.20 颜色侦测类积木

2. 通过坐标移动角色

角色的移动最常见的方法是通过"移动"积木来实现，但这种方法需要先设定角色的"面向"。实际上Scratch还可以通过改变角色的坐标来移动，这种移动不改变角色的方向。与坐标有关的"移动"积木如图3.3.21所示。

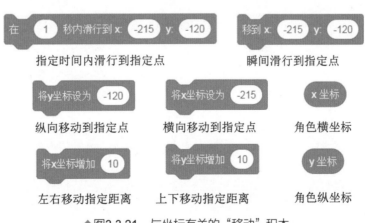

◆图3.3.21 与坐标有关的"移动"积木

♫ 挑战空间

1. 试一试：为增加游戏的趣味性，请尝试在"超级跑酷玛丽奥.sb3"案例中添加背景音乐，游戏进入第1关时播放，背景的参考脚本如图3.3.22所示。

2. 完善程序：试着修改"超级跑酷玛丽奥.sb3"程序，增加时间要求，要求玩家在指定时间内通关，否则失败，参考脚本如图3.3.23所示。

◆图3.3.22　试一试

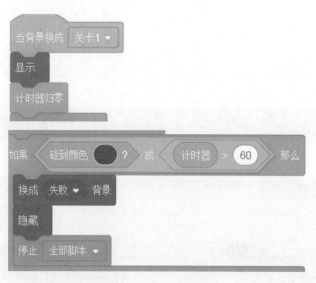

◆图3.3.23　完善程序

3. 脑洞大开：角色"玛丽奥"在移动过程中，只是面向的左右方向改变，没有造型或运动特效。请想一想，为"玛丽奥"增加新的造型或增加运动特效，使跑跳更形象。

第4单元

听说读写文采好
——语文

　　看一看语文课中精彩的故事，玩一玩妙语连珠的成语接龙游戏……利用Scratch换一种方式讲故事、学成语，设计故事情节、添加有趣音效、创作互动游戏，真正实现你的故事你做主。

　　本单元通过制作语文故事、成语接龙游戏，综合运用Scratch中的各类积木块，让语文学习变得轻松有趣。

◆狐狸和乌鸦　　　　　　◆中华成语　　　　　　◆毛毛虫找妈妈

寓言故事含哲理

"狐狸和乌鸦"这则寓言故事还记得吗？乌鸦不知从哪里叼来一块肉，站在树上休息，被树下的狐狸看到了。狐狸馋得口水都流出来了，它非常想从乌鸦嘴里得到那块肉，狡猾的狐狸用花言巧语骗取了这块肉。之后又有怎样的故事呢？一起来续写这则寓言故事吧！

♫ 体验空间

试一试

请运行本例"狐狸和乌鸦.sb3"，玩一玩！玩的过程中，你有哪些发现呢？填一填！

• • • •

故事中的背景：_____

我发现故事中的角色：_____

想一想

制作本例时，需要思考的问题，如图4.1.1所示。你还能提出怎样的问题？填在方框中。

◆图4.1.1 提出问题

♪♪ 探秘指南

✋ 规划作品内容

本例有不同的场景图，包括故事封面、故事背景；角色包括狐狸、乌鸦主角，还包括肉、灯泡。根据故事情节发展，还需要开场的伴奏音乐，乌鸦开口"哇"的声音。本例前半部分是讲故事，后半部分互动游戏。搭舞台、选角色的方法，以及相应的动作，如图4.1.2所示。

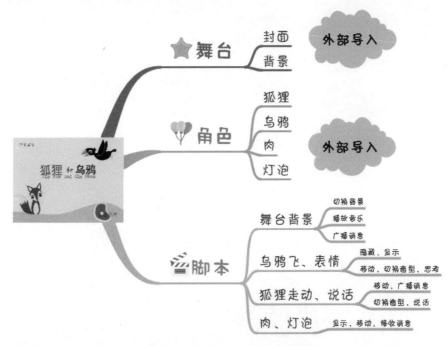

◆图4.1.2 "狐狸和乌鸦"作品内容

✋ 构思作品框架

本例开始，单击🏳图标时，呈现故事封面背景，并播放背景音乐。封面左下角有"点击继续"按钮，当点击舞台时，切换到故事背景。故事开始，一只乌鸦叼着一块肉从舞台右边飞入……通过广播与接收消息控制不同角色的出场顺序，完成故事情节。相应的动作积木如图4.1.3所示。

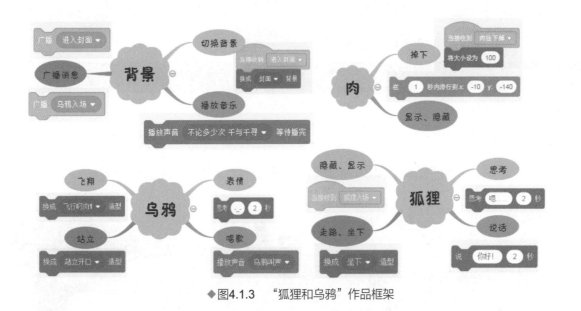

◆图4.1.3 "狐狸和乌鸦"作品框架

✋ 梳理编程思路

本例中关键的问题，一是角色出场的时间；二是控制角色对话的先后顺序；三是角色在舞台位置的变化。

● 问题一：根据故事情节的变化，角色出场的时间不同，如图4.1.4所示。本例不同角色的出场通过广播消息和接收消息来控制。

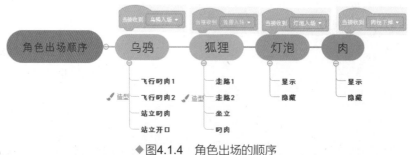

◆图4.1.4　角色出场的顺序

● 问题二：故事中最精彩的是狐狸和乌鸦的对话以及表情反应，并使用 积木、 积木实现。需要按如图4.1.5所示规划好每一句台词的顺序。

◆图4.1.5　台词顺序

● 问题三：故事中角色在舞台中的位置变化，可以通过运动类"移动"积木实现。同时角色运动中的远小近大可以通过外观类"将大小增加…"积木来实现。

♪♫ 探究实践

🔍 准备背景和角色

案例中的背景图片以及角色可以直接导入编辑好的外部素材，再添加背景音乐和乌鸦叫声。

导入舞台背景　新建项目，导入"封面""背景"图，如图4.1.6所示。

◆图4.1.6　舞台背景效果

添加角色 删除默认小猫,单击"选择角色"按钮,导入"乌鸦叼肉""狐狸走路1""肉"等角色,角色的造型和造型个数如图4.1.7所示。

导入声音 选中"背景",按图4.1.8所示操作,导入"背景音乐"和"乌鸦叫声"。

◆图4.1.7 动画中角色的造型

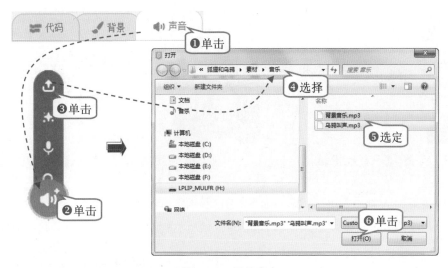

◆图4.1.8 导入声音

编写角色脚本

背景要实现播放音乐,切换到封面和故事背景。角色初始状态要设置隐藏,再根据故事情节依次显示并设置出场动作,完成故事。

设置背景和音乐 选中背景,添加脚本,设置背景切换及音乐播放,同时广播乌鸦入场,脚本如图4.1.9所示。

设置角色初始状态 分别选中狐狸、乌鸦、肉和灯泡,根据故事情节,设置初始状态为隐藏效果,脚本如图4.1.10所示。

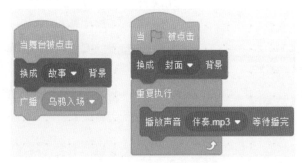

◆图4.1.9 设置背景和音乐

◆图4.1.10 设置角色初始状态

设置乌鸦飞翔效果　选中"乌鸦"，添加脚本，实现乌鸦入场的飞翔效果，脚本如图4.1.11所示。

设置乌鸦飞行变化　继续给乌鸦添加如图4.1.12所示脚本，实现乌鸦从舞台右上角缓缓飞入，恰好停在树枝上，以及乌鸦飞行时近大远小的效果。

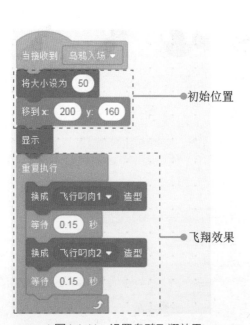

◆图4.1.11　设置乌鸦飞翔效果

◆图4.1.12　设置乌鸦飞行变化

设置狐狸入场效果　选中"狐狸"，添加如图4.1.13所示脚本，实现狐狸入场效果。

设置狐狸思考和说话效果　继续给狐狸添加如图4.1.14所示脚本，设置狐狸思考和说话的效果。

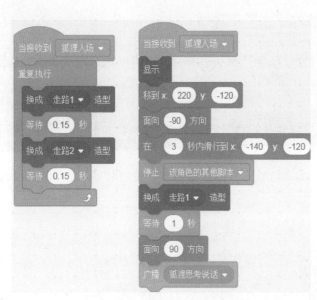

◆图4.1.13　设置狐狸入场效果

◆图4.1.14　设置狐狸思考和说话的效果

设置乌鸦思考和开口效果　选中乌鸦角色，根据故事情节继续编写脚本，设置乌鸦的思考表情和最终张口的效果，脚本如图4.1.15所示。

设置狐狸吃肉效果　添加狐狸接肉、吃肉动作，脚本如图4.1.16所示。

设置其他角色脚本　根据故事情节，设置肉掉下和灯泡的显示动作，脚本如图4.1.17所示。

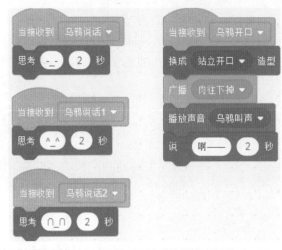

◆图4.1.15　设置乌鸦思考和开口效果

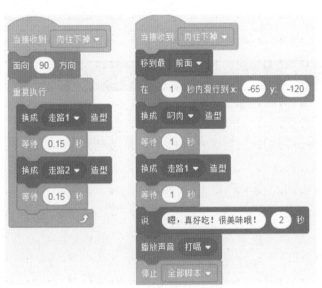

◆图4.1.16　设置狐狸吃肉效果

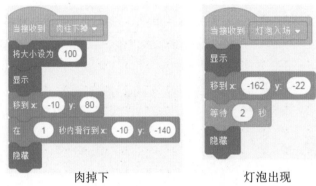

肉掉下　　　　　　灯泡出现

◆图4.1.17　其他角色脚本

保存文件　调试作品，选择"文件"→"保存到电脑"命令，保存作品。

♪♪ 智慧钥匙

1. 广播消息

广播消息通常是作为控制程序出现的，通过创建并广播一系列的消息可以把控程序运行的走向。广播消息的积木块有"广播…"和"广播…并等待"，如图4.1.18所示。

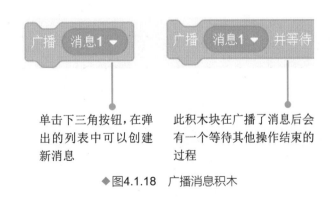

单击下三角按钮，在弹出的列表中可以创建新消息　　此积木块在广播了消息后会有一个等待其他操作结束的过程

◆图4.1.18　广播消息积木

2. 接收消息

既然有广播消息，就需要有接收消息进行配合。广播消息是将消息传播出去，接收消息是将消息接收进来，这样一出一进，就形成了程序之间的串联。接收消息积木块如图4.1.19所示。

◆图4.1.19 接收消息积木

♪♪ 挑战空间

1. 试一试：选定狐狸角色，为狐狸录配音，并修改故事脚本，让故事更精彩。

2. 续写故事：发挥你的想象，试着续写"狐狸和乌鸦.sb3"程序，让故事变成互动游戏，一起来玩吧！

3. 故事创作：选一则语文课中学过的寓言故事，试着用Scratch来表现，并与朋友分享。

第2课

成语接龙真好玩

▶ 微信扫码
看微课视频专项学
添加学习助手获取服务

一马当先+先见之明+明知故问+问心无愧……你也玩过这样的成语接龙游戏吧！成语是我国古人智慧的结晶、汉语言中的精华。成语接龙游戏不仅好玩，还能提高成语水平。还等什么呢，快来玩一玩吧！

♪♪ 体验空间

试一试

请运行本例"成语接龙.sb3"，玩一玩！玩的过程中，你有哪些发现呢？填一填！

• • • • •

第一个成语从哪里来的：_____

怎样判断接龙成功：_____

想一想

制作本例时，需要思考的问题，如图4.2.1所示。你还能提出怎样的问题？填在方框中。

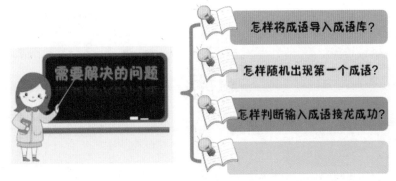

怎样将成语导入成语库？

怎样随机出现第一个成语？

怎样判断输入成语接龙成功？

◆图4.2.1　提出问题

♪♪ 探秘指南

规划作品内容

　　本例需要预先准备一些成语，导入到被选词库中。游戏中有封面、游戏规则和游戏背景三个背景图，还有一个背景音乐。角色有书童和开始按钮，根据游戏规则编写程序，玩家输入四字成语接龙，接龙成功得10分，接龙失败游戏结束。搭舞台、选角色的方法，以及相应的动作，如图4.2.2所示。

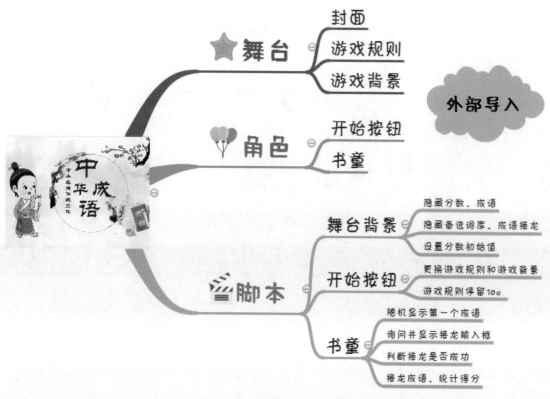

◆图4.2.2　"成语接龙"作品内容

构思作品框架

　　本例开始，单击▶图标时，呈现游戏封面背景，并播放背景音乐，点击开始按钮，切换到游戏规则界面，十秒后自动进入成语接龙游戏。游戏开始随机出现第一个成语，玩家输入接龙成语，接对得10分，接错游戏结束……通过列表存储备选成语库，显示接龙成语，变量存储玩家输入成语和得分。相应的动作积木如图4.2.3所示。

◆图4.2.3　"成语接龙"作品框架

✋ 梳理编程思路

　　本例中关键的问题，一是将一部分成语导入备选成语库；二是每次开始游戏，随机出现第一个成语，显示在成语接龙列表中；三是判断玩家接龙成语的第一个字是否是上一个成语最后一个字。

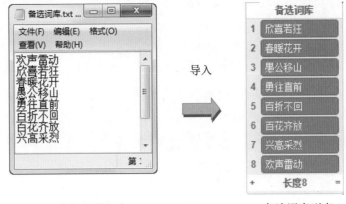

备选词库文本　　　　　　导入　　　　　备选词库列表

◆图4.2.4　成语导入备选词库列表

　　●问题一：将一部分成语导入备选成语库。建立一个"备选词库"列表，往列表里添加数据的方法有三种：直接输入、文本导入、通过程序添加。本例将事先准备好的成语保存在记事本中，再通过文本导入到"备选库"列表中，如图4.2.4所示。

　　●问题二：游戏开始，随机出现第一个成语。建立一个"成语"变量、一个"成语接龙"列表，使用 `备选词库▼的第○项` 积木块选定"备选词库"中的随机项，并将这个成语临时存放在"成语"变量中，具体程序如图4.2.5所示。

　　●问题三：判断一个字是否为上一个成语的最后一个字。建立变量"最后一个字"，用于存放"成语"变量的第4个字符，首先判断玩家回答的字符数是否是4，如果不是，重新输入；如果是4个字符再判断回答的第一个字符和变量"最后一个字"是否相等，相等表示接龙成功，反之游戏失败，如图4.2.6所示。

◆图4.2.5　随机出现第一个成语

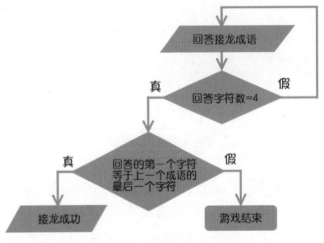

◆图4.2.6　判断接龙是否成功

🎵 探究实践

🔍 准备背景和角色

　　先从外部导入舞台背景图，再导入角色开始按钮和书童，放置在舞台合适位置，并调整其大小，最后导入背景音乐。

　　导入舞台背景　新建项目，导入"封面""游戏规则""游戏背景"图，如图4.2.7所示。

封面　　　　　　游戏规则　　　　　　游戏背景

◆图4.2.7　舞台背景效果

添加角色　删除默认小猫，单击"选择角色"按钮，导入"开始按钮""书童"角色，如图4.2.8所示，并调整角色至大小合适的位置。

　　导入声音　选中"背景"，导入背景音乐"古典音乐"。

　　建立文本文档　打开"记事本"，按如图4.2.9所示操作，输入准备好的成语，每输入一个成语换一行（本例只输入8个成语），命名为"备选词库.txt"，保存文件。

开始按钮

书童

◆图4.2.8　游戏中的角色

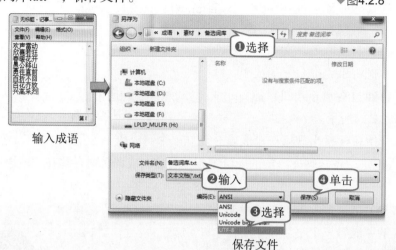

输入成语

保存文件

◆图4.2.9　准备成语库文件

建立列表变量

首先建立2个列表，存放备选词库和成语接龙，再建立3个变量，分别存放不同数据。

　　新建列表　新建2个列表，分别命名为"备选词库"和"成语接龙"。

　　导入备选成语　按图4.2.10所示操作，将准备好的"备选词库.txt"文件导入到备选词库列表中。

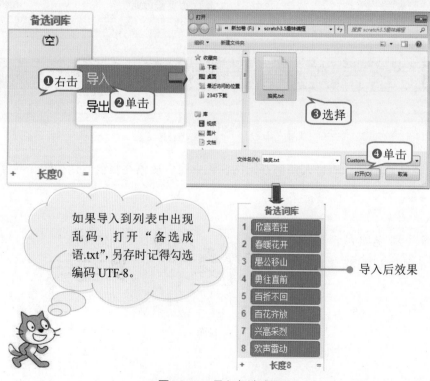

如果导入到列表中出现乱码，打开"备选成语.txt"，另存时记得勾选编码 UTF-8。

导入后效果

　　◆图4.2.10　导入备选成语

新建变量　新建3个变量，分别命名为成语、分数、最后一个字，效果如图4.2.11所示。

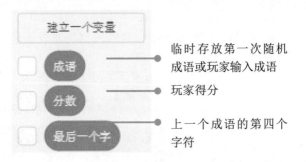

临时存放第一次随机成语或玩家输入成语

玩家得分

上一个成语的第四个字符

◆图4.2.11　新建变量

编写背景和角色脚本

分别对背景和角色编写脚本，实现单击开始进入游戏规则；游戏开始随机产生第一个成语，玩家接龙，判断接龙是否正确，并进行计分。

设置背景脚本　选中背景，添加脚本，设置封面背景及音乐播放，同时初始化分数，并隐藏所有列表和变量，脚本如图4.2.12所示。

设置开始按钮脚本　选中开始按钮，添加脚本，实现单击开始按钮显示游戏规则背景，10s后自动切换到游戏背景，并广播游戏开始，脚本如图4.2.13所示。

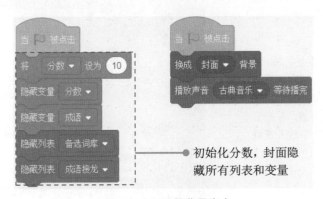

初始化分数，封面隐藏所有列表和变量

◆图4.2.12　设置背景脚本

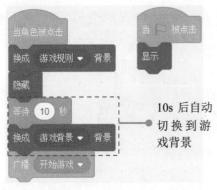

10s后自动切换到游戏背景

◆图4.2.13　设置开始按钮脚本

设置书童初始状态　选中书童角色，添加脚本，实现书童开始隐藏，接收到"开始游戏"后显示，脚本如图4.2.14所示。

初始化游戏　继续给书童添加如图4.2.15所示脚本，实现游戏开始，显示分数、成语列表，从备选词库列表中随机选取一个成语，在成语接龙列表中显示。

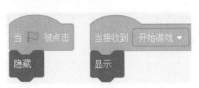

◆图4.2.14　设置书童初始状态

显示成语接龙列表

显示分数

清空成语接龙列表

在备选词库中随机抽取一个成语放入变量成语中

将第一个成语显示在成语接龙列表中

成语最后一个字存到变量最后一个字

◆图4.2.15　初始化游戏

设置询问框　接着添加脚本，实现书童说出第一个成语，并显示输入框，请玩家接龙，脚本如图4.2.16所示。

判断接龙成语字数　继续添加如图4.2.17所示脚本，判断玩家接龙成语是否是4个字。

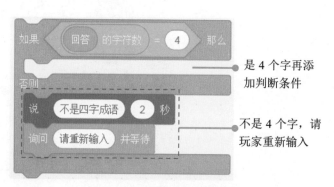

是 4 个字再添加判断条件

不是 4 个字，请玩家重新输入

◆图4.2.16　设置询问框

◆图4.2.17　判断接龙成语字数

判断首尾字符　在图4.2.17条件语句中添加嵌套条件判断语句，判断玩家输入成语首字和上一个成语尾字是否相同，相同加分，不同游戏结束，脚本如图4.2.18所示。

添加重复执行　添加重复执行积木，让接龙游戏反复进行，脚本如图4.2.19所示。

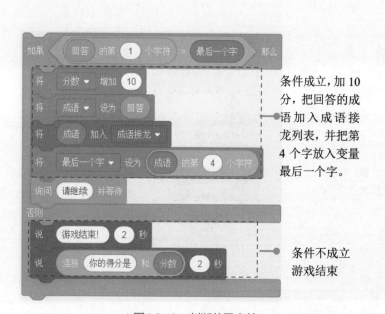

条件成立,加 10 分,把回答的成语加入成语接龙列表,并把第4 个字放入变量最后一个字。

条件不成立游戏结束

◆图4.2.18　判断首尾字符

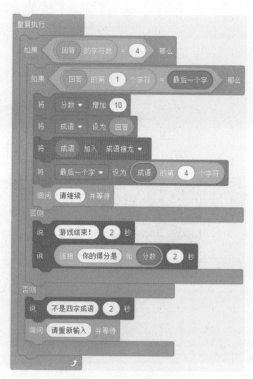

◆图4.2.19　添加重复执行

保存文件　调试作品，选择"文件"→"保存到电脑"命令，保存作品。

♫♫ 智慧钥匙

1. 列表元素的删除

列表元素的删除有两种情况：一种是删除列表中的某个元素，另一种是删除列表中的所有元素。删除列表元素有两种方法：一种是利用脚本删除，另一种是在列表中直接删除。

2. 查询列表中的某一项

在Scratch中，可以对列表的一些数据进行查询，例如在如图4.2.20所示班级姓名列表中，使用"列表的第…项"积木块，在框中输入数字5，单击运行积木块，将显示班级姓名列表中的第5项元素"方舟"。

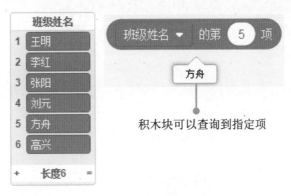

◆图4.2.20　查询列表中的某一项

♫ 挑战空间

1. 试一试：从你学过的成语中挑选更多的成语，新建"海量成语库.txt"文件，并将成语导入到备选成语库列表中，增加游戏难度和趣味性。

2. 完善游戏：在玩一玩和亲手制作本例中，你有没有发现游戏脚本有bug？玩家输入的接龙词语虽然是4个字，也做到首字与上一个成语尾字相同，但不一定是成语，这个时候程序是没有办法做出判断的，你有什么好的解决办法吗？一起来讨论吧！

3. 脑洞大开：请你模仿本案例设计一个古诗词接龙游戏，类似中国诗词大会的飞花令。

第3课
经典童话巧创编

微信扫码
看微课视频专项学
添加学习助手获取服务

春天来了，青草地上一只毛毛虫找不到自己的妈妈了。它爬呀爬，看见了甲壳虫小姐、鹦鹉阿姨，以为她们是自己的妈妈。可是，甲壳虫小姐说："你的妈妈会飞。"鹦鹉阿姨说："你的妈妈有一对触角。"毛毛虫的妈妈到底是谁呢？快来帮帮毛毛虫找妈妈吧！

♫ 体验空间

✋ 试一试

请运行本例"毛毛虫找妈妈.sb3"，玩一玩！玩的过程中，你有哪些发现呢？填一填！

● ● ● ● ●

我发现故事中的角色：＿＿＿＿＿＿＿＿＿＿＿＿＿＿＿＿＿＿＿＿＿＿＿＿＿＿

我发现毛毛虫爬行方向：＿＿＿＿＿＿＿＿＿＿＿＿＿＿＿＿＿＿＿＿＿＿＿＿

✋ 想一想

制作本例时，需要思考的问题，如图4.3.1所示。你还能提出怎样的问题？填在方框中。

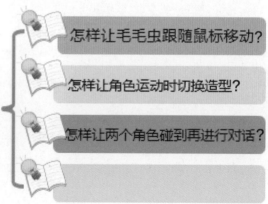

怎样让毛毛虫跟随鼠标移动？

怎样让角色运动时切换造型？

怎样让两个角色碰到再进行对话？

◆图4.3.1　提出问题

♪♪ 探秘指南

✋ 规划作品内容

本例背景只有2个；角色包括毛毛虫、甲壳虫、鹦鹉、蝴蝶等。毛毛虫跟随鼠标方向移动，分别碰到甲壳虫、鹦鹉和蝴蝶，再进行对话询问。搭舞台、选角色的方法，以及相应的动作，如图4.3.2所示。

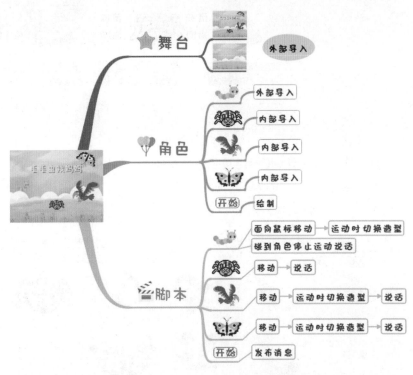

◆图4.3.2　"毛毛虫找妈妈"作品内容

✋ 构思作品框架

本例开始，单击▶图标时，呈现故事封面背景，并播放背景音乐。点击"开始"按钮进入故事，用鼠标指引毛毛虫辨别方向寻找妈妈……通过广播与接收消息控制角色出场顺序，使用变量控制角色切换造型，积木 碰到 角色1▼ ? 让角色遇见再说话。相应的动作积木如图4.3.3所示。

✋ 梳理编程思路

本例中关键的问题，一是毛毛虫面向鼠标移动找妈妈；二是角色运动时切换造型；三是毛毛虫碰到其他角色再对话。

● 问题一：故事中，一直用鼠标指引毛毛虫去寻找妈妈。毛毛虫先后看见甲壳虫小姐、鹦鹉阿姨和蝴蝶妈妈，如图4.3.4所示。本例不同角色的出场通过广播消息和接收消息控制。

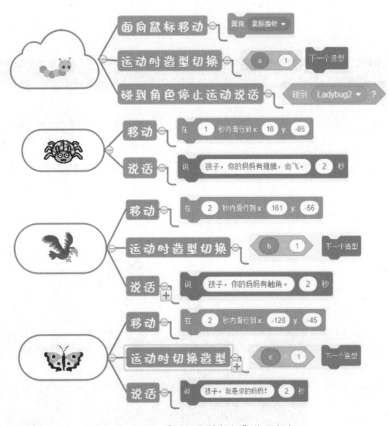

◆图4.3.3　"毛毛虫找妈妈"作品框架

◆图4.3.4　跟随鼠标寻找妈妈

● 问题二：角色运动时重复切换造型，产生逼真效果，并使用变量控制角色在运动时重复切换造型，说话时保持一种造型，变量与角色造型切换关系如图4.3.5所示。

● 问题三：毛毛虫碰到其他角色再进行对话，可以使用控制积木块"如果…那么…"和侦测积木块"碰到…？"结合实现，如图4.3.6所示。

项目	毛毛虫	parrot	butterfly	ladybug
造型1				
造型2				
重复切换造型	a=1	b=1	c=1	
停止切换造型	a=0	b=0	c=0	

◆图4.3.5　变量与角色造型切换

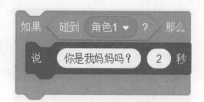

◆图4.3.6　控制对话时间

♫ 探究实践

🔍 准备背景和角色

案例中的背景图片以及角色可以直接导入编辑好的外部素材，再添加背景音乐。

导入舞台背景　新建项目，导入"背景1""背景2"图，如图4.3.7所示。

◆图4.3.7　舞台背景效果

上传角色 删除默认小猫，上传"毛毛虫-1"并添加角色造型"毛毛虫-2"。

选择角色 单击"选择一个角色"，依次导入Ladybug2、Parrot、Butterfly1角色，删除角色中不需要的造型。

绘制角色 依次绘制"开始"按钮和"未完待续……"角色，本例所有角色如图4.3.8所示。

导入声音 选中"背景"，导入背景音乐。

◆图4.3.8 角色区效果

编写角色脚本

角色初始状态要设置隐藏和位置，再设置毛毛虫跟随鼠标依次寻找妈妈，完成故事情节。

设置背景和音乐 选中背景，添加如图4.3.9所示脚本，设置背景切换及音乐播放。

设置开始按钮 选中"开始"角色，添加脚本，如图4.3.10所示。

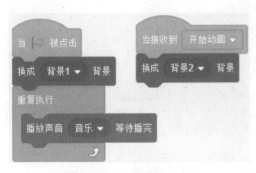

◆图4.3.9 设置背景和音乐

◆图4.3.10 设置开始按钮

设置角色初始状态 分别选中角色毛毛虫-1、Ladybug2、Parrot、Butterfly1，设置初始状态和位置，脚本如图4.3.11所示。

创建变量 创建3个变量，分别命名为a、b、c，并取消变量前的勾选框，如图4.3.12所示。

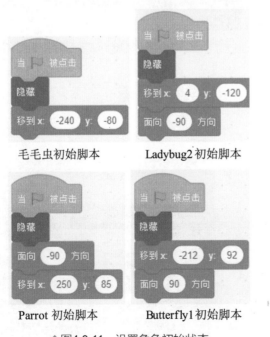

◆图4.3.11 设置角色初始状态

◆图4.3.12 创建变量

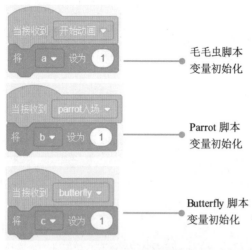

毛毛虫脚本
变量初始化

Parrot 脚本
变量初始化

Butterfly 脚本
变量初始化

◆图4.3.13 初始化变量

初始化变量　分别选中角色毛毛虫-1、Parrot、Butterfly1，设置变量初始值，脚本如图4.3.13所示。

设置毛毛虫入场　选中角色毛毛虫，设置角色入场，脚本如图4.3.14所示。

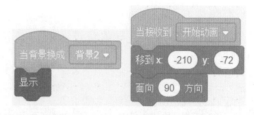

◆图4.3.14 设置毛毛虫入场效果

设置毛毛虫造型切换　继续给毛毛虫添加如图4.3.15所示脚本，设置毛毛虫爬行时的切换造型效果。

设置毛毛虫碰到甲壳虫　继续给毛毛虫添加如图4.3.16所示脚本，设置毛毛虫碰到甲壳虫时的对话。

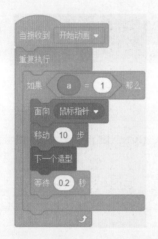

◆图4.3.15 设置毛毛虫爬行时切换造型

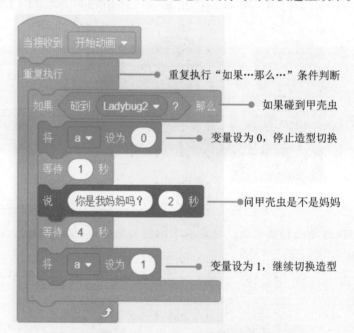

重复执行"如果…那么…"条件判断

如果碰到甲壳虫

变量设为0，停止造型切换

问甲壳虫是不是妈妈

变量设为1，继续切换造型

◆图4.3.16 设置毛毛虫碰到甲壳虫效果

设置碰到其他角色　继续设置毛毛虫碰到其他角色的效果，脚本如图4.3.17所示。

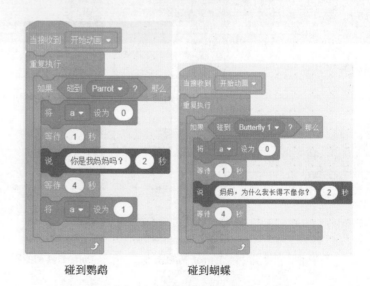

碰到鹦鹉　　　　　　碰到蝴蝶

◆图4.3.17 设置毛毛虫碰到其他角色

设置甲壳虫脚本　根据故事情节，设置甲壳虫出场和动作，脚本如图4.3.18所示。

设置鹦鹉入场　选中Parrot角色，设置鹦鹉出场和造型切换，脚本如图4.3.19所示。

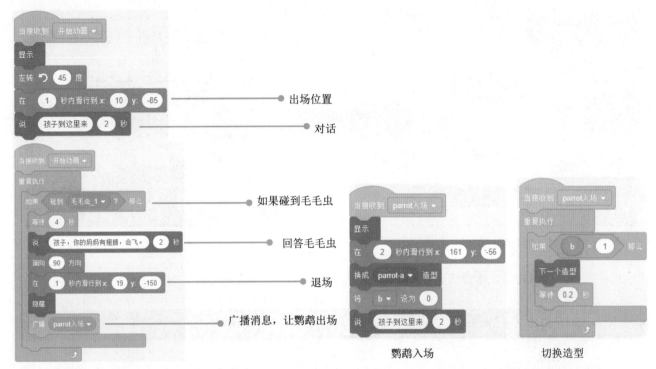

◆图4.3.18　其他角色脚本　　　　　　　　　　◆图4.3.19　鹦鹉入场脚本

设置鹦鹉碰到毛毛虫效果　继续设置鹦鹉碰到毛毛虫时的效果，脚本如图4.3.20所示。

设置蝴蝶入场　选中Butterfly角色，设置蝴蝶出场和切换造型，脚本如图4.3.21所示。

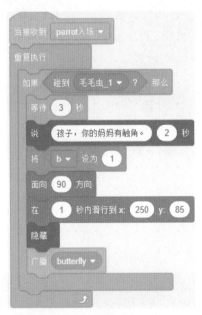

◆图4.3.20　鹦鹉碰到毛毛虫脚本

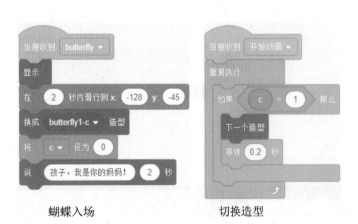

◆图4.3.21　蝴蝶入场脚本

设置蝴蝶碰到毛毛虫效果　继续设置蝴蝶碰到毛毛虫时的效果，脚本如图4.3.22所示。

设置结束　选中"结束"角色，添加脚本，效果如图4.3.23所示。

◆图4.3.22　蝴蝶碰到毛毛虫脚本　　　　　　　　　　◆图4.3.23　结束效果

保存文件　调试作品，选择"文件"→"保存到电脑"命令，保存作品。

♪♪ 智慧钥匙

1. 角色触碰

角色触碰是比较常用的一种判断方式，对应的"碰到…？"积木块如图4.3.24所示，单击积木块的下三角按钮，会弹出触碰条件供选择。

2. 颜色触碰

颜色触碰的积木块有两种：一种用于判断角色是否触碰到某种颜色；另一种用于判断一种颜色是否触碰到另一种颜色。积木块如图4.3.25所示。

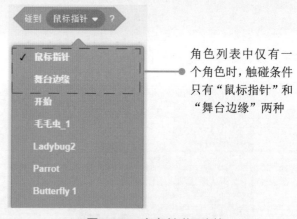

角色列表中仅有一个角色时，触碰条件只有"鼠标指针"和"舞台边缘"两种

◆图4.3.24　角色触碰积木块

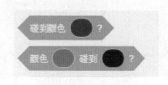

◆图4.3.25　颜色触碰

♪♪ 挑战空间

1. 试一试：和你的好朋友合作，分角色给毛毛虫、甲壳虫、鹦鹉和蝴蝶配音，并修改故事脚本，给角色添加语音对话。

2. 续写故事：长大后的毛毛虫会是什么样？尝试使用克隆功能，续编故事。

3. 故事创作：试着用Scratch制作"小蝌蚪找妈妈"故事，并与朋友分享。

第5单元

逻辑代数推算妙
——数学

数学给你的印象是什么？枯燥、单调、难懂？数学是理性思维和想象的结合，数学起源于建筑，正是对美的追求，才产生了数学。利用Scratch学习数学可以化抽象为直观，使复杂的问题简单化、抽象的问题具体化。

本单元通过判断水仙花数、百钱买百鸡等有趣的问题，掌握自定义变量的运用方法。让我们一起发挥想象，体验数学的乐趣，开始属于自己的数学王国之旅吧！

◆水仙花数巧判断

◆百钱正巧购百鸡

◆孔明猜数妙推算

◆随机抽签中大奖

第1课
水仙花数巧判断

微信扫码
看微课视频专项学
添加学习助手获取服务

小猫在玩数字游戏时发现了一个有趣的现象：有的3位数，它的每个数位上的数字的 3次方之和等于它本身（例如：$1^3 + 5^3 + 3^3 = 153$），像这样的数称为水仙花数。你能帮助小猫判断一下，输入的三位数到底是不是水仙花数吗?

♫♪ 体验空间

🖐 试一试

请运行本例"水仙花数巧判断.sb3"，玩一玩！玩的过程中，你有哪些发现呢？填一填！

• • • • •

在出现的对话框中输入要判断的三位数，按下空格键，会显示：_____

🖐 想一想

制作本例时，需要思考的问题，如图5.1.1所示。你还能提出怎样的问题？填在方框中。

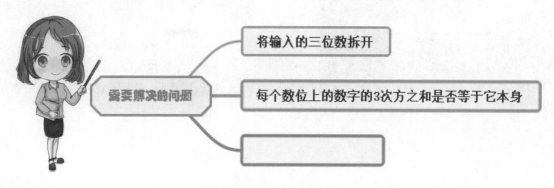

◆图5.1.1 提出问题

♪♪ 探秘指南

👋 规划作品内容

制作本例，背景非常简洁，从背景素材库导入森林背景。选择"小猫"作为角色，其中小猫只是作为默认的对象出现，是代码运行的载体，本身并没有动作。搭舞台、判断水仙花数的方法，以及相应的动作，如图5.1.2所示。

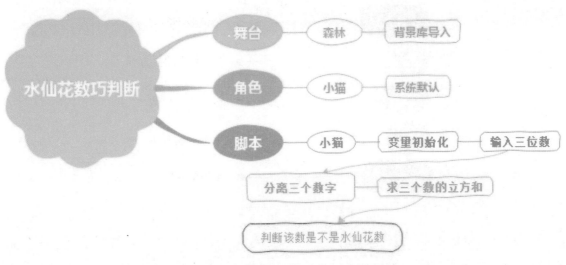

◆图5.1.2 "水仙花数巧判断"作品内容

👋 构思作品框架

本例开始，单击▶图标后，屏幕上会有"三位数⓪""百位⓪""十位⓪""个位⓪""和⓪"等显示内容，清空各个变量原来的值。屏幕下方出现输入对话框，上方出现提示："请输入一个三位数！"输入一个三位数后按回车键，将会显示"×××是（不是）水仙花数"。相应的动作积木如图5.1.3所示。

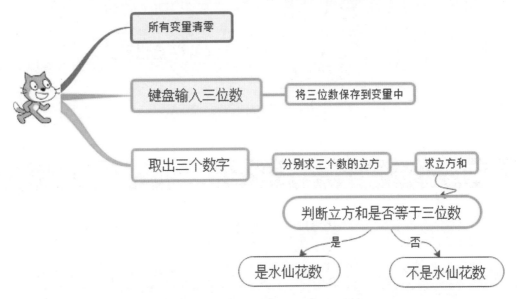

◆图5.1.3 "水仙花数巧判断"作品框架

👋 梳理编程思路

本例中关键的问题，一是将输入的三位数拆开成三个数字；二是判断每个数位上的数字的三次方之和是否等于该数本身。

● 问题一：在程序执行之前，首先要定义8个变量，如图5.1.4所示。

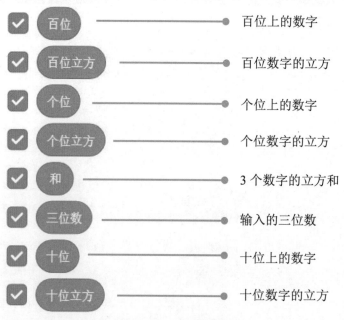

◆图5.1.4 定义的变量

● 问题二：输入三位数，并保存到变量中。解决方法是，定义好"百位""十位""个位"，当输入了三位数后，依次从百位到个位取出数字保存到3个变量中。取出3个数字，并分别算出3个数字的立方，再对3个数的立方求和，和原数进行比较，如果相等，说明该数是水仙花数；如果不相等，说明该数不是水仙花数。将大问题分解成几个小问题，逐一解决，如图5.1.5所示。

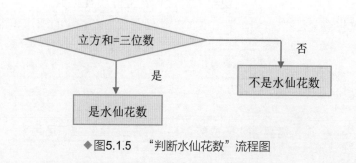

◆图5.1.5 "判断水仙花数"流程图

♪♪ 探究实践

🔍 准备背景和角色

案例的背景图片为了创设情境，导入森林背景，角色使用了默认的小猫用于编写脚本，首先设定好变量的初始值，为下一步做好准备。

导入舞台背景　新建项目，导入"Forest"背景图，并删除空白背景。

调整小猫位置　选中小猫角色，在舞台上调整小猫的位置。

定义变量　按图5.1.6所示，定义"百位"新变量。

定义其他变量 重复上一步骤，依次定义"百位""十位""个位""百位立方""十位立方""个位立方""三位数""和"共8个变量。

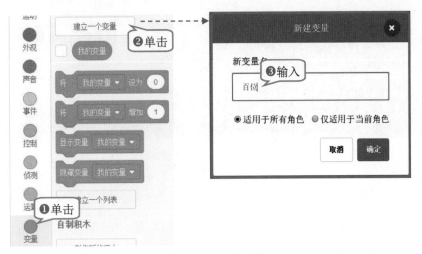

◆图5.1.6 定义变量

变量初始化 按图5.1.7所示操作，对所有变量进行初始化。

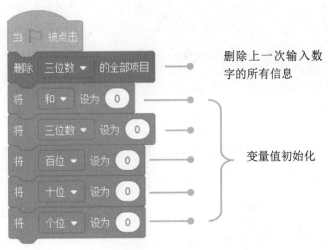

◆图5.1.7 变量初始化

🔍 编写角色脚本

为小猫添加脚本，取出三位数的每一个数字，并求出每个数字的立方。设置脚本，判断三个数的立方和是否等于三位数。

输入数字 设置输入对话框输入三位数，并将三位数保存到变量"三位数"中，脚本如图5.1.8所示。

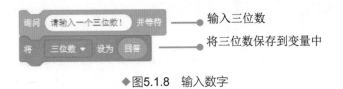

◆图5.1.8 输入数字

分离3个数字　分别取出三位数百位、十位、个位上的数字，并保存在变量中，参考脚本如图5.1.9所示。

取出百位上的数字

取出十位上的数字

取出个位上的数字

◆图5.1.9　分离3个数字

求3个数的立方和　分别求三位数百位、十位、个位上的数字的立方以及三个数字的立方和，并保存在变量中，参考脚本如图5.1.10所示。

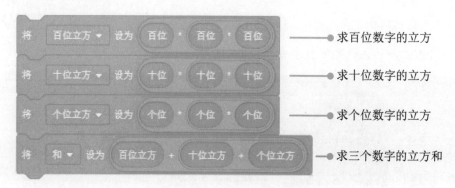

求百位数字的立方

求十位数字的立方

求个位数字的立方

求三个数字的立方和

◆图5.1.10　求3个数的立方和

判断水仙花数　判断3个数字的立方和与三位数是否相等，如果相等显示该数是水仙花数，否则显示该数不是水仙花数，参考脚本如图5.1.11所示。

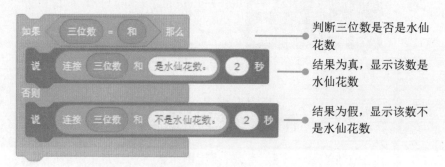

判断三位数是否是水仙花数

结果为真，显示该数是水仙花数

结果为假，显示该数不是水仙花数

◆图5.1.11　判断水仙花数

保存文件　调试作品，选择"文件"→"保存到电脑"命令，保存作品。

♪♪ 智慧钥匙

1. 变量

变量就像是一个盒子，你可以把信息（如数字）存放在里面，还可以修改它们。数学课上，我们用字母代表变量，比如x,y。在Scratch中，看到圆角矩形的积木块，如图5.1.12所示就是变量。用鼠标点击圆角矩形积木块，就会显示相应的结果。Scratch中对变量做了不少优化的地方，比如不区分整数、浮点数、字符、字符串等类型，都统一认为是字符串类型。

◆图5.1.12 各种变量积木

2. 全程变量与局部变量

在新建变量的时候，有个选项，是"适用于所有角色"还是"仅适用于当前角色"，如图5.1.6所示，这是干什么的呢？

通常我们称前者为全局变量，所有的角色都可以访问到这个变量；后者我们称为局部变量，只能在当前这个角色里访问到这个变量，通常在使用克隆功能的时候，为了让每个克隆体有自己的变量，就会使用局部变量。

♪♪ 挑战空间

1. 试一试：编写程序，完成变量值的交换：a的值为10、b的值为1，那么交换后，a的值为1、b的值为10。

2. 修改程序：试着修改"水仙花数巧判断.sb3"脚本，输入四位数判断，找出四位数中的水仙花数。

百钱正巧购百鸡

　　我国古代数学家张丘建在《张丘建算经》一书中曾提出过一道非常有趣的"百钱买百鸡"问题，题目是这样的：今有鸡翁一，值钱五；鸡母一，值钱三；鸡雏三，值钱一；凡百钱买鸡百只，问翁母雏各几何。用现在的语言解释，意思是买一只公鸡五块钱，买一只母鸡三块钱，买三只小鸡一块钱，现在要用一百块钱买一百只鸡，问公鸡、母鸡、小鸡可以各买多少只？这道题看来很有趣，也很难哦，我们尝试用Scratch编程找出答案吧。

♪♫ 体验空间

试一试

　　请运行本例"百钱正巧购百鸡.sb3"，玩一玩！玩的过程中，你有哪些发现呢？填一填！

• • • •

　　在公鸡、母鸡、小鸡上方的对话框中输入要购买的数，单击计算按钮，会显示：

_____

想一想

　　制作本例时，需要思考的问题，如图5.2.1所示。你还能提出怎样的问题？填在方框中。

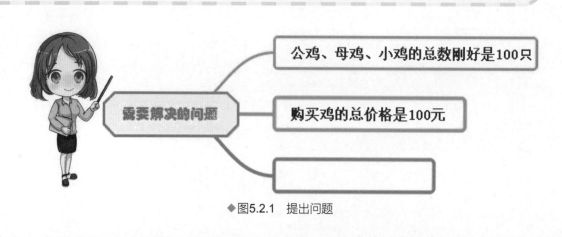

需要解决的问题

公鸡、母鸡、小鸡的总数刚好是100只

购买鸡的总价格是100元

◆图5.2.1　提出问题

♪♪ 探秘指南

规划作品内容

制作本例，背景非常简洁，从背景素材库导入蓝天背景。删除默认的小猫角色，选择"公鸡""母鸡""小鸡"3个角色，点击3种鸡，输入要买的鸡的数量，计算出结果。输入数字、判断百钱买百鸡的方法以及相应的动作，如图5.2.2所示。

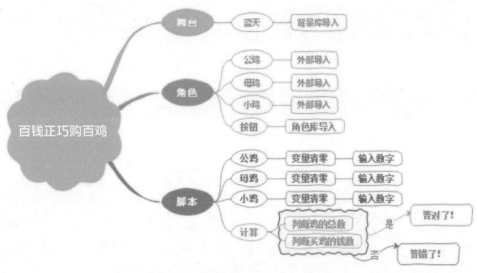

◆图5.2.2 "百钱正巧购百鸡"作品内容

构思作品框架

本例开始，运行程序后，分别单击"公鸡""母鸡""小鸡"3个角色，清空各个变量原来的值。屏幕下方出现输入对话框，上方出现提示："买多少只公（母、小）鸡？"，全部输入后，单击"计算"按钮，将会判断结果是否正确。相应的动作积木如图5.2.3所示。

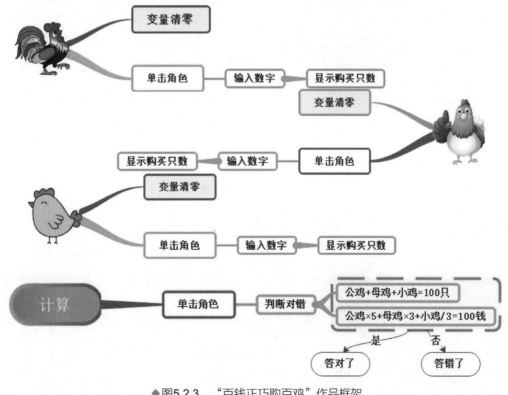

◆图5.2.3 "百钱正巧购百鸡"作品框架

梳理编程思路

本例中关键的问题，一是公鸡、母鸡、小鸡的总数是100只；二是购买100只鸡的总价是100元钱。

● 问题一：在程序执行之前，首先要定义3个变量和1个变量列表，输入3种鸡数，并保存到变量中，如图5.2.4所示。

● 问题二：分别判断购买的3种鸡总数是100只，购买100只鸡的总价是100元钱。如果2个条件同时成立，则显示答对了；如果不成立，则显示答错了。

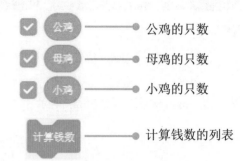

◆图5.2.4　定义的变量和列表

♪♪ 探究实践

Q 准备背景和角色

案例的背景导入简单的蓝天背景，角色使用了外部导入的公鸡、母鸡、小鸡用于编写脚本，首先设定好变量的初始值，为下一步做好准备。

导入舞台背景　新建项目，导入"Blue Sky2"背景图，并删除空白背景。

添加公鸡　删除默认的小猫角色，新建角色，导入"公鸡"图片，在舞台上调整公鸡的位置和大小。

定义变量　按图5.2.5所示操作，定义"公鸡"新变量。

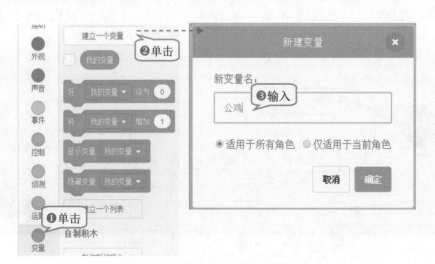

◆图5.2.5　定义变量

变量初始化　按图5.2.6所示操作，对变量进行初始化。

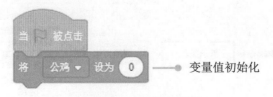

◆图5.2.6　变量初始化

　　输入数字保存到变量　按图5.2.7所示，当单击"公鸡"角色后，出现对话框，输入购买公鸡的只数，将数字保存到变量中。

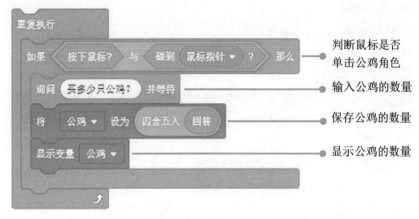

　　判断鼠标是否单击公鸡角色
　　输入公鸡的数量
　　保存公鸡的数量
　　显示公鸡的数量

◆图5.2.7　输入数字保存到变量

🔍 编写其他角色脚本

　　为母鸡、小鸡角色添加脚本，设置输入部分，并将输入的数字保存到变量中。

　　添加母鸡　新建角色，单击"上传角色"按钮，从外部导入"母鸡"，在舞台上调整母鸡的位置和大小。

　　编写母鸡脚本　为母鸡角色添加合适的脚本，如图5.2.8所示。

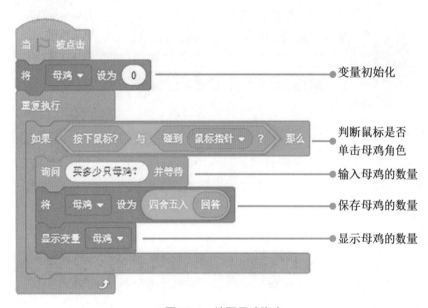

　　变量初始化
　　判断鼠标是否单击母鸡角色
　　输入母鸡的数量
　　保存母鸡的数量
　　显示母鸡的数量

◆图5.2.8　编写母鸡脚本

　　添加小鸡　新建角色，导入"小鸡"图片，在舞台上调整小鸡的位置和大小。

编写小鸡脚本 为小鸡角色添加合适的脚本，如图5.2.9所示。

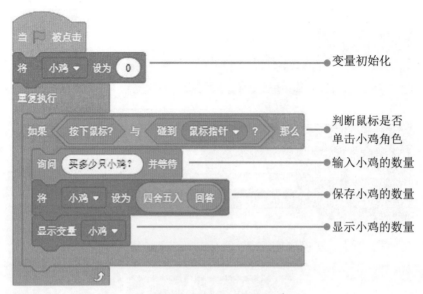

◆图5.2.9 编写小鸡脚本

运行计算 单击 ▶ 图标，运行程序，单击 计算 按钮，开始执行计算，参考脚本如图5.2.10所示。

◆图5.2.10 运行计算

百钱买百鸡 判断公鸡、母鸡、小鸡的总和是否为100只，再判断购买100只鸡的总价是否为100块钱，条件同时成立，则显示答对了，如果不成立，则显示答错了。参考脚本如图5.2.11所示。

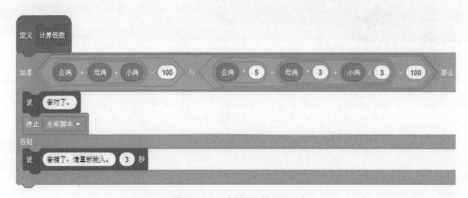

◆图5.2.11 判断百钱买百鸡

保存文件 调试作品，选择"文件"→"保存到电脑"命令，保存作品。

♪♪ 智慧钥匙

1. 枚举法

百钱买百鸡最适宜使用枚举法，所谓枚举法是利用计算机运算速度快、精确度高的特点，对要解决问题的所有可能情况，一个不漏地进行检验，从中找出符合要求的答案，因此枚举法是通过牺牲时间来换取答案的全面性。考虑到算法的时间复杂度与空间复杂度还可以不断优化，方法并不唯一。

枚举算法因为要列举问题的所有可能的答案，所以它具备以下几个特点：

- 得到的结果肯定是正确的；
- 通常会涉及求极值（如最大、最小、最重等）；
- 数据量大的话，可能会造成时间崩溃。

2. 百钱买百鸡的3种解法

如果把百钱买百鸡用数学方法列式，找出它们之间的关系，解法如下：

设公鸡、母鸡、小鸡分别为x、y、z只，由题意得：有2个等式、3个未知量，称为不定方程组，则有多种解。

① $x+y+z=100$

② $5x+3y+(1/3)z=100$

方法一：x的取值范围为1~20，y的取值范围为133，z的取值范围为399（以3的数量增加），利用三层循环嵌套遍历x、y、z的所有可能的组合。

方法二：公鸡的数量为x，母鸡的数量为y，小鸡的数量为z。从1开始穷举小鸡与母鸡的数量，则公鸡的数量为$x=100-y-z$，只需要两层循环嵌套便可实现。

方法三：一层循环的实现方法需要推算一下这个不定方程

$$y=25-(7/4)x$$

$$z=75+(3/4)x$$

再让x从1~20穷举，y和z根据表达式进行推算，如果x、y、z均为整数，且大于0，就可以算出所有答案了。

♪♪ 挑战空间

1. 试一试：完善百钱正巧购百鸡程序，添加"答案"按钮，在输入的3种鸡的数字不对时，可以单击"答案"按钮获得正确的解法。其中核心部分的参考程序如图5.2.12所示，请你试着画出这段程序的流程图，想一想，判读部分空着的条件应该放入哪些积木呢？

2. 编写程序：尝试解出鸡兔同笼问题。题目原文是这样的：《孙子算经》下卷第31题记载说：今有雉兔同笼，上有三十五头，下有九十四足，问雉兔各几何？

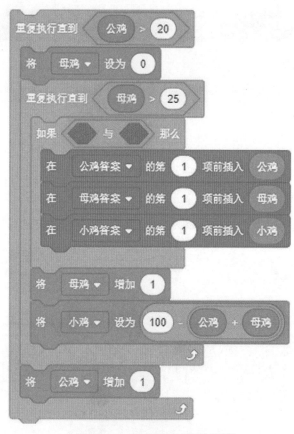

◆图5.2.12 判断百钱正巧购百鸡

孔明猜数妙推算

相传有一天，孔明把将士们召集在一起说："你们中间不论谁，从1到100中任意选出一个整数，记在心里。我提出10个问题，只要求回答'大了'或'小了'，10个问题全答完以后，我就会算出你心里出的那个数。"孔明说完，一个谋士站起来说，他已经选好了一个数。诸葛亮提问到："你选的数大于50吗？""不是。"接着，他又向这个谋士连提九个问题，谋士都一一作答，最后诸葛亮说："你记的那个数是1。" 谋士听了极为惊奇，因为这个数果真是他选的数，你知道诸葛亮是怎么妙算的吗？这道题看来很有趣，也很难哦，我们尝试用Scratch编程找出答案吧。

♪♪ 体验空间

🖐 试一试

请运行本例"孔明猜数妙推算.sb3"，玩一玩！玩的过程中，你有哪些发现呢？填一填！

· · · · ·

在对话框中输入你猜的数，猜中的最快时间是：_____

🖐 想一想

制作本例时，需要思考的问题，如图5.3.1所示。你还能提出怎样的问题？填在方框中。

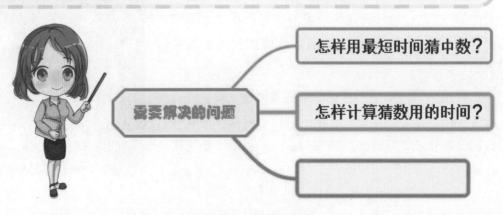

◆图5.3.1　提出问题

♪♪ 探秘指南

🖖 规划作品内容

制作本例，背景非常简洁，从外部导入素材"营帐"作为背景。选择"谋士"角色，通过对话创设猜数情境，根据猜数结果做出响应，最后显示猜数所用时间和次数。搭舞台、判断猜数的方法，以及相应的动作，如图5.3.2所示。

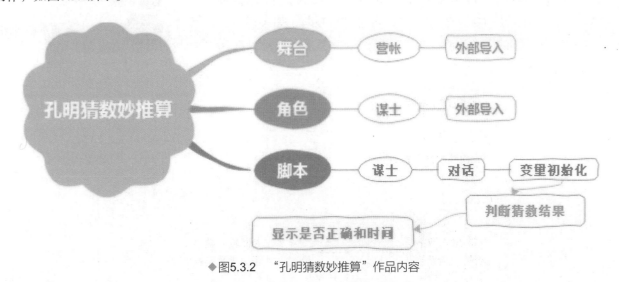

◆图5.3.2 "孔明猜数妙推算"作品内容

🖖 构思作品框架

本例开始，单击 🚩 图标后，屏幕上会出现一位谋士向孔明先生挑战猜数，同时清空各个变量原来的值。屏幕下方出现输入对话框，上方出现提示："是多少？"输入一个100以内的数后按回车键，将会显示"大了"或"小了"，经过10次猜不对即为失败。相应的动作积木如图5.3.3所示。

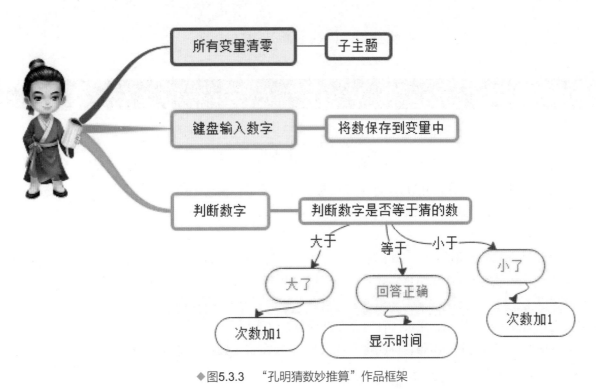

◆图5.3.3 "孔明猜数妙推算"作品框架

梳理编程思路

本例中关键的问题，一是怎样计算猜中数字所用的时间；二是怎样才能用最少的次数猜中。

- 问题一：在程序执行之前，首先要定义3个变量，如图5.3.4所示。

- 问题二：如图5.3.5所示，输入一个数，可以先输入50，再根据程序的提示"大了"还是"小了"进行调整，如果大了，就输入50的一半25再次进行判断，如果还是大了，就输入接近25的一半的整数13，以此类推；如果是小了，就输入75，再次进行判断，如果还是小了，就输入75和100的中间数88，再次判断，以此类推，就可以在10次以内顺利完成猜数。

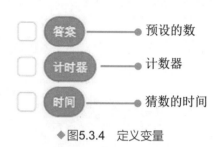

◆图5.3.4　定义变量

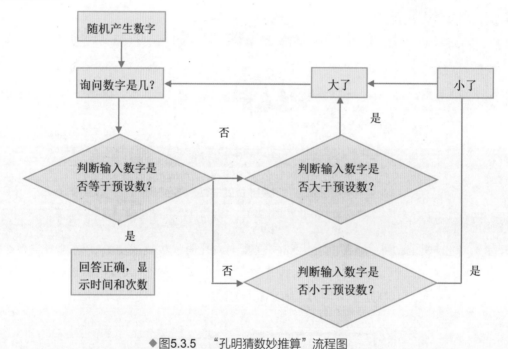

◆图5.3.5　"孔明猜数妙推算"流程图

♪♪ 探究实践

🔍 准备背景和角色

为了创设情境，案例的背景图片导入了古代营帐，上传了"谋士"角色用于编写脚本，首先设定好变量的初始值，为下一步猜数做好准备。

导入舞台背景　新建项目，导入外部素材"营帐"背景图，并删除空白背景。

更换角色　删除默认的小猫角色，导入外部素材"谋士"角色。

调整"谋士"位置　选中"谋士"角色，在舞台上调整"谋士"的位置。

定义变量　按图5.3.6所示，定义"计时器"新变量。

定义其他变量　重复上一步骤，依次定义"次数""时间""答案"变量。

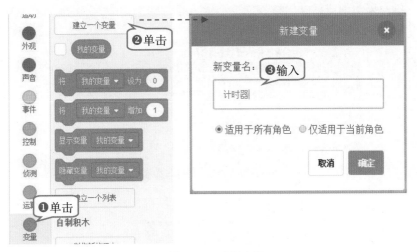

◆图5.3.6 定义变量

计时器清零 按图5.3.7所示操作，对计时器进行初始化。

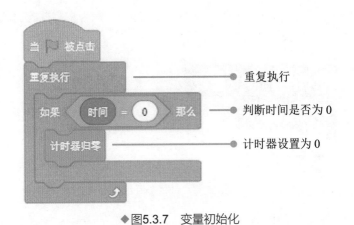

◆图5.3.7 变量初始化

🔍 编写角色脚本

为谋士添加脚本，首先将时间设置为零，并运用随机数产生要猜的数。编写对话，创设猜数的情境。

变量初始化 按图5.3.8所示操作，设置"时间"变量为零。

随机产生数字 随机产生100以内的数字，作为要猜的数保存在变量中，参考脚本如图5.3.9所示。

◆图5.3.8 变量初始化

◆图5.3.9 随机产生数字

创设对话脚本　编写谋士的对话，为猜数创设情境，参考脚本如图5.3.10所示。

◆图5.3.10　创设对话脚本

编写主程序

首先等待输入要猜的数，判断后分别提示"大了"或"小了"，再次进行猜数；如果猜对了，显示结果正确和所用时间，猜满10次结束。

选择循环结构　按图5.3.11所示操作，设置"时间"的初值，并为主程序选择循环结构，设定循环次数为10次。

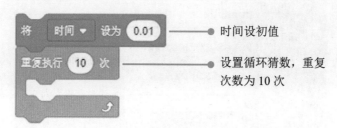

◆图5.3.11　选择循环结构

判断数是否大了　等待输入要猜的数字，如果该数大于要猜的数字，则显示该数"大了"，参考脚本如图5.3.12所示。将此段脚本拖动到前面的循环结构中。

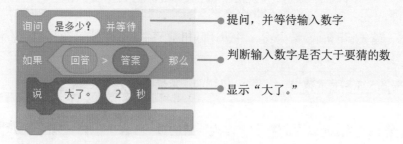

◆图5.3.12　判断数大了

判断数是否小了　如果该数大于要猜的数字，则显示该数"小了"，参考脚本如图5.3.13所示，将此段脚本拖动到前面的循环结构中。

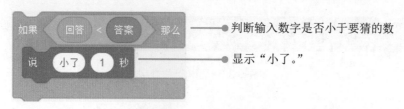

◆图5.3.13　判断数小了

显示猜数结果　如果该数刚好等于要猜的数字，则显示回答正确和所用时间、次数，参考脚本如图5.3.14所示，将此段脚本拖到前面的循环结构中。

◆图5.3.14　显示猜数结果

保存文件　调试作品，选择"文件"→"保存到电脑"命令，保存作品。

♫♪ 智慧钥匙

1. 猜数字游戏的原理——二分法

算法：当数据量很大适宜采用该方法。采用二分法查找时，数据必须是排好序的。

二分法的基本思想是：假设数据是按升序排序的，对于输入的数字，从序列的中间位置开始比较，如果当前位置值等于预设的数，则查找成功；若输入的数字小于当前位置值，则在数列的前半段中查找；若输入的数字大于当前位置值，则在数列的后半段中继续查找。

2. 变量的使用

Scratch中对变量做了不少优化，比如不区分整数、浮点数、字符、字符串等类型，都统一认为是字符串类型。对于青少年来说，降低了难度，使用起来更方便。在实际使用变量的时候，尽量给变量起个有意义的变量名，以方便阅读程序。

比如一个叫"分数"的变量，就比一个"abc"的变量有意义得多，一看到"分数"这个变量名，就知道是和数字相关的。变量名也可以用拼音。

♫♪ 挑战空间

1. 试一试：编写程序，如图5.3.15所示，首先出一道100以内的加法题，等待答题者输入答案，并对答案进行判断，显示做得对不对。继续出题，直到完成10道题，显示成绩。

2. 编写程序：小明让大家猜猜他的年龄，一共只有3次机会哦，猜错了他会提示"猜大了"或"猜小了"，3次猜不对就会提示"哦，你失败了。"。

◆图5.3.15　加法练习器

随机抽签中大奖

　　小猫担任嘉宾，为今天的幸运观众企鹅抽取大奖，只见小猫开始说："现在，我们开始抽奖。"接着倒数"3、2、1"，单击"开始抽奖"按钮，"特等奖""一等奖""二等奖""三等奖""参与奖"依次闪现，最终企鹅宝宝会获得什么奖项呢？大家赶紧帮助企鹅宝宝抽个特等奖吧。

♫ 体验空间

试一试

　　请运行本例"随机抽签中大奖.sb3"，玩一玩！玩的过程中，你有哪些发现呢？填一填！

· · · ·

　　单击"开始抽奖"按钮后，会显示＿＿＿＿＿＿，再次单击"开始抽奖"按钮，结果＿＿＿＿＿＿

想一想

　　制作本例时，需要思考的问题，如图5.4.1所示。你还能提出怎样的问题？填在方框中。

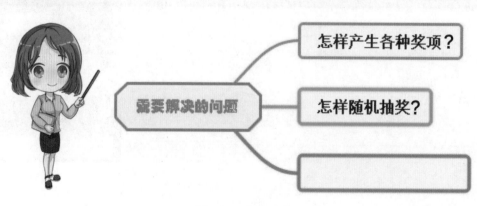

怎样产生各种奖项？

需要解决的问题

怎样随机抽奖？

◆图5.4.1　提出问题

探秘指南

规划作品内容

制作本例，背景非常简洁，从背景素材库导入"派对"背景。选择"小猫"和"企鹅"作为角色，为了体现出抽奖的气氛，还设置了"开始抽奖"和"礼物"两个角色，这样才能营造出随机抽奖的氛围。随机出现不同奖项的方法以及抽奖后出现礼物相应的动作，如图5.4.2所示。

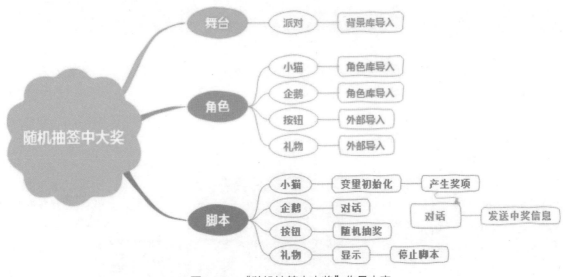

◆图5.4.2 "随机抽签中大奖"作品内容

构思作品框架

本案例开始，单击▶图标后小猫对企鹅说："欢迎你参加今天的抽奖活动，小企鹅！"企鹅回答："谢谢你，小猫！"小猫宣布开始抽奖，接着倒数"3、2、1"，单击 开始抽奖 按钮，屏幕上滚动出现特等奖、一等奖、二等奖、三等奖、参与奖，最后停下来，显示企鹅获得的奖项，并恭喜企鹅获奖，随即显示礼物。相应的动作积木如图5.4.3所示。

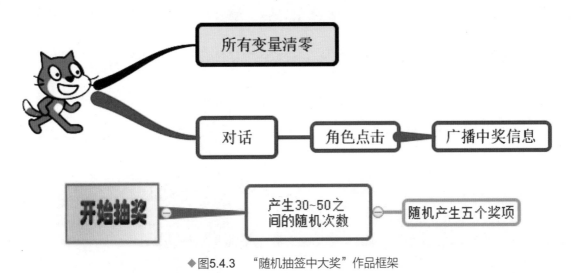

◆图5.4.3 "随机抽签中大奖"作品框架

梳理编程思路

本例中关键的问题，一是将所有的奖项加入一个列表；二是抽奖的次数和奖项都是随机产生的。

● 问题一：在程序执行之前，首先要定义一个"抽奖结果"的变量列表，如图5.4.4所示。

● 问题二：如何让抽奖的次数和奖项都是随机产生的，并不断显示出抽奖的结果。

◆图5.4.4 定义的变量

♫♪ 探究实践

🔍 准备背景和角色

案例的背景图片为了创设情境，导入派对背景，角色使用了默认的小猫用于编写脚本，首先建立列表，设定好变量的初始值，为下一步做好准备。

导入舞台背景 新建项目，导入"Party"背景图，并删除空白背景。

调整小猫位置 选中小猫角色，在舞台上调整小猫的位置。

建立列表 按图5.4.5所示，选择"变量"积木，定义"抽奖结果"列表。

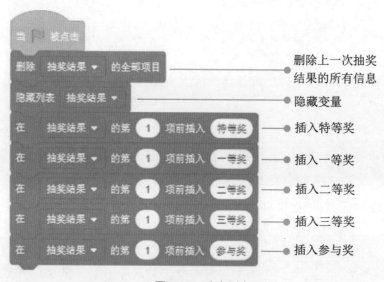

◆图5.4.5 建立列表

🔍 编写角色脚本

为企鹅、礼物添加脚本，让企鹅和小猫对话，当接收到中奖的消息后，原来隐藏的礼物显示出来。

预备抽奖 按图5.4.6所示，拖动外观积木和控制积木模块，进行对话，创设抽奖的气氛。

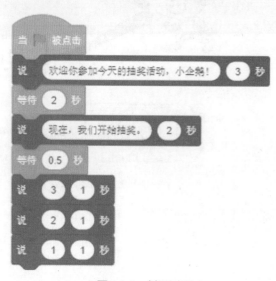

◆图5.4.6 创设对话

发送中奖消息　按图5.4.7所示操作，点击小猫角色后，广播中奖信息。

编写企鹅对话　单击"新建角色"，在角色库中选中"企鹅"，调整好角色的位置和大小，脚本如图5.4.8所示。

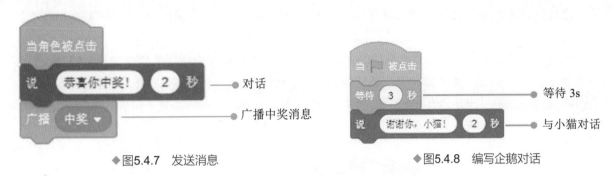

◆图5.4.7　发送消息　　　　　　　　　　◆图5.4.8　编写企鹅对话

随机抽奖　选择 [开始抽奖] 角色，当角色被点击时，随机产生抽奖的次数，让5个不同的奖项依次在屏幕上出现，参考脚本如图5.4.9所示。

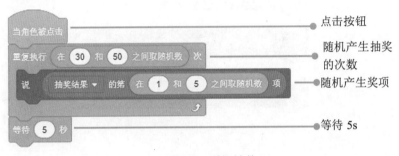

◆图5.4.9　随机抽奖

奖品出现　单击 ▶ 运行程序时，奖品隐藏，当收到中奖信息时，奖品显示，停止程序的运行，参考脚本如图5.4.10所示。

◆图5.4.10　奖品出现

保存文件　调试作品，选择"文件"→"保存到电脑"命令，保存作品。

♪ 智慧钥匙

1. 随机数

随机数就是计算机随机产生的数字。通俗地讲，就是在一定的数字范围内，随便出现一个数，数字的出现毫无规律。例如：站在一个路口，每一分钟数一数通过的车辆数字，10分钟内每一分钟通过的车辆数之间毫无规律可言，具有很大的偶然性。

在Scratch里面，随机数都是整数，软件会产生一个1～10之间的数字（包括1和10）。如果要得到随机的小数怎么办呢？其实很简单，利用数学运算符做一下除法运算。将1～10之间的随机数除以10，就会得到0.1～1之间的小数。

2. 列表

列表也是变量的一种，但是是一组变量，相当于一个队列，通常用在同一类的变量组。举个例子吧，比如今天是几月几日、周几、是不是节假日、是不是纪念日等，这些就可以看成一组变量，因为都是描述日期的。这样的例子很多，比如某个班级有多少学生，男生多少人，女生多少人，这些都可以看成是一组组的变量。

以本课为例，建立了一个"抽奖结果"的列表，变量积木模块中可以使用的指令如图5.4.11所示：第一条指令是删除变量组的某一条变量；第二条指令是直接把整个列表清空；第三条指令是插入指令，是在某一项前面插入一个变量，此处也有2个选项，可以插在末尾，也可以随机插入某个位置，第四条是替换掉某个变量，也就是先删除再插入，选项里也包括了末尾和随机两个选项。

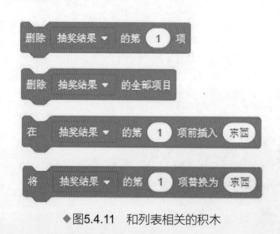

◆图5.4.11　和列表相关的积木

♪♪ 挑战空间

1. 试一试：编写程序，小明家有个长16m、宽12m的长方形院子，现在需要铺正方形的地砖，要求铺完后长和宽都正好铺满，不能切割地板砖。请问：最少需要多少块地砖？地砖尺寸是多少？

2. 编写程序求和：键盘输入一个自然数n，求出$1 \sim n$的连续自然数之和。

第 6 单元

ABCD全掌握
——英语

学习英语时，常会通过动画游戏来记忆单词、拼读单词。运用Scratch可以设计出各种有趣的互动游戏，比如单词对对碰、单词猜谜等。

本单元共有3个案例，分别为英文单词对对碰、短语题库助成长、中英互译小神器。在制作过程中，了解游戏的设计方法，熟悉常用积木的用法，探究拓展类新模块"文字朗读""翻译"的功能。让我们一起设计有趣的英语游戏，帮助小朋友学习英语吧！

◆英文单词对对碰　　　　　◆短语题库助成长　　　　　◆中英互译小神器

英文单词对对碰

微信扫码
看微课视频专项学
添加学习助手获取服务

记忆单词的方法多种多样，分类记忆就是不错的方法。瞧，"英文单词对对碰"是一款分类记忆英文单词的小游戏。只要单词和对应水果碰到一起，它们就消失了；不对应，还回到原来的位置。一起来玩玩吧！

♪♪ 体验空间

🖐 试一试

运行本例"英文单词对对碰.sb3"，玩一玩！玩的过程中，你有哪些发现呢？填一填！

• • • • •

拖动水果或单词到对应的角色上时，如果对了：＿＿＿＿＿＿＿＿＿＿＿＿＿＿＿＿＿＿＿

如果错了：＿＿＿＿＿＿＿＿＿＿＿＿＿＿＿＿＿＿＿＿＿＿＿＿＿＿＿＿＿＿＿＿＿＿＿＿

🖐 想一想

制作本例时，需要思考的问题，如图6.1.1所示。你还能提出怎样的问题？填在方框中。

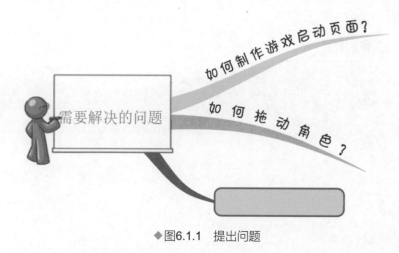

◆图6.1.1　提出问题

♪♪ 探秘指南

规划作品内容

制作本例，舞台有2个造型，分别为封面、背景。水果角色是通过外部素材导入的，2个造型，一个是水果造型，另一个是水果发光的特效造型。单词角色需要用文本工具制作。开始游戏按钮角色也是通过外部素材导入制作的。舞台的切换、角色的方法，以及相应的动作，如图6.1.2所示。

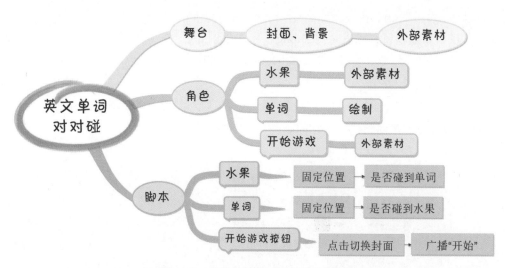

◆图6.1.2 "英文单词对对碰"作品规划

构思作品框架

本例开始，单击🏴图标后，游戏封面展示，单击"开始游戏"按钮后，切换背景，显示所有角色，进入对对碰环节。拖动水果或单词对对碰。如果对上了，对应2个角色隐藏，否则返回原位置。直至所有单词和水果匹配完成，对对碰结束。相应的动作积木如图6.1.3所示。

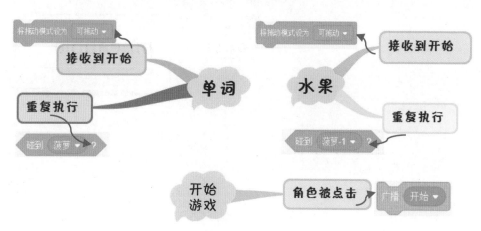

◆图6.1.3 "英文单词对对碰"作品框架

梳理编程思路

本例中关键的问题，一是启动画面的制作；二是拖动角色到其他角色上的处理。

●问题一：启动画面的制作，通过"开始游戏"角色来控制背景的切换。当🏴被点击后，换成"封面"背景。当"开始游戏"图标被点击后，换成其他背景造型，从而实现启动画面的制作。

●问题二：拖动角色到其他角色上的处理。首先若想拖动角色功能，必须将角色拖动模式设为"可拖动。"下面以"菠萝"角色为例说明，流程图如图6.1.4所示。

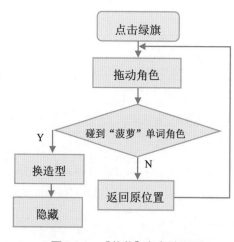

◆图6.1.4 "菠萝"角色流程图

♪♪ 探究实践

🔍 准备背景和角色

导入素材图片作为封面和背景；导入角色素材图片，用于制作角色。角色对应的英文，则是直接在造型里设置。

导入舞台背景 新建项目，导入"封面.png"和"背景.jpg"作为背景图，并删除空白背景。

添加水果角色 导入菠萝、香蕉、草莓、梨的素材图片，作为角色的2个造型，造型命名如"菠萝""菠萝1"，角色大小设置为60。

制作单词角色 上传角色图片"单词（空白）.png"后，打开造型编辑器，按图6.1.5所示操作，制作"菠萝-1"角色，其他3个单词角色方法相同。

◆图6.1.5 制作"菠萝-1"角色

添加开始按钮角色 导入素材"开始按钮.png"图片，制作"开始游戏按钮"，角色大小设置为80。

🔍 编写"开始游戏按钮"脚本

添加角色脚本，实现点击"开始游戏按钮"后，切换背景，广播"开始"，通知水果和单词角色。

设置初始状态 设置"开始游戏按钮"角色初始状态，脚本如图6.1.6所示。

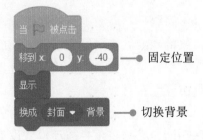

◆图6.1.6 设置"开始游戏按钮"初始状态

设置当角色被点击脚本　当角色被点击，"开始游戏按钮"隐藏，切换背景，广播"开始"，参考脚本如图6.1.7所示。

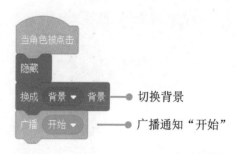

切换背景

广播通知"开始"

◆图6.1.7　设置当"开始按钮"被点击脚本

编写"菠萝"脚本

添加角色脚本，接收"开始"消息后，拖动角色，当碰到"菠萝-1"单词角色后，切换特效造型，隐藏，否则返回原位置。

设置菠萝初始状态　设置菠萝初始状态，脚本如图6.1.8所示。

设置"开始"状态　当接收到"开始"消息，换成默认造型并显示，将拖动模式设为"可拖动"，参考脚本如图6.1.9所示。

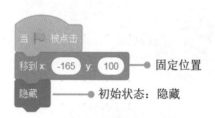

固定位置

初始状态：隐藏

◆图6.1.8　设置菠萝初始状态

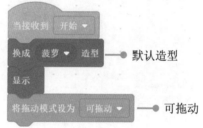

默认造型

可拖动

◆图6.1.9　设置菠萝开始状态

添加检测碰撞脚本　重复检测碰到的角色是不是"菠萝-1"单词角色，参考脚本如图6.1.10所示。

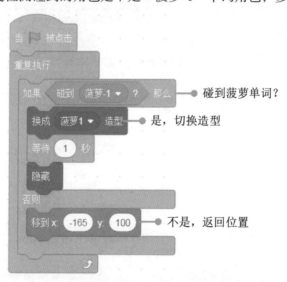

碰到菠萝单词？

是，切换造型

不是，返回位置

◆图6.1.10　检测碰撞脚本

编写其他水果角色脚本

其他水果角色脚本和菠萝算法相同。区别在默认位置和检测碰撞的角色不同，复制菠萝脚本到其他水果角色，修改参数即可。

设置初始状态　设置其他3个水果的初始状态，脚本如图6.1.11所示。

香蕉　　　　　　　草莓　　　　　　　梨

◆图6.1.11　其他3个水果初始状态脚本

设置香蕉角色检测脚本　拖动菠萝脚本到香蕉角色上，实现复制脚本效果，按图6.1.12所示操作，设置香蕉角色脚本。

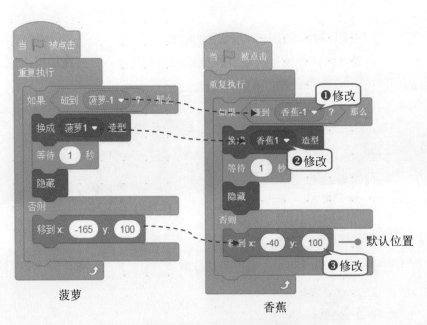

菠萝　　　　　　　　　　　香蕉

◆图6.1.12　香蕉角色检测脚本

设置草莓、梨角色检测脚本　复制脚本到草莓和梨角色上后，按同样方法设置其检测脚本。

🔍 编写单词角色脚本

添加角色脚本，实现当"开始"后，角色和对应水果角色碰到一起，则隐藏，否则返回原位置。

设置菠萝-1角色初始状态　菠萝-1角色初始状态和其对应水果角色相同，脚本如图6.1.13所示。

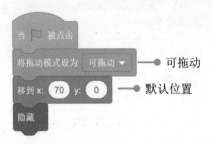

◆图6.1.13　菠萝-1角色初始状态脚本

当接收到"开始"消息　当接收到"开始"消息后，菠萝单词角色要检测是否碰到菠萝水果，如果是则隐藏，不是返回默认位置，参考脚本如图6.1.14所示。

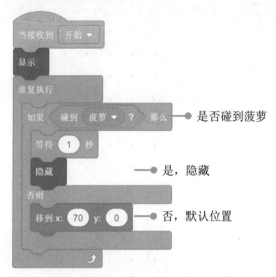

◆图6.1.14　当接收到"开始"消息脚本

设置另外3个角色脚本　复制菠萝-1角色脚本到其他3个单词角色，对应调整各角色默认位置和检测碰到的水果角色即可。草莓-1默认位置：x:185，y:0；梨-1默认位置：x:－40，y:0；草莓-1默认位置：x:－160，y:0。

保存文件　调试作品，选择"文件"→"保存到电脑"命令，保存作品。

♫♫ 智慧钥匙

1. Scratch常用图片类型

在Scratch 中，可以使用软件自带的角色库与背景库，也可以使用经过Photoshop等图像处理软件加工的图片，常用的图片类型如下：

- JPG：图片效果较好，如本案例中的背景图片就是JPG格式。
- PNG：支持透明图像，如本案例中的游戏标题、开始游戏、游戏结束等图片格式均为PNG。

2. 设置角色的隐显状态

很多动画案例中，会设计动画封面效果，而在动画的封面中一些角色是隐藏看不见的，通常需要单击按钮类角色或者条件语句来广播消息，由此控制其显示。

♫♫ 挑战空间

1. 试一试：修改各水果角色和单词角色初始位置，观察运行结果，并说说自己的发现。

2. 完善程序：试着增加一组水果角色和对应的单词角色，调整各角色展示位置和大小，观察运行结果。

3. 脑洞大开：利用提供的素材，试着编写程序，实现动物和对应单词对对碰。

短语题库助成长

微信扫码
看微课视频专项学
添加学习助手获取服务

学习英文，要学有所用，基本对话是相当重要的。"短语题库助成长"就给你提供了练习对话的机会。回答完毕后还能自动评分哦！快练一练吧！

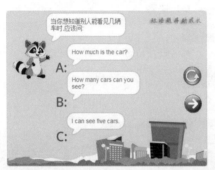

♫ 体验空间

👆 试一试

请运行本例"短语题库助成长.sb3"，玩一玩！玩的过程中，你有哪些发现呢？填一填！

● ● ● ●

题库题目保存在：_____

如果没选择答案，不切换下一题，实现的方法：_____

👆 想一想

制作本例时，需要思考的问题，如图6.2.1所示。你还能提出怎样的问题？填在方框中。

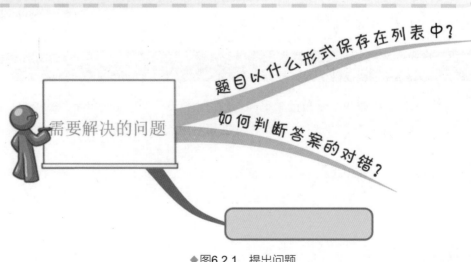

题目以什么形式保存在列表中？

需要解决的问题

如何判断答案的对错？

◆图6.2.1 提出问题

114

♪♪ 探秘指南

✋ 规划作品内容

　　制作本例，背景非常简洁，导入背景素材即可。浣熊角色用来展示题目，选项A、B、C 3个角色用来展示3个选项。单击选项实现对该选项的选择。单击"重新选择"角色后，可以进行重新选择。单击"下一个"按钮切换题目。当所有的题目做完后，累加得分，浣熊会显示最终得分。搭舞台、建角色的方法，以及相应的动作，如图6.2.2所示。

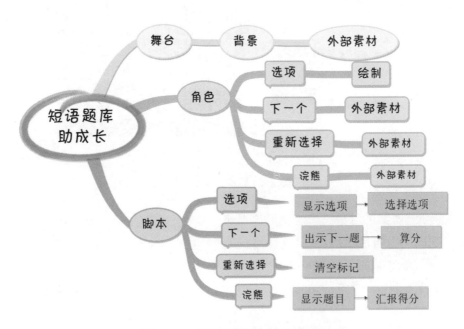

◆图6.2.2　"短语题库助成长"作品规划

✋ 构思作品框架

　　本例开始，单击🚩图标后，单击"下一个"按钮，出示第1个对话练习题，隐藏"下一个"角色，等待选择。当单击选项A、B、C中任意一个选项后，"下一个"角色显示，单击继续下一题。若想更改选择，可以单击"重新选择"角色。当所有题目选择完毕后结束，浣熊提示最终得分。相应的动作积木如图6.2.3所示。

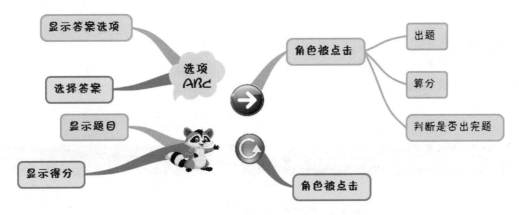

◆图6.2.3　"短语题库助成长"作品框架

✋ 梳理编程思路

　　本例中关键的问题，一是存储列表中的题目和答案；二是判断所选答案对错；三是显示下一题。

● 问题一：存储列表中的题目和答案。新建列表，分别命名为题库和答案，用来存储题目和答案，如图6.2.4所示。

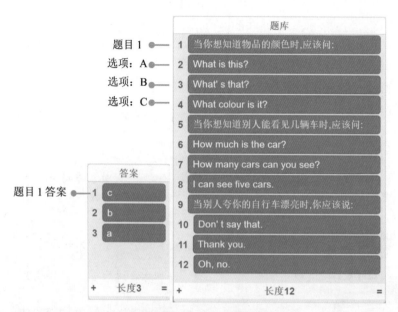

◆图6.2.4 题库和答案列表

● 问题二：判断所选答案的对错。新建变量"当前题号"用来读取"题库"的题目。列表每4项存储一道题。当前题号÷4，再"向上取整"实现对4的整除，得到对应的答案列表中的答案后与所选的结果比较，脚本如图6.2.5所示。

● 问题三：显示下一题。显示下一题主要通过单击"下一个"角色来实现。角色算法如图6.2.6所示。

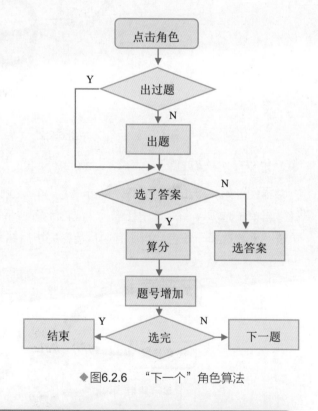

◆图6.2.6 "下一个"角色算法

◆图6.2.5 判断所选答案对错

♪♪ 探究实践

Q 准备背景和角色

导入素材图片作为背景；导入角色素材图片，用于制作"下一个""重新选择""浣熊"角色；选项角色通过绘制创建。

导入舞台背景　新建项目导入"背景.png"作为背景图，并删除空白背景。

添加角色　导入"下一个""重新选择""浣熊"的素材图片，新建角色"下一个""重新选择""浣熊"，结合屏幕调整角色至合适大小。

制作角色　按图6.2.7所示操作，使用文本工具绘制"选项A""选项B""选项C"角色。

新建变量　添加如图6.2.8所示变量。

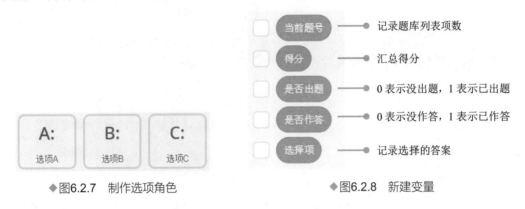

◆图6.2.7　制作选项角色　　　　◆图6.2.8　新建变量

编写"浣熊"脚本

角色主要用来显示题库中的题目，并显示得分情况。

设置当接收到"出题"脚本　如果已经出题（"是否出题标志为1"），读取列表中当前题号内容后，浣熊"说"出题目，脚本如图6.2.9所示。

设置当接收到"结束"脚本　当程序"结束"时，通过连接字符串的方式，浣熊提示最终得分，"说"出得分，参考脚本如图6.2.10所示。

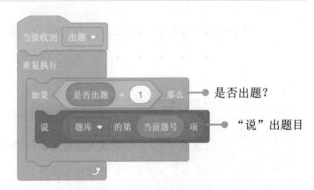

◆图6.2.9　当接收到"出题"消息脚本

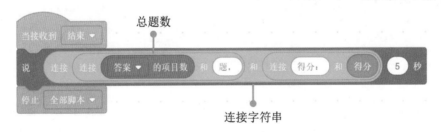

◆图6.2.10　当接收到"结束"消息脚本

设置当接收到"已算分"脚本　当程序"结束"时，通过连接字符串的方式，浣熊提示最终得分，"说"出得分，参考脚本如图6.2.11所示。

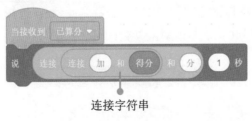

◆图6.2.11　当接收到"已算分"消息脚本

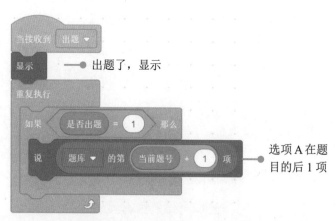

编写"选项A"脚本

选项A角色用来显示A答案选项。当单击角色后，说明选择了A答案。

设置初始状态　设置"选项A"初始状态，脚本如图6.2.12所示。

设置当接收到"出题"脚本　当"出题"后，角色"说"出题目后的第1个选项为A选项，参考脚本如图6.2.13所示。

出题了，显示

选项A在题目的后1项

◆图6.2.12　设置"选项A"角色初始状态

◆图6.2.13　当接收到"出题"脚本

设置当角色被点击脚本　如果其他选项没有被选择，单击角色后，选择A答案，将"选择项"变量赋值为a，是否作答设为1，表示已经选择了答案，参考脚本如图6.2.14所示。

设置当接收到"结束"脚本　接收到"结束"后角色隐藏，参考脚本如图6.2.15所示。

设置当接收到"已算分"脚本　接收到"已算分"后角色隐藏，参考脚本如图6.2.16所示。

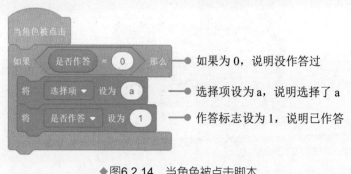

如果为0，说明没作答过

选择项设为a，说明选择了a

作答标志设为1，说明已作答

◆图6.2.14　当角色被点击脚本

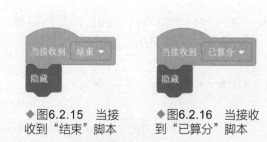

◆图6.2.15　当接收到"结束"脚本

◆图6.2.16　当接收到"已算分"脚本

编写其他选项脚本

另外2个选项的算法同选项A角色相同。区别在于，选择每个选项后，给选择项变量的值不同。

设置初始状态　其他选项的初始状态和选项A角色相同。

设置当接收到"出题"脚本　出题后，选项B在列表中当前题目后的第2项，选项C在当前题目后的第3项，对应修改"说"中脚本的参数即可。

设置当角色被点击脚本　当选择选项B后，选择项变量应设为b，选择选项C后，选择项变量应设为c，复制选项A角色脚本到选项B和选项C后，修改对应参数即可。

编写"下一个"脚本

角色用于控制显示题库中的题目，并根据选择计算所得的分数。

设置当绿旗被点击脚本 当绿旗被点击后，角色要设置初始状态，各个标志变量"清状态"，当前题号为1，得分清零。角色判断如果已经出题，隐藏角色（防止误单击，导致继续出题），如果已经选择了答案，则显示，准备出示下一题。脚本如图6.2.17所示。

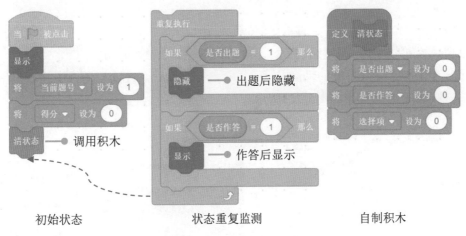

初始状态   状态重复监测   自制积木

◆图6.2.17 当绿旗被点击脚本

被点击处理问题1 单击角色后，如果没有出题，广播"出题"出示题目，出题标志设为1，说明已经出题。参考脚本如图6.2.18所示。

自制积木"算分" 当选择项与答案一致，加10分，如果不一致不加分，广播消息"已算分"。参考脚本如图6.2.19所示。

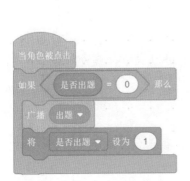

◆图6.2.18 角色被点击脚本1

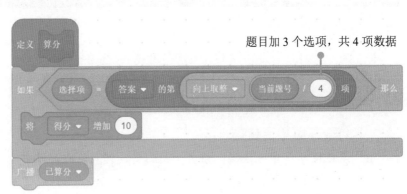

◆图6.2.19 自制积木"算分"

被点击处理问题2 单击角色后，需要判断"是否作答"标志是否为1，如果是，要计算当前题目得分，然后清除各标志状态，当前题号加4（每题占题库列表4项，下一题要加4），判断是否出完题目，如果是，结束。参考脚本如图6.2.20所示。

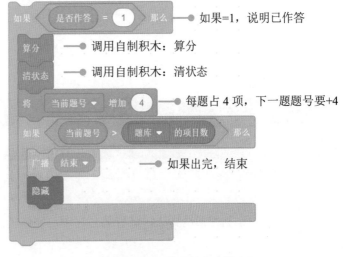

◆图6.2.20 角色被点击脚本2

编写"重新选择"脚本

当用户选错了答案，单击该角色可以重新选择答案。

设置初始状态　设置角色初始状态，脚本如图6.2.21所示。

设置当接收到"结束"脚本　当"结束"后，角色隐藏，参考脚本如图6.2.22所示。

设置当角色被点击脚本　点击角色后，提示"重新选择"2s后，设置"是否作答"、"选择项变"量为0，即没作答、没选择，参考脚本如图6.2.23所示。

◆图6.2.21　设置"重新选择"角色初始状态脚本

◆图6.2.22　当接收到"结束"消息脚本

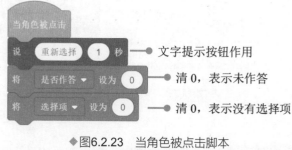

◆图6.2.23　当角色被点击脚本

保存文件　调试作品，选择"文件"→"保存到电脑"命令，保存作品。

♪♪ 智慧钥匙

1. 记录状态

记录状态是程序设计常用技巧，一般用布尔型变量来记录状态，但Scratch中的数据类型没有布尔型，可以用0和1表示两种状态，这样让程序能够模拟人们思考，在哪种状态下可以操作，哪种状态下不可以操作。

2. 用列表存储集合数据

变量用来存储一个单一数据，与之不同的是，列表可以存储多个数据。通过列表，程序可以高效访问和处理一个较大的数据集合。

●支持的数据类型　列表可以存储Scratch所支持的任何类型的数据，包括：字符串、逻辑值（真、假）、整数值、实数值。

●手动向列表添加数据　单击列表左下角的"+"图标可以手动向列表当前项的末尾添加数据项。

●手动删除列表数据项　单击列表要删除的数据项，单击数据项右边的"×"图标，即可手动删除数据项。

♪♪ 挑战空间

1. 试一试：尝试修改"浣熊"和"选项"的角色造型，观察运行结果，并说说自己的发现。

2. 完善程序：在"题库"和"答案"列表中添加其他题目和答案，观察运行结果，并说说自己的发现。

3. 脑洞大开：利用案例算法，试着编写程序，制作所学课本的单词库。

中英互译小神器

▶ 微信扫码 ◀
看微课视频专项学
添加学习助手获取服务

　　学习英文的过程中，经常会进行中文对英文、英文对中文的翻译。不会翻译怎么办呢？别急！"中英互译小神器"轻松帮你忙。先选择翻译的形式：是中文译成英文还是英文译成中文，然后输入你要翻译的内容就可以啦。程序不仅能够显示翻译的结果，还能朗读出来呢，是不是很神奇？快来试一试吧！

♪♪ 体验空间

🖐 试一试

　　请运行本例"中英互译小神器.sb3"，玩一玩！玩的过程中，你有哪些发现呢？填一填！

● ● ● ●

　　汉译英或英译汉，翻译形式的确定方法：＿＿＿＿＿＿＿＿＿＿＿＿＿＿＿＿＿
　　翻译结果的显示方法：＿＿＿＿＿＿＿＿＿＿＿＿＿＿＿＿＿＿＿＿＿＿

🖐 想一想

　　制作本例时，需要思考的问题，如图6.3.1所示。你还能提出怎样的问题？填在方框中。

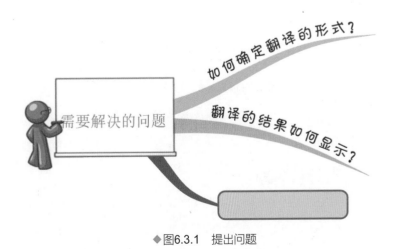

◆图6.3.1　提出问题

♪♪ 探秘指南

规划作品内容

制作本例，舞台有2个造型，分别是封面和背景，直接导入外部素材制作。"中-英"和"英-中"两个角色用来确定翻译形式。"输入的内容"和"翻译的结果"角色会"说"出输入的文字和翻译的结果。搭舞台、建角色的方法，以及相应的动作，如图6.3.2所示。

◆图6.3.2 "中英互译小神器"作品规划

构思作品框架

本例开始，单击 ▶ 图标，程序封面背景显示，2秒后，转换为背景，所有角色显示，等待选择翻译形式。单击"中-英"或"英-中"角色，程序询问输入要翻译的内容，回答后，"输入的内容"和"翻译的结果"两个角色分别"说"出对应的文字，并朗读。当选择一种翻译形式后，另一种自动隐藏。翻译后，可以单击角色，继续翻译。相应的动作积木如图6.3.3所示。

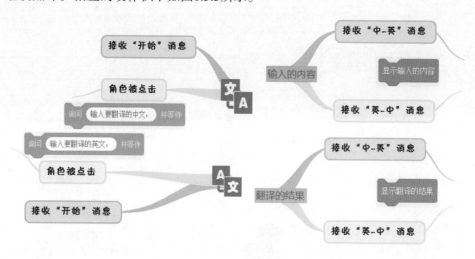

◆图6.3.3 "中英互译小神器"作品框架

梳理编程思路

本例中关键的问题，一是启动封面自动跳转到翻译背景；二是翻译形式的确定；三是翻译结果的呈现。

- 问题一：启动封面自动跳转到翻译背景。在背景中添加脚本，当绿旗被单击后，所有角色默认为隐藏，背景切换到封面，等待2s后，切换到背景，广播"开始"显示其他角色。
- 问题二：翻译形式的确定。通过"中-英"和"英-中"两个角色来确定，单击角色即可确定翻译的形式。
- 问题三：翻译及结果的呈现，如图6.3.4所示。

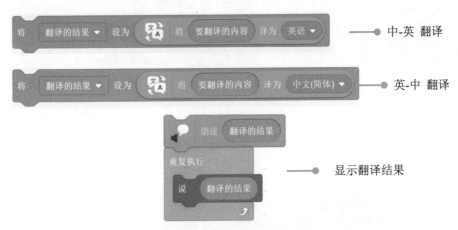

中-英 翻译

英-中 翻译

显示翻译结果

◆图6.3.4 翻译及结果的呈现方式

♪♪ 探究实践

Q 准备背景和角色

导入素材图片作为封面和背景；导入角色素材图片，用于制作角色。角色的大小根据实际情况设定。

导入舞台背景　新建项目，导入"封面.png"和"背景.png"作为背景图，并删除空白背景。

上传角色　导入素材图片"英-中.png"和"中-英.png"，添加"中-英"和"英-中"角色，角色大小设置为25。

绘制角色　单击角色区"选择一个角色"→"绘制"按钮，使用文本工具绘制角色造型，角色及造型如图6.3.5所示。

文本　　　　　　　　　　　　角色

◆图6.3.5 绘制角色

新建变量　新建4个变量，分别为：翻译的结果，要翻译的内容，英-中，中-英。

Q 编写"中-英"脚本

单击角色确定翻译形式，询问并等待输入要翻译的内容。如果单击了"英-中"，该角色隐藏。

设置初始状态 设置角色初始状态，脚本如图6.3.6所示。

设置当角色被点击脚本 当角色被单击后，确定翻译模式，询问并等待输入要翻译的内容，参考脚本如图6.3.7所示。

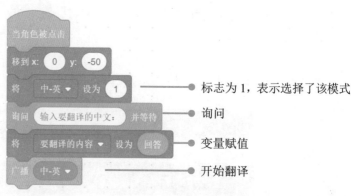

标志为1，表示选择了该模式

询问

变量赋值

开始翻译

◆图6.3.6 设置"中-英"角色初始状态脚本

◆图6.3.7 当角色被点击脚本

设置当接收到"开始"消息 接收到"开始"消息后，监测是否选择了"英-中"模式，如果是，隐藏本角色，参考脚本如图6.3.8所示。

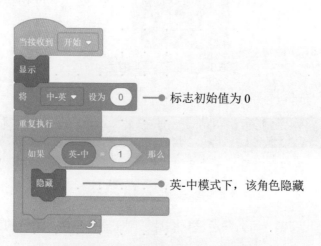

标志初始值为0

英-中模式下，该角色隐藏

◆图6.3.8 当接收到"开始"消息脚本

🔍 编写"英－中"脚本

单击角色确定翻译形式，询问并等待输入要翻译的内容。如果单击了"中-英"该角色隐藏。

设置初始状态 设置角色初始状态，脚本如图6.3.9所示。

与"中-英"角色脚本对应 "英-中"和"中-英"角色的算法相同，对应"中-英"角色脚本，设置该角色脚本如图6.3.10所示。

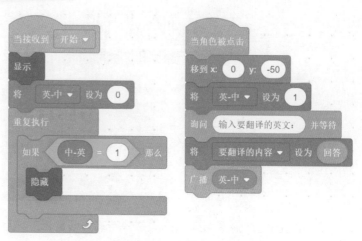

◆图6.3.9 设置"英-中"角色初始状态脚本

◆图6.3.10 "英-中"角色脚本

编写"输入的内容"脚本

角色主要用来显示输入的要翻译的内容。

设置初始状态 设置角色初始状态，脚本如图6.3.11所示。

当接收到"开始" 接收"开始"消息后，显示角色，脚本如图6.3.12所示。

当接收到消息 不论接收到中文还是英文，均可以"说"出输入的内容，脚本如图6.3.13所示。

◆图6.3.11 设置角色初始状态 ◆图6.3.12 当接收到"开始"消息脚本

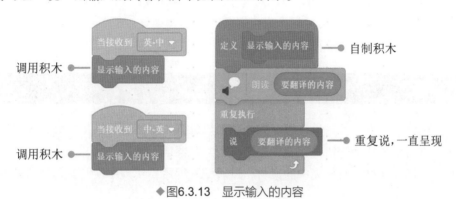

◆图6.3.13 显示输入的内容

编写"翻译的结果"脚本

输入内容后，通过该角色显示翻译的结果。

设置初始状态 设置"翻译的结果"角色初始状态，脚本如图6.3.14所示。

当接收到"开始"消息 接收到"开始"消息后，进入翻译环节，显示角色，脚本如图6.3.15所示。

◆图6.3.14 设置角色初始状态脚本 ◆图6.3.15 接收到"开始"消息脚本

当接收到"英-中""中-英"消息 "中-英"或者"英-中"，翻译的结果赋值给变量，可以朗读并说出变量，实现显示翻译结果的目的，脚本如图6.3.16所示。

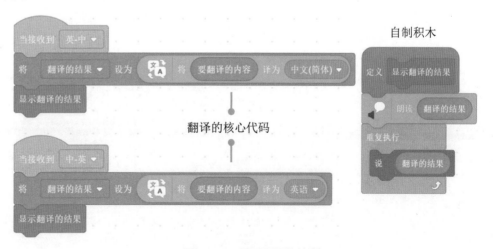

◆图6.3.16 显示翻译的结果

保存文件 调试作品,选择"文件"→"保存到电脑"命令,保存作品。

智慧钥匙

1. "文字朗读"积木

Scratch 3拓展模块中增加了"文字朗读"积木,可以让程序"开口说话",包括以下3个积木:

：积木的作用是朗读指定的英文内容(暂不支持朗读汉字);

：积木的作用是切换声音的模式;

：积木的作用是设置朗读的语言(暂不支持设置为中文)。

2. "翻译"积木

Scratch 3拓展模块中增加了翻译功能,可以将文字翻译成多种语言,包括以下2个积木:

：积木的作用是将文字翻译成指定语言;

：积木的作用是读取访客语言。

挑战空间

1. 试一试:尝试修改背景、各角色造型、大小、初始位置,观察运行结果,并说说自己的发现。
2. 完善程序:试着增加开始按钮并控制程序的执行,观察运行结果。
3. 脑洞大开:利用"素材"文件夹中的素材,试着编写程序,实现中文与其他语言的互译。

第 7 单元

扩展硬件真好玩
——科学

创客教育是中小学教育热点，其中Micro:bit 是一款应用广泛的开源硬件，是创客教育的启蒙必备品。它能显示图案、数字和英文等，能制作呼吸灯、计算器，还可以做出水果钢琴、机器人等创意作品。

本单元将Scratch与Micro:bit主板相互连接，通过案例，使人机交互更加多样、有趣。让我们一起发挥想象，开始扩展硬件的创作之旅吧！

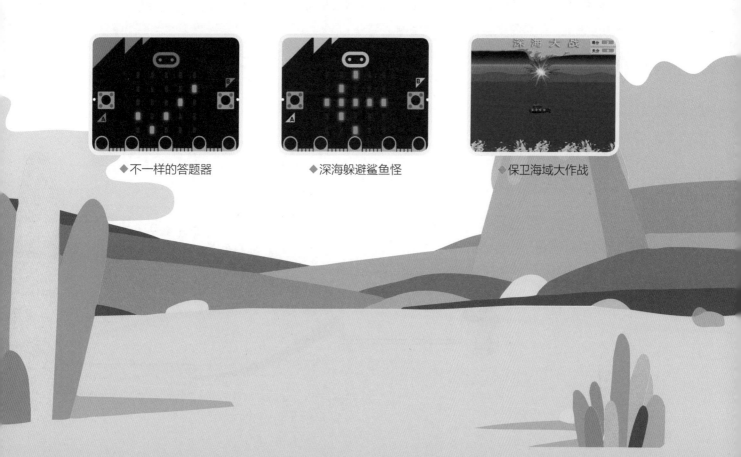

◆不一样的答题器　　　　　　◆深海躲避鲨鱼怪　　　　　　◆保卫海域大作战

不一样的答题器

微信扫码
看微课视频专项学
添加学习助手获取服务

　　课堂知识问答开始了，你准备好了吗？拿起你的Micro:bit主板，准备答题吧！喵喵老师在课堂上开展了知识问答活动，向同学们提出了问题，请同学们拿出Micro:bit主板，根据问题选择答案，Micro:bit主板实时反馈作答情况，同学们马上就可以知道自己有没有答对题目。本课就让我们运用Scratch软件和Micro:bit主板，制作不一样的答题器。

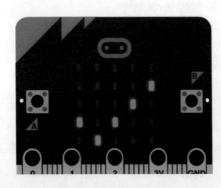
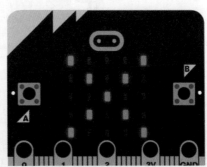

♪♫ 体验空间

🖐 试一试

　　请运行本例"不一样的答题器.sb3"，玩一玩！玩的过程中，你有哪些发现呢？填一填！

● ● ● ●

　　答对题目效果：＿＿＿＿＿＿＿＿＿＿＿＿＿＿＿＿＿＿＿＿＿＿＿＿＿＿＿＿＿＿＿＿

　　答错题目效果：＿＿＿＿＿＿＿＿＿＿＿＿＿＿＿＿＿＿＿＿＿＿＿＿＿＿＿＿＿＿＿＿

🖐 想一想

　　制作本例时，需要思考的问题，如图7.1.1所示。你还能提出怎样的问题？填在方框中。

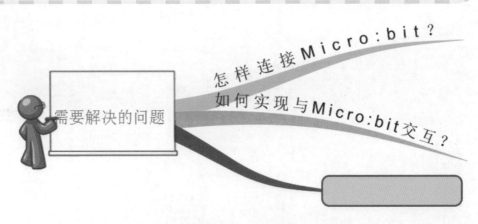

怎样连接Micro:bit？

如何实现与Micro:bit交互？

需要解决的问题

◆图7.1.1　提出问题

♪♪ 探秘指南

✋ 规划作品内容

在"自制答题器"活动中，将Micro:bit主板作为答题的选择器和显示器。舞台背景是上课课堂，"喵喵老师"正在考学生的数学知识，当点击▐图标时，"喵喵老师"开始提出问题并给出选择答案，学生通过在Micro:bit中选择按钮进行答题，在答完题后，Micro:bit显示回答是否正确。制作本例，背景非常简洁，角色和程序简单，如图7.1.2所示。

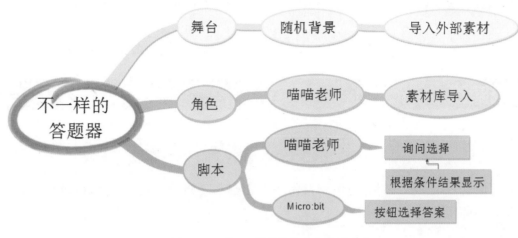

◆图7.1.2 "不一样的答题器"作品内容

✋ 构思作品框架

本例开始，单击▐图标后开始执行脚本，喵喵老师提出问题，学生们通过Micro:bit主板上"A""B"按钮选择答案。根据选择的答案，做出判断，显示答对或答错。相应的动作积木如图7.1.3所示。

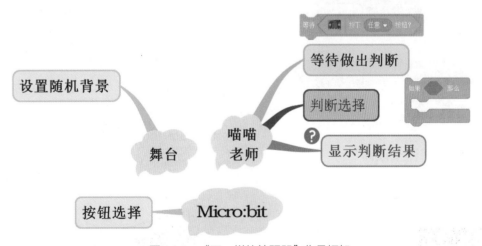

◆图7.1.3 "不一样的答题器"作品框架

✋ 梳理编程思路

本例中关键的问题，一是设置等待条件；二是确定答题方式。

● 问题一：设置等待的条件，如图7.1.4所示。

设置等待的条件

◆图7.1.4 设置等待条件

● 问题二：问题的2个选项，分别由Micro:bit主板上的 "A" "B"两个按钮来代替，按下按钮，表示选定相对应的答案进行做答，程序思路如图7.1.5所示。

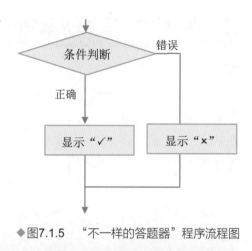

◆图7.1.5 "不一样的答题器"程序流程图

♪♩ 探究实践

🔍 准备活动

由于使用了Micro:bit器材，在制作前应该准备必要的器材，需要在电脑中安装Scratch Link和蓝牙4.0，才能实现与Micro:bit的连接。

下载管理软件　打开Scratch官方网站，按图7.1.6所示操作，下载并安装管理软件。

安装软件　打开下载的文件，运行ScratchLinkSetup.msi进行安装。

下载Scratch文件　在https://scratch.mit.edu/Microbit网页中，按图7.1.7所示操作，下载Scratch micro:bit HEX文件到计算机中。

◆图7.1.6 下载软件

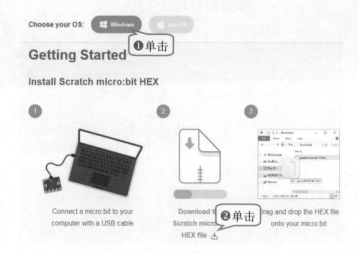

◆图7.1.7 下载Scratch micro:bit HEX文件

添加HEX文件　将Micro:bit与计算机通过数据线连接，并将下载的Scratch micro:bit HEX文件复制到Micro:bit中。

启动Scratch Link　在开始菜单中，找到Scratch Link软件并启动。

连接Micro:bit　开启Micro:bit，在Scratch软件中，按图7.1.8所示操作，添加Micro:bit设备。

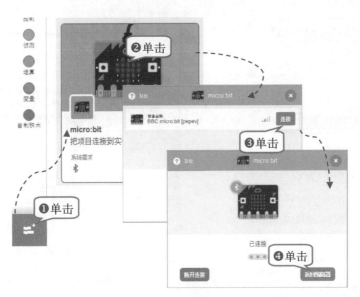

◆图7.1.8　连接Micro:bit

编写角色脚本

为喵喵老师添加脚本，通过Micro:bit按钮选择答案，如果正确，在Micro:bit主板上显示"√"，否则显示"×"。

上传背景　在Scratch软件中，上传"背景.png"图片，调整图片，让背景图片铺满舞台。

添加过渡语　设置事件的启动方式，添加过渡语句，效果如图7.1.9所示。

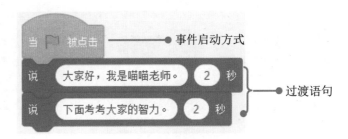

◆图7.1.9　添加过渡语句的脚本

提出问题　根据规划，提出问题并给出选项，编写如图7.1.10所示脚本。

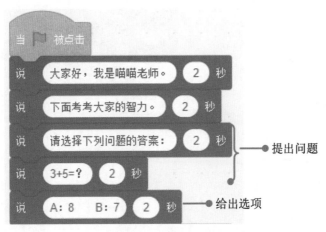

◆图7.1.10　提出问题的脚本

设置等待　按图7.1.11所示操作，在回答问题前设置等待。

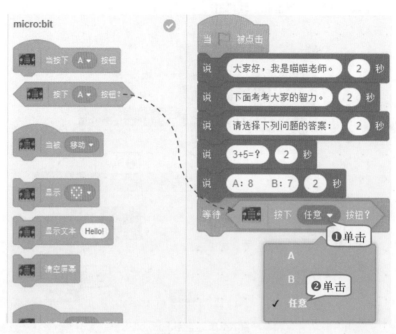

◆图7.1.11　设置等待

判断并显示结果　通过Micro:bit主板上的按钮做出选择，按图7.1.12所示操作，对正确结果做出判断并给出显示。

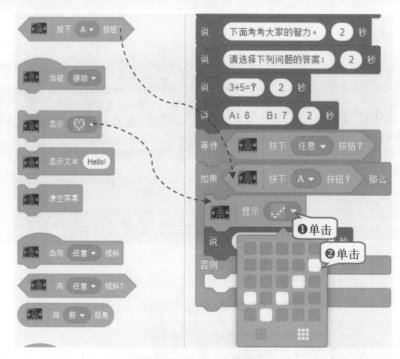

◆图7.1.12　判断并显示结果

完善程序 以同样的方法，对错误的选择做出判断并显示，脚本如图7.1.13所示。

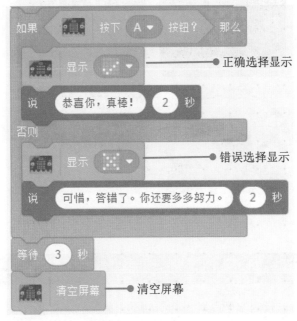

◆图7.1.13 完善程序

运行调试 单击▶图标，运行程序，试着玩一玩，根据实际情况，适当调整参数值。

保存文件 选择"文件"→"保存到电脑"命令，将文件保存到本地电脑。

♪♪ 智慧钥匙

1．Micro:bit

Micro:bit是一款目前非常流行的单片机，通过图形化编程界面，可以制作出多种多样的作品。Scratch 3.0开始正式添加了Micro:bit扩展，通过Scratch编程可以与之交互，深受广大青少年喜爱，如图7.1.14所示。

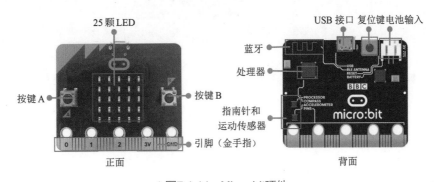

◆图7.1.14 Micro:bit硬件

2．Micro:bit能做些什么

Micro:bit拥有一系列新颖的功能，可以实现LED灯组的各种显示效果，如显示各种图案、心跳效果、滚动数字和英文句子等；可以通过图形化编程结合Micro:bit自带的按钮、温度计、指南针、蓝牙等传感器，做出许多有趣、好玩的作品，如呼吸灯、计算器等，如图7.1.15所示；通过鳄鱼夹或者扩展板连接各种电子元件，还能做出有创意的作品，如水果钢琴、足球机器人等；另外，它也可以通过蓝牙模块与其他设备或因特网互联。它的使用，完全取决于你的想象。

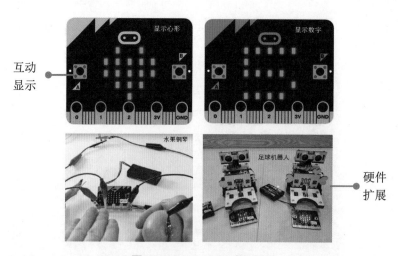

互动
显示

硬件
扩展

◆图7.1.15　Micro:bit应用场景

♫ 挑战空间

1. 试一试：修改Micro:bit显示图案的参数，让Micro:bit显示"心"形图案，如图7.1.16所示，快来动手试一试吧。

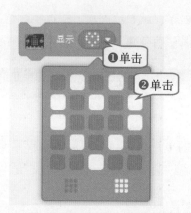

❶单击

❷单击

◆图7.1.16　显示"心"形图案

2. 试一试：本案例列举了简单的小学数学知识问答，可以将问题设置得更难一些吗？比如来一次英语问答等。是不是很有趣，赶快来试试吧。

第2课
深海躲避鲨鱼怪

深海中的鲨鱼在悠闲地游来游去，捕捉小鱼作为它的盘中餐。可爱的小鱼东躲西藏，提心吊胆，好不辛苦。让我们使用Micro:bit主板来控制小鱼移动，当主板向左倾斜时，显示向左箭头，小鱼向左方向移动，使它在安全的水域活动，是不是很刺激？让我们一起来做一做吧！

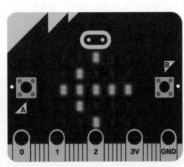

♫♪ 体验空间

✋ 试一试

请运行本例"深海躲避鲨鱼怪.sb3"，玩一玩！玩的过程中，你有哪些发现呢？填一填！

● ● ● ●

当Micro:bit板向左倾斜：＿＿＿＿＿＿＿＿＿＿＿＿＿＿＿＿＿＿＿＿＿＿＿＿＿＿＿

当Micro:bit板向前倾斜：＿＿＿＿＿＿＿＿＿＿＿＿＿＿＿＿＿＿＿＿＿＿＿＿＿＿＿

✋ 想一想

制作本例时，需要思考的问题，如图7.2.1所示。你还能提出怎样的问题？填在方框中。

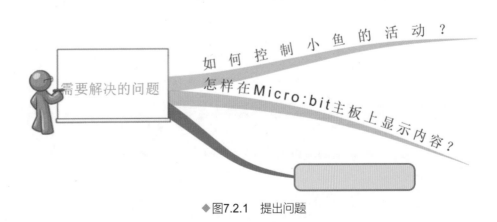

◆图7.2.1 提出问题

探秘指南

规划作品内容

制作本例，选择深海作为背景，"鲨鱼"和"小鱼"作为角色。搭舞台、选角色的方法，以及相应的动作，如图7.2.2所示。

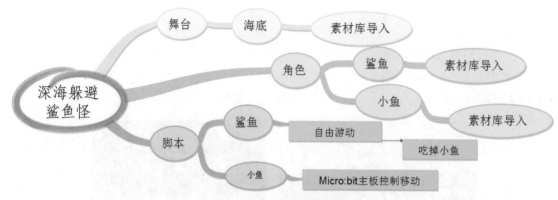

◆图7.2.2 "深海躲避鲨鱼怪"作品内容

构思作品框架

本例开始，单击▶图标，鲨鱼在深海中随机移动，使用Micro:bit主板控制小鱼，在深海中躲避鲨鱼。相应的动作积木如图7.2.3所示。

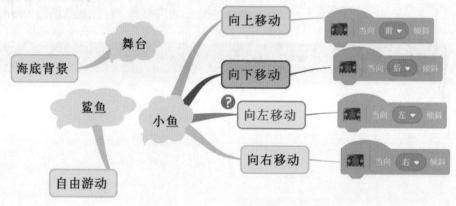

◆图7.2.3 "深海躲避鲨鱼怪"作品框架

梳理编程思路

本例中关键的问题，一是使用Micro:bit主板控制小鱼移动；二是鲨鱼的移动方式。

- 问题一：使用Micro:bit主板的电子罗盘检测，当主板向一个方向倾斜时，控制小鱼往该方向移动。
- 问题二：设置鲨鱼在海底自由移动，当遇到小鱼时，吃掉小鱼。

探究实践

准备背景和角色

案例的背景图片简单，选择水下图案背景；删除默认的小猫，从角色素材库中导入小鱼角色。

导入舞台背景 新建项目，导入"Underwater2"背景图，删除空白背景。

添加角色 删除默认小猫角色，导入"Fish"和"Shark2"角色。

调整角色大小 在角色信息区调整小鱼和鲨鱼角色的大小。

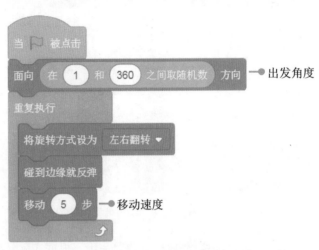

编写角色脚本

连接Micro:bit主板，编写角色脚本，使用Micro:bit主板控制小鱼儿，躲避鲨鱼的捕食。

启动Scratch Link　在"开始"菜单中，找到并启动Scratch Link软件。

连接Micro:bit　开启Micro:bit，在Scratch软件中，按图7.2.4所示操作，添加Micro:bit设备。

编写鲨鱼脚本　设置鲨鱼在海洋中随机移动，参考脚本如图7.2.5所示。

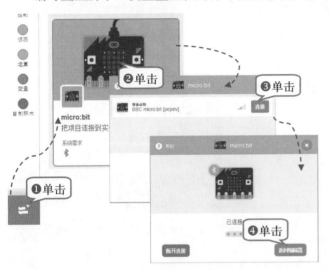

◆图7.2.4　连接Micro:bit

◆图7.2.5　鲨鱼移动脚本

添加鲨鱼吃小鱼脚本　当鲨鱼遇到小鱼时，张开嘴巴吃掉小鱼，参考脚本如图7.2.6所示。

设置小鱼初始状态　编写脚本，设置小鱼角色的初始状态，参考脚本如图7.2.7所示。

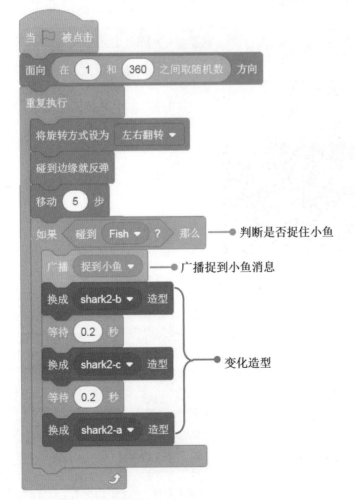

◆图7.2.6　鲨鱼吃小鱼脚本

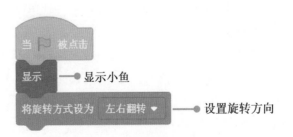

◆图7.2.7　设置小鱼初始状态

控制小鱼移动　设置小鱼的移动方式，控制小鱼游动，参考脚本如图7.2.8所示。

添加终止脚本　添加小鱼接收消息脚本，停止脚本运行，终止活动，参考脚本如图7.2.9所示。

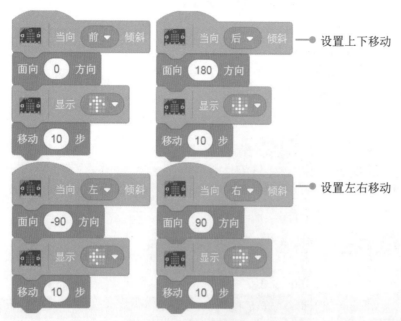

◆图7.2.8　设置小鱼角色移动

◆图7.2.9　添加终止活动脚本

运行调试　运行程序，试着玩一玩，根据实际情况，适当调整参数值。

保存文件　选择"文件"→"保存到电脑"命令，保存作品。

♪♪ 智慧钥匙

1. 电子罗盘

Micro:bit主板中含有电子罗盘，它能够检测到主板是否倾斜、往哪个方向倾斜，电子罗盘位于主板背面，如图7.2.10所示。

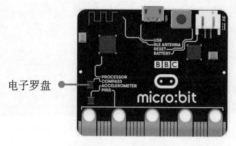

◆图7.2.10　电子罗盘

2. 电子罗盘积木

在Micro:bit模块中，将电子罗盘指令拖动到脚本中，设置好条件，即可以使用电子罗盘检测结果选择执行的程序，积木选项如图7.2.11所示。

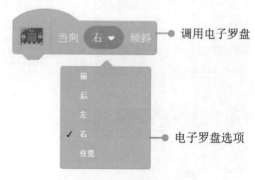

◆图7.2.11　电子罗盘积木

♪♪ 挑战空间

1. 试一试：观察图7.2.12所示的小鱼脚本，判断该脚本能否控制小鱼的移动。

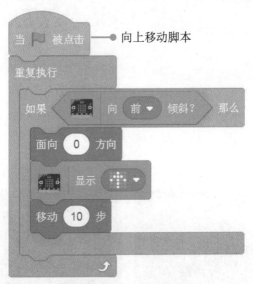

◆图7.2.12 向上移动脚本

2. 完善程序：试着修改"深海躲避鲨鱼怪.sb3"程序，简化控制小鱼的脚本，使程序更简洁、高效。

保卫海域大作战

　　一艘敌舰侵犯了我们的海域，来势汹汹，它们穿过海岸警戒线，将要对我们实施进攻。现命令你，马上派出潜艇，携带导弹前去拦截，赶快操控潜艇，发射导弹，摧毁敌人的进攻。使用Micro:bit主板控制潜艇移动，使用主板上的按钮来发射导弹，赶快来做一做吧！

♫ 体验空间

试一试

请运行本例"保卫海域大作战.sb3"，玩一玩！玩的过程中，你有哪些发现呢？填一填！

• • • •

操控潜艇使用：_____

发射导弹使用：_____

想一想

制作本例时，需要思考的问题，如图7.3.1所示。你还能提出怎样的问题？填在方框中。

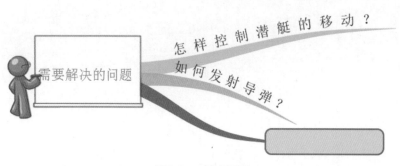

◆图7.3.1　提出问题

♪♪ 探秘指南

规划作品内容

制作本例，背景是海洋，角色有"敌舰""潜艇""导弹""爆炸"。通过潜艇发射导弹，当导弹击中敌舰时，敌舰发生爆炸并消失。搭舞台、选角色的方法，以及相应的动作，如图7.3.2所示。

◆图7.3.2 "保卫海域大作战"作品内容

构思作品框架

本例开始，单击▶图标，敌舰克隆自己向前移动，当通过潜艇的防线后计失分1次。潜艇通过Micro:bit主板控制，当主板向上倾斜时，潜艇向上方移动，发现敌舰后通过主板按钮发射导弹。导弹从潜艇发射位置向上移动，遇到敌舰发生爆炸，敌舰消失，得分增加1。相应的动作积木如图7.3.3所示。

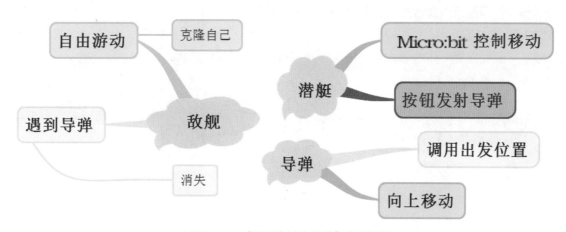

◆图7.3.3 "保卫海域大作战"作品框架

梳理编程思路

本例中关键的问题，一是克隆敌舰；二是设置潜艇的移动和导弹的发射；三是导弹的移动轨迹。

• 问题一：通过克隆程序克隆敌舰，启动克隆体在舞台中移动。

• 问题二：使用Micro:bit主板上的电子罗盘来控制潜艇的移动，使用主板上的"A""B"按钮来发射导弹。

• 问题三：使用变量来记录导弹发射位置，在"导弹"角色中调用发射位置，发射后导弹沿直线上升。

♪♪ **探究实践**

🔍 **准备背景和角色**

导入准备好的素材，制作游戏背景和角色造型，设置其属性，为编写程序做好准备工作。

新建项目　新建Scratch项目，单击"删除"按钮，删除默认的"小猫"角色。

上传背景　添加背景"深海.png""开始.png""成功.png""失败.png"。

上传潜艇角色　添加角色"潜艇"，并调整其大小和位置。

添加其他角色　按照同样的方法，添加其他角色并调整其属性。

初始设置　每个角色在图标被点击时，均表现为不同的状态，给每个角色设置脚本，效果如图7.3.4所示。

◆图7.3.4　初始设置

🔍 **编写角色脚本**

案例需要分别为潜艇、敌舰、导弹和爆炸编写脚本，设置角色的初始状态和显示条件，运行并调试脚本。

控制潜艇　编写控制潜艇程序，使用Micro:bit主板控制潜艇，参考脚本如图7.3.5所示。

克隆敌舰　敌舰以克隆体的形式重复出现，在"敌舰"角色脚本中，参考脚本如图7.3.6所示。

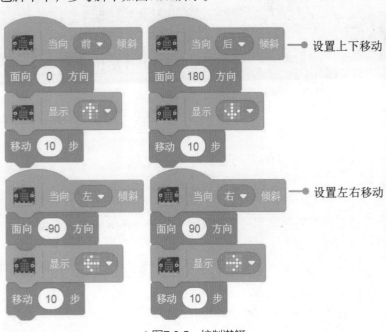

◆图7.3.5　控制潜艇

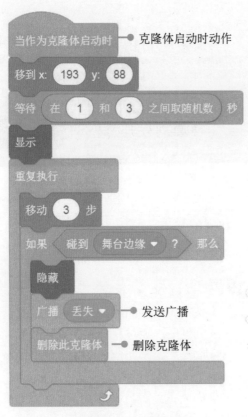

◆图7.3.6　克隆敌舰

　　新建变量　根据规划，案例需要新建5个变量，单击 按钮，按图7.3.7所示操作，新建变量。

　　记录坐标　在"导弹"角色脚本中，将"导弹"击中"敌舰"时的坐标记录下来，存储到"x""y"变量中，参考脚本如图7.3.8所示。

　　使用坐标　在"爆炸"角色脚本中，按图7.3.9所示操作，使用"x""y"变量，让游戏产生爆炸效果。

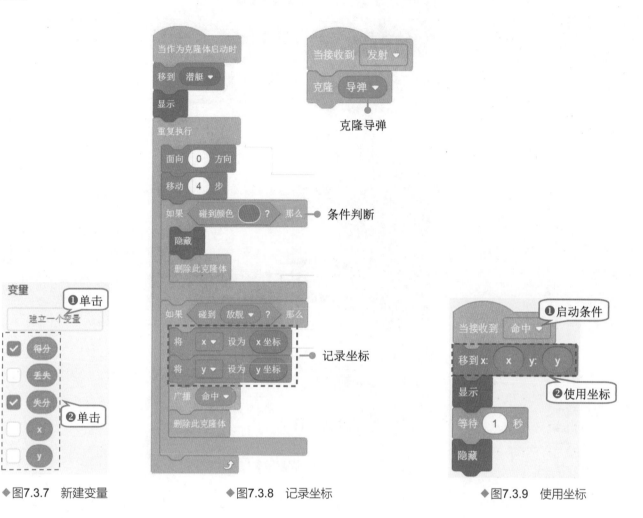

◆图7.3.7　新建变量　　　　　◆图7.3.8　记录坐标　　　　　◆图7.3.9　使用坐标

　　发射导弹　在"潜艇"角色脚本中，按图7.3.10所示操作，添加发射导弹脚本。

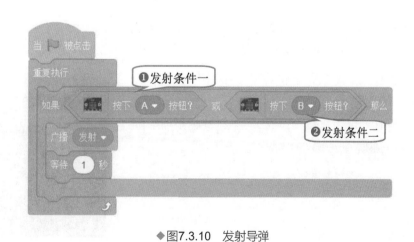

◆图7.3.10　发射导弹

完善脚本　在"潜艇"角色的脚本中，按图7.3.11所示添加脚本，测试并保存脚本。

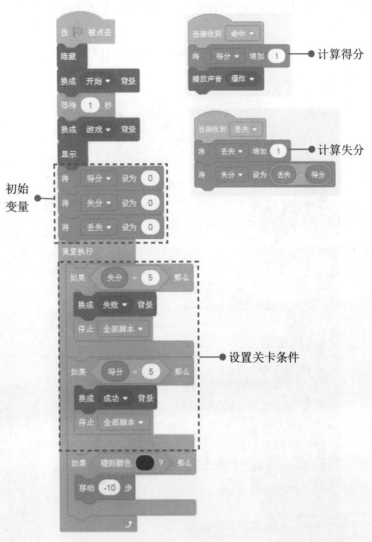

◆图7.3.11　完善脚本

运行调试　单击 ▶ 图标，运行程序，倾斜主板控制潜艇，通过按钮发射导弹，玩一玩，根据实际情况，适当调整参数值。

保存文件　选择"文件"→"保存到电脑"命令，将作品保存到本地计算机。

♫♪ 挑战空间

1. 试一试：试着在"保卫海域大作战.sb3"案例中添加关卡。想一想，游戏会有怎样的变化？

2. 完善程序：试着在"保卫海域大作战.sb3"案例中添加水雷角色，由敌舰释放，编写脚本，如图7.3.12所示。

◆图7.3.12　释放水雷

第 8 单元

计算思维能训练
——信息技术

如果给你50个数字请你按照顺序去排列，或者请你从1乘到15……你能快速完成任务吗？

大量数据的处理和计算，用计算机程序能很快完成。程序的编写也是有奥妙的，比如用冒泡法排序，用二分法查找某一个数……这些方法都能提高程序运行的速度和准确度。

本单元就利用算法和程序结构制作4个小程序，探索用计算思维来解决一些实际问题。

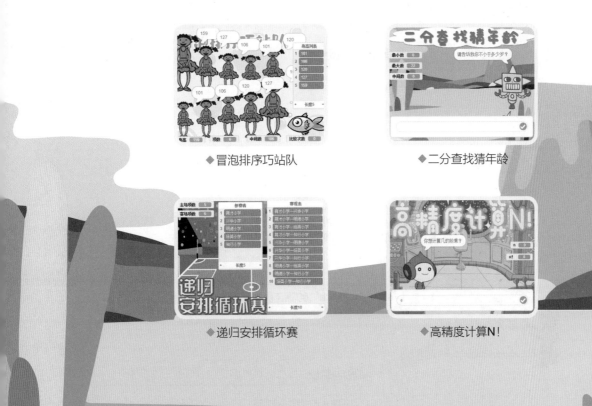

◆冒泡排序巧站队　　　　　　　　◆二分查找猜年龄

◆递归安排循环赛　　　　　　　　◆高精度计算N！

冒泡排序巧站队

微信扫码
看微课视频专项学
添加学习助手获取服务

你观赏过芭蕾舞表演吗？芭蕾舞者们表演时，通常会按照身高顺序来排列队形，这样会让舞蹈看上去更有美感。让我们用"冒泡排序"的方法，编写一个程序，来帮助她们快速找到自己的位置。

♫ 体验空间

🖐 试一试

请运行本例"冒泡排序巧站队.sb3"，玩一玩！玩的过程中，芭蕾舞者们每次排队时都会说出自己的身高，观察两次站队的顺序有何不同，请试着将其身高顺序填在下面的图中。

● ● ● ● ●

记录身高顺序

第一次站队：_____

第二次站队：_____

🖐 想一想

制作本例时，需要思考的问题，如图8.1.1所示。你还能提出怎样的问题？填在方框中。

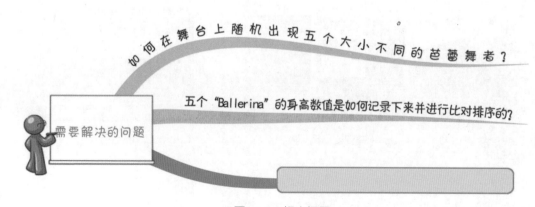

如何在舞台上随机出现五个大小不同的芭蕾舞者？

五个"Ballerina"的身高数值是如何记录下来并进行比对排序的？

需要解决的问题

◆图8.1.1　提出问题

探秘指南

规划作品内容

制作本例，需要导入"小鱼吹泡泡"背景图，在角色库中选择"Ballerina"作为芭蕾舞者，然后编写脚本，让芭蕾舞者们"说"出自己的身高后，能够自动按照从小到大的身高顺序站队。搭舞台、选角色、设置变量与列表的方法，以及相应的脚本，如图8.1.2所示。

◆图8.1.2 "冒泡排序巧站队"作品内容

构思作品框架

本案例开始时，单击 ▶ 图标，如图8.1.3所示，舞台上会依次随机出现5个身高不同的"Ballerina"站成一排，她们身高值同时被输入到"身高列表"中，之后"身高列表"中的数据根据"冒泡排序"算法，自动进行比对排序，5个"Ballerina"再根据排序后列表中的数值，按照由小到大的顺序重新站队。

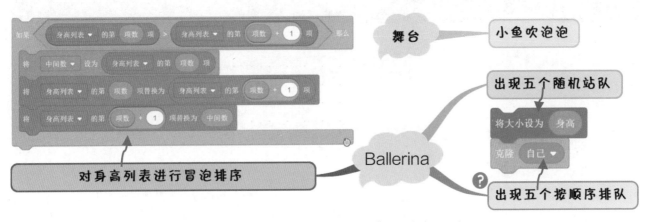

◆图8.1.3 "冒泡排序巧站队"作品框架

梳理编程思路

本例中的关键有三点，一是如何控制排序的轮数；二是如何控制每轮排序时比对数据的次数；三是如何控制每一轮排序都从第一项开始逐项比较。

● 问题一：程序中一共有5个"Ballerina"的身高数值需要排序，因此需要比对4轮，考虑到今后修改程序可能会增减芭蕾舞者数量，因此排序检测的轮数可以设置为"身高列表"的项数减1，如图8.1.4所示。

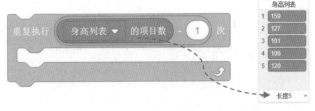

◆图8.1.4 控制排序轮数

● 问题二：由于每一轮比较后，相对最大的数字会排列到列表的下面，这个数字将不再需要参与下一轮的排序，因此每一轮比较都会比前一轮比较少比一次。如图8.1.5所示，可以建立变量"比较次数"来逐次减少每一轮的比较次数，减少程序的运算量。

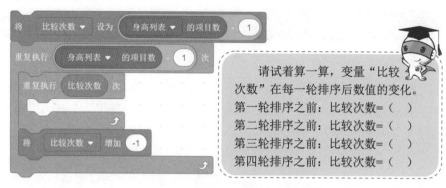

请试着算一算，变量"比较次数"在每一轮排序后数值的变化。
第一轮排序之前：比较次数=（　　）
第二轮排序之前：比较次数=（　　）
第三轮排序之前：比较次数=（　　）
第四轮排序之前：比较次数=（　　）

◆图8.1.5　设置"比较次数"变量

● 问题三：由于每一轮都需要从第一项开始比较，然后逐项往后，因此需要添加变量"项数"来进行控制。如图8.1.6所示，当每一轮排序开始的时候"项数"从1开始，然后逐一增加。

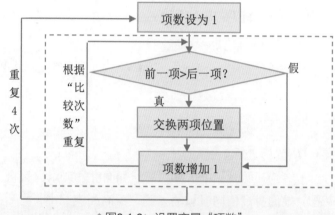

◆图8.1.6　设置变量"项数"

🎵 探究实践

🔍 准备背景和角色

制作案例，先从外部素材中导入背景图片，再从角色素材库中导入角色"Ballerina"，并为角色添加两个声音。

导入背景　新建项目，导入"小鱼吹泡泡"背景图，并删除空白背景。

添加Ballerina　删除"小猫"角色，添加角色"Ballerina"。

为角色添加声音　在角色"Ballerina"的声音面板中单击"选择一个声音"按钮，添加声音"Tada"。

调整角色中心点　选中角色"Ballerina"的第一个造型"ballerina-a"，按图8.1.7所示操作，将其中心点调整到角色底部。

由于角色将在舞台上呈现出五个不同大小的克隆体，所以要将中心点对齐在角色的底部，这样五个小人排队时会站立在同一条水平线上。

◆图8.1.7　调整角色中心点

这个程序中需要用到四个变量控制角色"Ballerina"的身高，还需要用到一个列表来存放及比较角色"Ballerina"身高的数据。

新建变量　单击"新建一个变量"按钮，选择"适用于所有角色"，分别新建4个变量："身高""项数""中间数"和"对比次数"。

新建列表　单击"新建一个列表"按钮，选择"适用于所有角色"，新建列表"身高列表"。

舞台布局　将4个变量和"身高列表"分别移到舞台相应位置，效果如图8.1.8所示。

◆图8.1.8　舞台布局

编写角色脚本

这个程序只有"Ballerina"一个角色，因此所有的脚本都写在这个角色之上。

添加"随机站队"积木　单击"制作新的积木"按钮，添加新积木"随机站队"，并编写脚本，如图8.1.9所示。

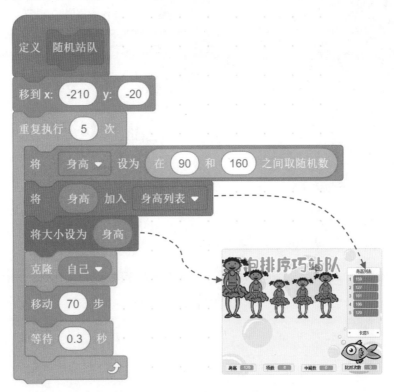

◆图8.1.9　添加"随机站队"积木

实现"随机站队"效果 编写如图8.1.10所示脚本，实现点击▶图标时，舞台上随机出现5个大小不同的"Ballerina"，站成一排，并说出各自的身高。

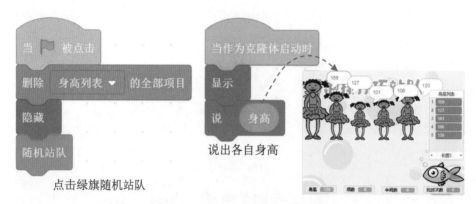

◆图8.1.10 实现"随机站队"效果

添加"冒泡排序"积木 添加新积木"冒泡排序"，编写脚本如图8.1.11所示，通过冒泡排序法将身高列表中的数据按照从小到大的顺序进行重排。

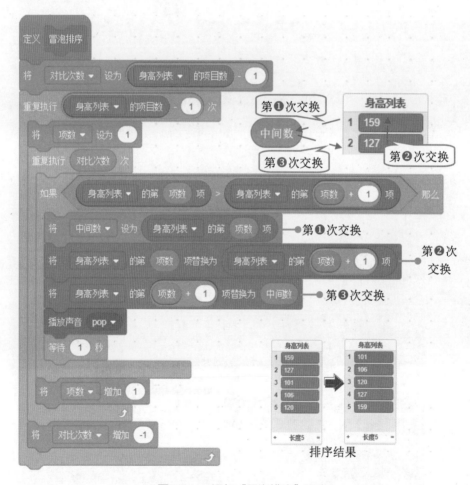

◆图8.1.11 添加"冒泡排序"积木

添加"排序站队"积木 添加新积木"排序站队",编写脚本如图8.1.12所示,使得5个大小不同的"Ballerina"能够根据"身高列表"中的数据,按照从矮到高的顺序排队。

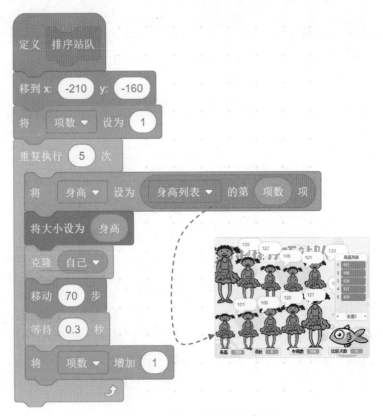

◆图8.1.12 添加"排序站队"积木

实现"排序站队"效果 在"当▶被点击"积木下继续编写脚本,按顺序调用"冒泡排序"和"排序站队"积木,实现"Ballerina"按照顺序站队的效果,脚本如图8.1.13所示。

保存文件 调试作品,选择"文件"→"保存到电脑"命令,保存作品。

◆图8.1.13 实现"排序站队"效果

♪♪ 智慧钥匙

1. 冒泡排序怎么排?

你见过小鱼吐泡泡吗?你有没有观察过大小不同的泡泡是如何排列的?给数字排序的算法为何与泡泡有关呢?

冒泡排序是一种算法,可以用来给数据进行排序。如果需要将数据从小到大排列,冒泡排序的思路就是从数据的第一项开始,依次比较两个相邻的数据,如果前一项大于后一项,就将这两项交换,这样最大的数据会逐步被置换到最后一项去。就像小鱼吐出的最大泡泡总会慢慢浮到最上面,如图8.1.14所示。然后再经过第二轮的比较,将第二大的数据置换到倒数第二项去,直到排列好所有数据为止。

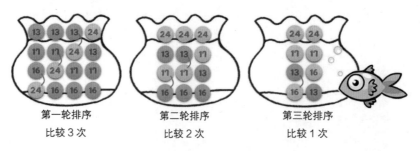

第一轮排序	第二轮排序	第三轮排序
比较 3 次	比较 2 次	比较 1 次

◆图8.1.14　冒泡排序

2. 比较轮次如何算？

由于每次比较的数据个数不同，冒泡算法需要经过若干轮的排序，每一轮还要经过若干次比较，你能动手模仿冒泡算法，将图8.1.15中的数据由小到大进行排列吗？请一边排一遍记，一共经过了几轮排序？每轮比较了几次，看看你能发现什么规律。

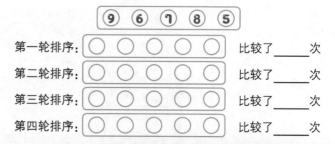

第一轮排序：〇〇〇〇〇　比较了＿＿＿次
第二轮排序：〇〇〇〇〇　比较了＿＿＿次
第三轮排序：〇〇〇〇〇　比较了＿＿＿次
第四轮排序：〇〇〇〇〇　比较了＿＿＿次

◆图8.1.15　记录排序轮次

通过观察不难发现，当数据数量为5个时，一共要进行4轮排序，第一轮要比较4次，之后每轮排序都会将最大数放置在最后，这样后面"冒泡"产生的数字就不需要再次比较，因此每轮比较的次数逐轮减1。

3. 两数交换怎样做？

冒泡排序时，我们会逐一比较相邻两个数字的大小，如果前一项大于后一项的话，就交换这两个数字的位置。交换数据位置时，我们可以借助如图8.1.16所示的"倒果汁"方法，增加一个"中间数"变量，作为第3只杯子，来辅助完成2个数据的交换。

❷草莓汁倒入橙汁杯　　　　　　　　　　❷16 赋值给前一项
❶橙汁倒入空杯　　❸橙汁倒入草莓汁杯　　❶24 赋值给中间数　中间数　❸24 赋值给后一项
利用空杯将果汁换杯　　　　利用中间数将数据交换

◆图8.1.16　交换数据

♪♪ 挑战空间

1. 试一试：在"随机站队"积木中，将"重复执行"中的数值5改为6，在舞台上显示6个"Ballerina"，并运行程序，观察"身高列表"的变化和程序运行的结果，验证程序编写的正确性。

2. 完善程序：请试着在"冒泡排序"积木中，将"排序站队"的积木添加在合适位置，使得每次比对数据后"Ballerina"都会跟着调整在舞台上的排列顺序。

3. 脑洞大开：冒泡排序不仅可以从小到大排列，也可以将数据从大到小排列，请试着调整"冒泡排序"积木，让"Ballerina"按照从高到矮的顺序站在舞台上。

二分查找猜年龄

在Scratch中和机器人玩"猜年龄"，是个有趣的游戏。告诉机器人你最大不超过多少岁，最小不小于多少岁，看看它要用几次可以猜中你的年龄。其实机器人之所以很快能猜中，是因为它掌握了一种称为"二分法"的计算方法，一起来编写程序，让你的机器人也变成猜年龄小能手吧！

♫♫ 体验空间

🖐 **试一试**

请运行本例"二分查找猜年龄.sb3"，玩一玩！玩的过程中，考一考机器人，看它用几次可以猜中，记下相关的数据，在下面的图中填一填！

• • • • •

我的年龄：＿＿＿＿＿＿＿＿＿＿＿＿＿＿＿＿＿＿＿＿＿＿

机器人猜数：＿＿＿＿＿＿＿＿＿＿＿＿＿＿＿＿＿＿＿＿

🖐 **想一想**

制作本例时，需要思考的问题，如图8.2.1所示。你还能提出怎样的问题？填在方框中。

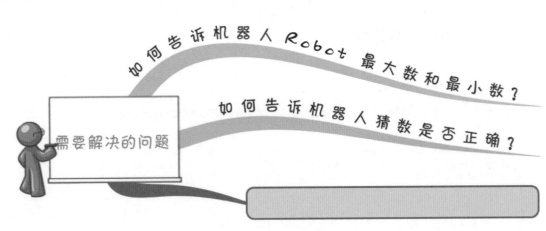

◆图8.2.1 提出问题

153

♪♪ 探秘指南

规划作品内容

制作本例，需要在背景库中添加"Jurassic"背景图，在角色库中选择机器人"Robot"作为猜数字角色，并从外部素材中导入"标题"与"猜大了""猜小了""猜对了"三个答题板角色。然后编写脚本，让机器人"Robot"猜玩家的年龄。搭舞台、选角色、设置变量与列表的方法，以及相应的脚本，如图8.2.2所示。

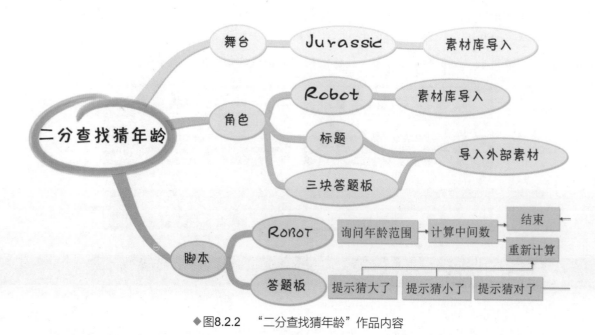

◆图8.2.2 "二分查找猜年龄"作品内容

构思作品框架

本案例开始时，单击▶图标，如图8.2.3所示，机器人"Robot"会首先询问玩家年龄范围，然后进行计算，玩家点击"猜大了""猜小了""猜对了"三个答题板给予提示，机器人重新选取最大值或者最小值再次计算，直到算对为止。

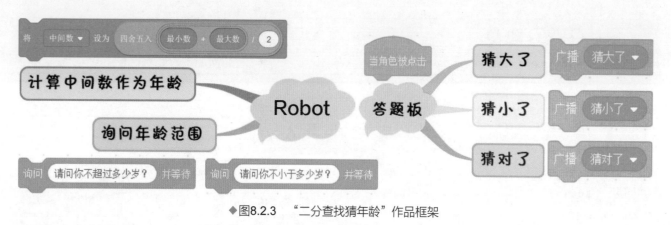

◆图8.2.3 "二分查找猜年龄"作品框架

梳理编程思路

本例中需要用到"最大数""最小数"和"中间数"三个变量，小小机器人利用公式（最大数+最小数）÷2来计算出中间数，从而猜测年龄。如图8.2.4所示，当玩家根据所猜数的大小给予提示，程序再重新选择最大数或者最小数的取值，再次进行计算。

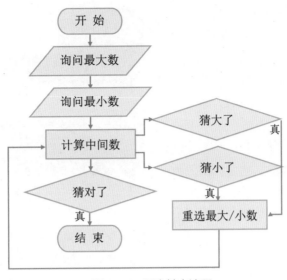

◆图8.2.4　程序基本流程

♪♪ 探究实践

🔍 准备背景和角色

在这个作品中，包含一张背景和五个角色，其中有四个角色需要为其添加声音，此外还需要用到三个变量来进行数值计算。

导入背景　新建项目，添加背景图"Jurassic"，并删除空白背景。

添加角色　删除"小猫"角色，添加角色"Robot"，再单击"上传角色" 🔼 按钮，导入外部素材"标题"，再导入"猜大了""猜小了"和"猜对了"等三个角色作为答题板。

为角色添加声音　单击"选择一个声音"按钮 🔍，为角色"Robot"添加声音"Tada"，为角色"猜大了""猜小了"和"猜对了"添加相同的声音"Boing"。

添加变量　单击"新建一个变量"按钮，选择"适用于所有角色"，分别新建三个变量"最小数""最大数"和"中间数"。

舞台布局　在角色的属性面板中修改x和y的坐标值，按图8.2.5所示，将"Robot""标题""猜大了""猜小了"和"猜对了"五个角色安排在舞台的相应位置上。

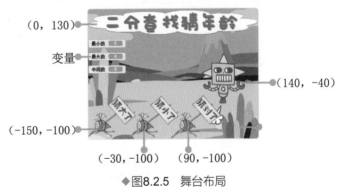

◆图8.2.5　舞台布局

🔍 编写询问脚本

程序中"Robot"这个角色要负责向玩家询问年龄范围，还要负责通过思考的方式，将程序利用二分法算出来的数字转达给玩家。

询问年龄范围　为角色"Robot"编写如图8.2.6所示脚本，通过"Robot"向玩家询问年龄范围，获得变量"最小值"和"最大值"的初始值。

初次猜测年龄　继续为角色"Robot"编写脚本，如图8.2.7所示，在"当▶被点击"积木下添加脚本，计算出变量"中间数"，并通过"Robot"向玩家说出所猜的年龄，然后再向"猜大了""猜小了"和"猜对了"三个角色发出广播。

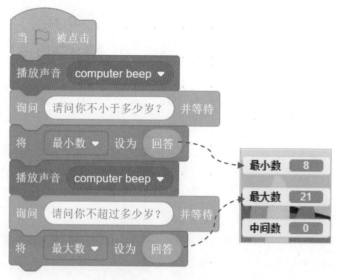

◆图8.2.6　询问年龄范围

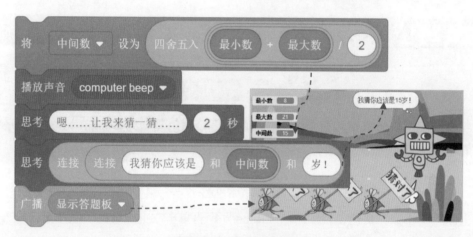

◆图8.2.7　初次猜测年龄

🔍 编写提示脚本

当角色"Robot"说出所猜的年龄后，玩家需要通过点击"猜大了""猜小了"和"猜对了"三个答题板来给"Robot"一些提示。

显示与隐藏答题板　如图8.2.8所示，将这两段脚本分别添加给"猜大了""猜小了"和"猜对了"三个角色，使它们在程序开始时隐藏，在"Robot"初次猜测年龄后显示出来。

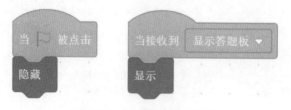

◆图8.2.8　显示与隐藏答题板

广播猜数提示　分别为"猜大了""猜小了"和"猜对了"三个角色添加如图8.2.9所示脚本，使其在被点击时，分别发出不同的广播，向程序提示当前所猜数字的大小情况，为程序进行再次猜测做准备。

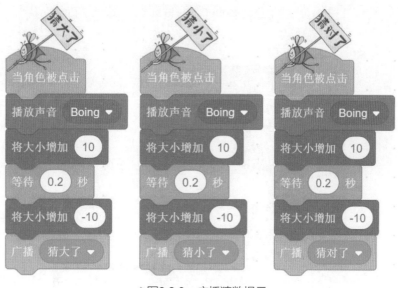

◆图8.2.9 广播猜数提示

编写多次猜测脚本

如果程序初次猜测的数值不正确，那么程序需要根据答题板的提示，重新计算变量"中间值"来再次猜测，直到猜对为止。

修改范围重算 如图8.2.10所示，给角色"Robot"编写脚本，使程序在猜错年龄后，根据不同的广播提示，修改"最大值"或"最小值"，重新计算"中间值"，再次猜测年龄。

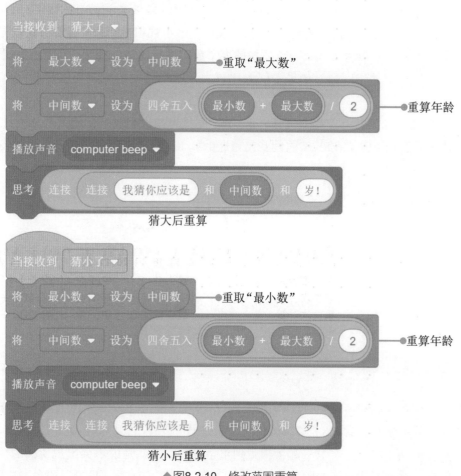

◆图8.2.10 修改范围重算

设置猜对效果　如图8.2.11所示，给角色"Robot"编写脚本，使程序在猜对年龄后，"Robot"通过切换造型展现动态效果。

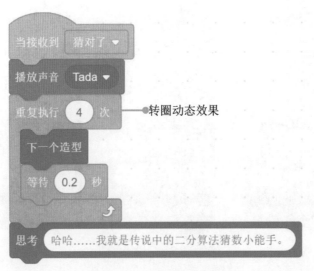

◆图8.2.11　设置猜对效果

保存文件　调试作品，选择"文件"→"保存到电脑"命令，保存作品。

♪♪ 智慧钥匙

1. 二分法怎么算？

二分法可以让我们在一个数值范围内快速找出需要查找的具体数字。

二分法计算时需要用到3个数：最大数、最小数和中间数。计算方法就是用（最大数+最小数）÷2算出中间数，然后再将中间数与需要找的那个数字进行比较，如果中间数比较小，就将最小数设定为中间数，再次计算新的中间数；如果中间数比较大，就将最大数设定为中间数，再次计算新的中间数，直到算对为止。

如图8.2.12所示，如果需要在8～32之间找出23这个数字，使用二分法只要计算3次，就能将它找出来。请你试着用二分法在8～32之间找出11这个数字，看你需要用几次可以将它找出来。

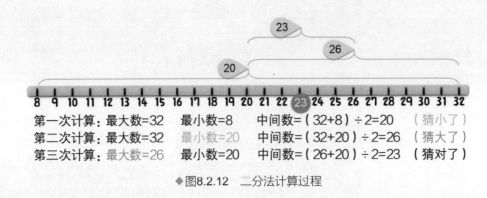

第一次计算：最大数=32　最小数=8　中间数=（32+8）÷2=20　（猜小了）
第二次计算：最大数=32　最小数=20　中间数=（32+20）÷2=26　（猜大了）
第三次计算：最大数=26　最小数=20　中间数=（26+20）÷2=23　（猜对了）

◆图8.2.12　二分法计算过程

2. 不能整除怎么办？

现在我们知道，中间数=（最大数+最小数）÷2，如果遇到不能整除的情况，应该怎样取中间数呢？

我们来看一看图8.2.13中的情况，从图中可以看出，中间数无论取3或者4，第二次重取最大数或是最小数后的两个区间，合在一起会覆盖到整个数轴，也就是说不会出现遗漏的情况。因此在使用二分法计算中间数，遇到不能整除的情况时，既可以用进一法取中间数，也可以用舍尾法取中间数。

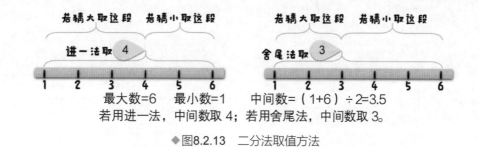

最大数=6 最小数=1 中间数=（1+6）÷2=3.5

若用进一法，中间数取 4；若用舍尾法，中间数取 3。

◆图8.2.13 二分法取值方法

♪♪ 挑战空间

1. 试一试：运行程序在8～32这个范围内，让机器人"Robot"查找14和9这两个数字，看一看机器人分别要用几次猜对，想一想原因。

2. 完善程序：为了增加程序的趣味性，请尝试增加一个变量，用来限制机器人"Robot"的猜数次数不得超过3次，当超过次数机器人还没有猜出结果时，发出声音"Ricochet"。

3. 脑洞大开：二分法查找在生活中有很多应用，巧妙地使用二分法可以提高工作和学习的效率。如图8.2.14所示，比如你在听英语课文时，也可以用二分法快速查找到自己之前听到的大致位置。请你想一想，应该怎么做。

◆图8.2.14 二分法查找音频播放位置

第3课

递归安排循环赛

你喜欢看体育比赛吗？你知道赛程表是如何制定出来的吗？在遇到循环赛时，用计算机的"递归"思想来编写程序，能够很快地编制出比赛的赛程表。让我们一起来动手试一试吧！

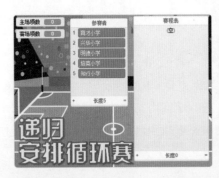

♪♪ 体验空间

👋 试一试

请运行本例"递归安排循环赛.sb3"，先导入参赛者名单到"参赛者"列表中，点击▶图标，就可以编制赛程表了。请试着观察每个参赛队伍进行了几次比赛，一共进行了几场比赛。填一填！

● ● ● ● ●

每个参赛者要比几次？＿＿＿＿＿＿＿＿＿＿＿＿＿＿＿＿＿＿＿＿＿＿＿＿＿＿＿＿

一共进行了多少场比赛？＿＿＿＿＿＿＿＿＿＿＿＿＿＿＿＿＿＿＿＿＿＿＿＿＿＿＿＿

👋 想一想

制作本例时，需要思考的问题，如图8.3.1所示。你还能提出怎样的问题？填在方框中。

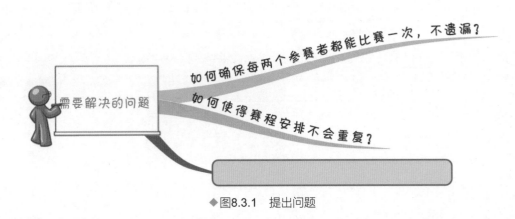

◆图8.3.1　提出问题

♫ 探秘指南

✋ 规划作品内容

制作本例，需要导入背景库中的"Soccer 2"背景图，导入外部素材"标题"美化界面，然后导入参赛者名单到"参赛者"列表中，编写脚本，让程序按照一定顺序编制赛程表。搭舞台、选角色、设置变量与列表的方法，以及相应的脚本，如图8.3.2所示。

◆图8.3.2 "递归安排循环赛"作品内容

✋ 构思作品框架

本案例开始时，首先将"参赛者名单.txt"中的名单添加到"参赛者"列表中，然后单击▶图标，如图8.3.3所示，"赛程表"列表中会按顺序依次出现每个队的赛程。

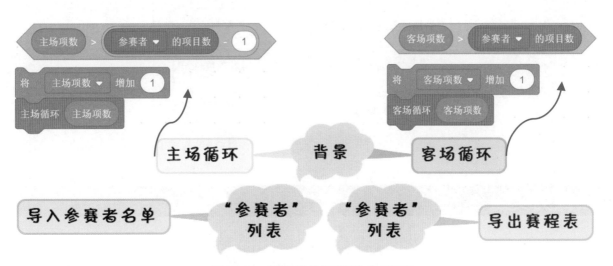

◆图8.3.3 "递归安排循环赛"作品框架

✋ 梳理编程思路

本例中的关键有2点：一是如何控制不遗漏、不重复；二是如何控制变量。

为了做到不遗漏，我们可以把赛程表中的第一列看作主场，第二列看作客场，将参赛者列表的每一项都与其他项配对一次。为了做到不重复，可以将"育才小学—兴华小学"与"兴华小学—育才小学"作为同一场比赛。如图8.3.4所示，经过排除可以看出一共只需要进行10场比赛。

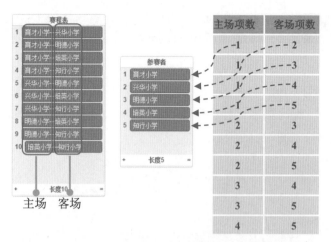

◆图8.3.4　设置变量

●问题二：本案例中需要用"主场项数"变量来控制主场参赛者，"客场项数"变量来控制客场参赛者。通过分析，可以发现，"主场项数"从1～4循环一次，而"客场项数"跟随"主场项数"重复循环。如图8.3.5所示，"客场项数"需要用到递归思想来完成。

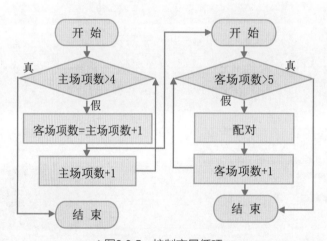

◆图8.3.5　控制变量循环

♫♫ 探究实践

🔍 准备背景和角色

在这个作品中，包含一张背景和角色，并且还需要用到两个变量和两个列表来辅助完成赛程表。

导入背景　新建项目，添加背景图"Soccer 2"，并删除空白背景。

添加角色　删除"小猫"角色，导入外部素材"标题"。

为背景添加声音　单击"选择一个声音"按钮 🔍，为背景添加声音"Magic Spell"。

添加变量　单击"新建一个变量"按钮，选择"适用于所有角色"，分别新建2个变量"主场项数"和"客场项数"。

新建列表　单击"新建一个列表"按钮，选择"适用于所有角色"，新建列表"参赛者"和"赛程表"。

舞台布局 在角色的属性面板中修改x和y的坐标值，按图8.3.6所示，将角色"标题"以及变量和列表分别安排在舞台的相应位置上。

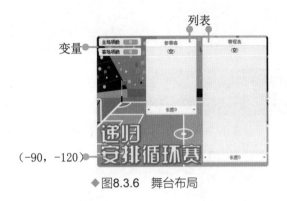

◆图8.3.6 舞台布局

编写背景脚本

这个程序中主要的功能是对列表中的数据进行处理，因此可以把脚本都写在背景中。

导入参赛者名单 按图8.3.7所示操作，将文本文件"参赛者名单.txt"中的名单导入到"参赛者"列表中。

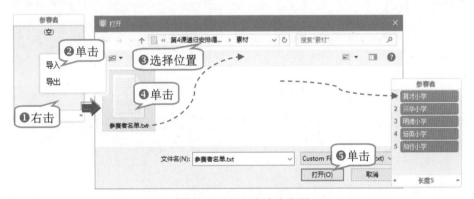

◆图8.3.7 导入参赛者名单

编写客场循环脚本 为背景编写脚本，如图8.3.8所示，通过控制"客场项数"变量的变化，在"参赛者"列表中取出相应的项，加入到"赛程表"列表中。

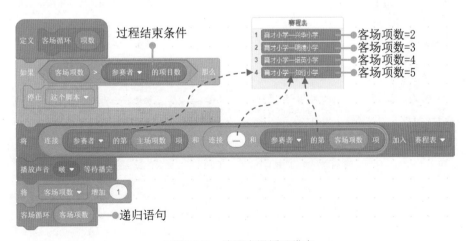

◆图8.3.8 编写客场循环脚本

编写主场循环脚本　为背景编写脚本，如图8.3.9所示，控制"主场项数"变量的变化，按照"参赛者"列表顺序，将每一项参赛者分别设为主场，并调用"客场循环"积木，依次与其他项进行配对。

编写主程序脚本　为背景编写脚本，如图8.3.10所示，设置列表和变量的初始化状态，并调用"主场循环"积木，编制赛程表。

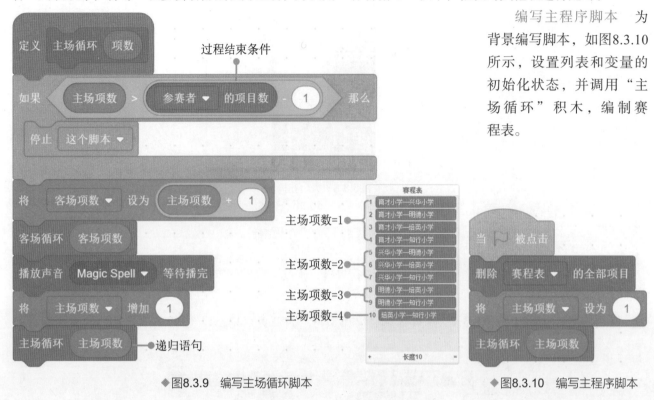

◆图8.3.9　编写主场循环脚本　　　　◆图8.3.10　编写主程序脚本

导出赛程表数据

Scratch中的列表可以导出为其他格式文件，方便进行后续的数据管理工作，其中导出为文本文件比较符合大多数人的需求。

导出赛程表文件　按图8.3.11所示操作，将"赛程表"列表中的数据导出为文本文件"赛程表.txt"，并放在相应的文件夹中保存。

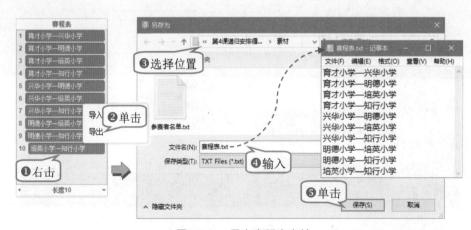

◆图8.3.11　导出赛程表文件

保存文件　调试作品，选择"文件"→"保存到电脑"命令，保存作品。

智慧钥匙

1. 什么是递归？

从前有座山，山里有座庙，庙里有个老和尚和一个小和尚，老和尚给小和尚讲故事，讲的什么呢？讲的是：从前有座山，山里有座庙，庙里有个老和尚和一个小和尚，老和尚给小和尚讲故事，讲的什么呢？讲的是：从前有座山……

你小时候一定听过这个故事吧？这个故事的结尾就是故事的开头，可以一直循环讲下去。这种讲故事的方法就像计算机程序当中的"递归"思想，观察图8.3.12，体会什么是递归。

◆图8.3.12 什么是递归

2. 递归程序怎么写？

递归程序的写法就是在某一段程序当中调用这段程序本身。如图8.3.13所示，这两段程序的末尾都调用了这个程序本身，猜一猜，这两段程序的运行结果是什么？请你连一连。

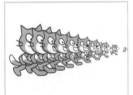

◆图8.3.13 递归程序

3. 如何控制递归结束？

递归程序会一直调用自身，永远无法结束，这样程序就会陷入到无尽的循环中。所以，递归程序通常需要增加条件判断和停止语句，来控制递归程序的结束，让程序能够跳出循环，停止下来。如图8.3.14所示，增加不同的条件判断语句，可以控制递归程序的执行次数。

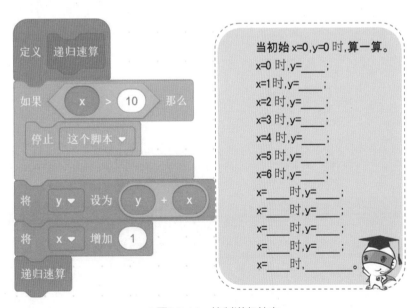

◆图8.3.14 控制递归结束

♪♪ 挑战空间

1. 试一试：在"参赛者名单.txt"中添加2个学校后保存，再将之导入到"参赛者"列表中，运行程序，观察"赛程表"列表呈现出的结果。

2. 完善程序：为了增加程序的灵活性，请添加询问脚本，让玩家可以方便地将需要增加的参赛者名单添加到"参赛者"列表中。

3. 脑洞大开：递归程序可以编写出很多有趣的程序，如图8.3.15所示，请结合"画笔"模块中的积木，绘制一个逐渐扩散的"螺旋线"，或者是有趣的"二叉树"图案。

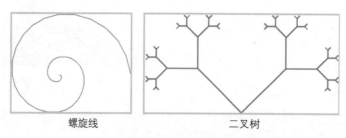

螺旋线　　　　　　　　　　　二叉树

◆图8.3.15　递归图形

高精度计算N!

微信扫码
看微课视频专项学
添加学习助手获取服务

你会算1×2×3吗？你会算1×2×3×4×5吗？你能很快算出1×2×3×4×5×6×7吗？你发现这些乘法有什么规律？这样的乘法计算叫做阶乘，小小外星人很会计算阶乘呢！它是怎么计算出来的？让我们来编写一个计算阶乘的程序，仔细研究研究吧！

♬ 体验空间

🖐 试一试

请运行本例"高精度计算N！.sb3"，玩一玩！分别输入0、-8、6.8和6，看一看小小外星人会告诉你什么结果？在下面的图中连一连！

● ● ● ● ●

0	负数无法计算阶乘呢！
-8	6的阶乘是720
6.8	非整数无法计算阶乘呢！
6	0的阶乘是1！

🖐 想一想

制作本例时，需要思考的问题，如图8.4.1所示。你还能提出怎样的问题？填在方框中。

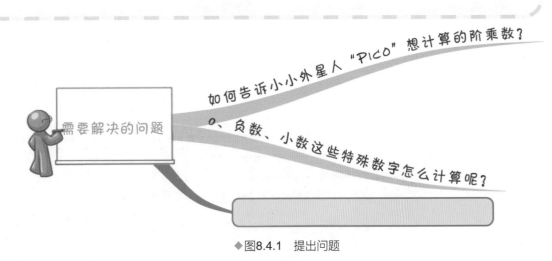

◆图8.4.1 提出问题

♪♪ 探秘指南

规划作品内容

制作本例，需要导入背景库中的"Spaceship"背景图，在角色库中选择"Pico"作为小小外星人这个角色，还要从外部素材中导入"标题"角色，来美化界面。编写脚本，先

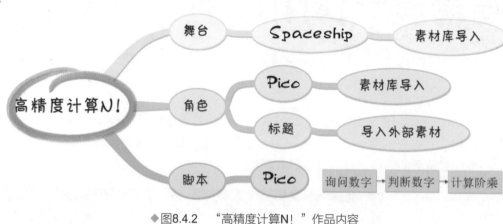

◆图8.4.2 "高精度计算N！"作品内容

让玩家输入一个数字，然后小小外星人可以计算出这个数字的阶乘结果。搭舞台、选角色、设置变量与列表的方法，以及相应的脚本，如图8.4.2所示。

构思作品框架

本案例开始时，单击 图标，如图8.4.3所示，小小外星人"Pico"询问玩家一个数字，然后对玩家回答的数字进行判断，根据数字的不同情况给予回答，并对符合计算阶乘条件的数，计算其阶乘结果，告诉玩家。

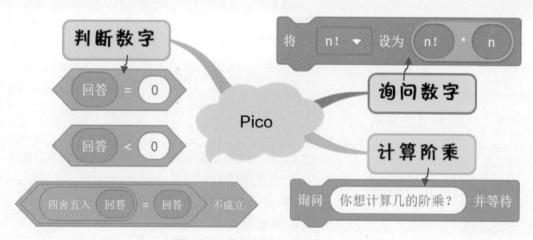

◆图8.4.3 "高精度计算N！"作品框架

梳理编程思路

本例中的关键有2点。一是如何排除0、负数和小数；二是如何进行阶乘计算。

●问题一：0的阶乘为1，小数和负数无法计算阶乘，如果玩家输入了这些数，要首先进行排除。因此需要有程序来对玩家输入的数字进行检测，如图8.4.4所示。

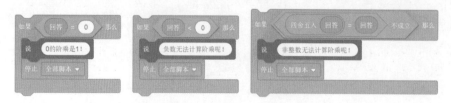

◆图8.4.4 检测输入的数值

• 问题二：在此程序中我们设置了2个变量，一个变量是"n"，用来控制需要计算阶乘的数值，并将"n"从1开始进行递增，用来计算阶乘。另一个变量是"n！"，用来记录前一次阶乘的结果，并将这个结果与"n"相乘，得到下一次阶乘结果。如图8.4.5所示，请算一算，试着找出阶乘的计算公式。

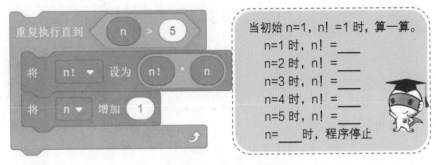

◆图8.4.5 阶乘计算方法

♪♪ 探究实践

准备背景和角色

在这个作品中，包含一张背景和两个角色，并且还需要用到两个变量来辅助计算阶乘结果。

导入背景　新建项目，添加背景图"Spaceship"，并删除空白背景。

添加角色　删除"小猫"角色，导入外部素材"标题"，添加角色"Pico"。

为角色添加声音　选择角色"Pico"，删除声音"Pop"，为角色添加声音"Sneaker Squeak"和"Computer Beep"。

添加变量　单击"新建一个变量"按钮，选择"适用于所有角色"，分别新建2个变量"n"和"n！"。

舞台布局　在角色的属性面板中修改x和y的坐标值，按图8.4.6所示，将角色以及变量分别安排在舞台的相应位置上。

◆图8.4.6 舞台布局

询问并检测数值

程序首先要由角色"Pico"向玩家询问需要计算阶乘的数值，再对玩家输入的数字进行检测，看是否适合用来计算阶乘。

编写主程序脚本　为角色"Pico"编写脚本，如图8.4.7所示，向玩家询问想要计算阶乘结果的数值。

◆图8.4.7 编写主程序脚本

检测数值是否为0 为角色"Pico"编写新积木"判断输入数值"脚本，如图8.4.8所示，判断玩家输入的数值是否为0，并做出相应回答。

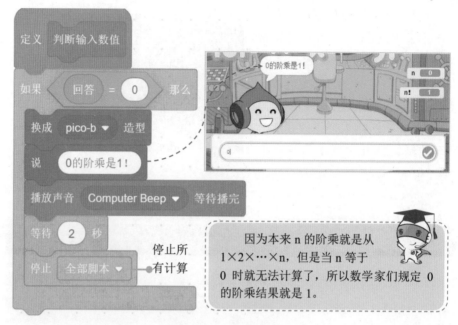

◆图8.4.8 检测数值是否为0

检测数值是否为负数 为"判断输入数值"积木继续编写脚本，如图8.4.9所示，判断玩家输入的数值是否为负数，并做出相应回答。

◆图8.4.9 检测数值是否为负数

检测数值是否为小数 为"判断输入数值"积木继续编写脚本，如图8.4.10所示，判断玩家输入的数值是否为小数，并做出相应回答。

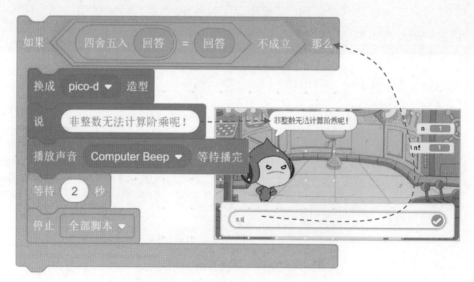

◆图8.4.10 检测数值是否为小数

编写计算阶乘脚本

经检测符合要求的数值就可以开始计算阶乘了，计算阶乘需要将变量"n""n！"和配合使用。

初始化变量 给角色"Pico"添加新积木"计算阶乘"并编写脚本，如图8.4.11所示，并将变量"n"和"n！"的初始值设置为1。

计算阶乘 为"计算阶乘"积木继续编写脚本，如图8.4.12所示，设置计算结束的停止条件，编写计算阶乘脚本"n！=n！×n"，计算出阶乘结果。

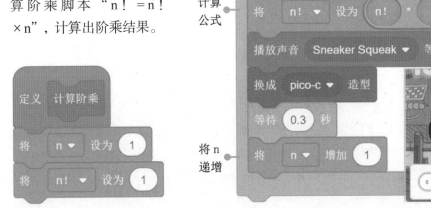

◆图8.4.11 初始化变量

◆图8.4.12 计算阶乘

说出结果 为"计算阶乘"积木继续编写脚本，如图8.4.13所示，让角色"Pico"说出阶乘结果。

◆图8.4.13 说出结果

完善测试程序

在主程序后添加"判断输入数值"和"计算阶乘"两个积木，并对程序进行测试。

完善主程序脚本 为主程序"当▶被点击后"继续编写脚本，如图8.4.14所示，按顺序调用"判断输入数值"和"计算阶乘"脚本。

保存文件 调试作品，选择"文件"→"保存到电脑"命令，保存作品。

◆图8.4.14 完善主程序脚本

♫♪ 智慧钥匙

1. 什么是阶乘？

像$1 \times 2 \times 3$、$1 \times 2 \times 3 \times 4 \times 5$、$1 \times 2 \times 3 \times \cdots \times 99$，这样的乘法就是阶乘。数学家卡曼于1808年发明了阶乘符号"！"。如图8.4.15所示，$3! = 1 \times 2 \times 3$，请你试着写完下面的阶乘算式，体会阶乘计算的规律。

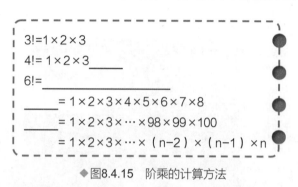

◆图8.4.15　阶乘的计算方法

2. 所有的数都可以计算阶乘吗？

从我们中小学阶段接触到的数学知识来看，负数和小数是无法完成阶乘计算的。而0是一个特殊的数字，0乘以任何数都等于0，按理说0！应该等于0，可是数学家们却规定0！等于1，这是不是很有趣呢？请你查找资料，了解数学家们为什么要这么规定呢？

这么看，在我们现在掌握的数学知识范围内，只有非负正整数能够进行集成计算了。

3. 为什么要使用科学计数法？

请你运行案例中的程序，尝试计算35！，看看结果如何？如图8.4.16所示，35！阶乘结果并不是一个数字，而是看上去像是一个加法算式。这个含有小数、字母e和加号的算式，可以用来表示某一个具体的数，叫做科学计数法。科学计数法通常用来表示位数较多的数字。

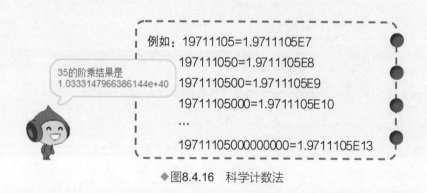

◆图8.4.16　科学计数法

♫♪ 挑战空间

1. 试一试：运行程序，从1开始逐个计算其阶乘结果，测试当n等于多少时，小小外星人会以科学计数法的方式告诉你阶乘结果。

2. 完善程序：根据上一题测试的结果，可以发现当$n \geq 22$时，阶乘结果会以科学计数法的形式表现出来。请增加检测判断条件，当玩家输入的数值≥ 22时，小小机器人提示说："这个数字的结果有些大呢。"

3. 脑洞大开：$n!$的计算是将数列$1 \sim n$逐个相乘，你能否根据阶乘的计算方法，试着编写一段程序，快速算出$1+2+3+\cdots+n-1+n$的和。